# 向日葵有害生物

## 鉴别及防控技术

白全江　云晓鹏　赵 君　等 编著

中国农业科学技术出版社

图书在版编目（CIP）数据

向日葵有害生物鉴别及防控技术 / 白全江，云晓鹏，赵君编著. -- 北京：中国农业
科学技术出版社，2022.12
　　ISBN 978-7-5116-5919-4

　　Ⅰ.①向…　Ⅱ.①白…②云…③赵…　Ⅲ.①向日葵-病虫害防治　Ⅳ.①S435.655

中国版本图书馆CIP数据核字（2022）第 174314 号

责任编辑　王惟萍
责任校对　李向荣　贾若妍
责任印制　姜义伟　王思文

出 版 者　中国农业科学技术出版社
　　　　　北京市中关村南大街 12 号　　邮编：100081
电　　话　（010）82106643（编辑室）　　（010）82109702（发行部）
　　　　　（010）82109709（读者服务部）
网　　址　https：// castp.caas.cn
经 销 者　各地新华书店
印 刷 者　北京科信印刷有限公司
开　　本　185 mm × 260 mm　　1/16
印　　张　16.5
字　　数　362 千字
版　　次　2022 年 12 月第 1 版　　2022 年 12 月第 1 次印刷
定　　价　158.00 元

# 编 委 会

向日葵有害生物鉴别及防控技术

　　向日葵是我国北方地区的主要经济作物，其中内蒙古的种植面积及产量占全国首位。向日葵主要种植在干旱、盐碱化的耕地上，轮作倒茬比较困难，由于常年种植，无序引种，气候、耕作制度等变化以及向日葵有害生物种类繁多，导致向日葵螟、向日葵黄萎病、向日葵菌核病和向日葵列当等有害生物频繁暴发成灾，严重影响向日葵产业的健康发展。因此，及时准确鉴别有害生物的种类并进行科学防治对保障向日葵生产具有重要意义。

　　与其他主要农作物相比，向日葵属于区域种植的小作物，国内从事向日葵的科研人员较少，特别是植物保护方向的研究人员更少。主编白全江研究员作为原内蒙古农牧业科学院植物保护研究所所长、国家特色油料产业技术体系岗位科学家，扎根边疆近40年，长期坚持在科研生产一线，主要从事向日葵等有害生物发生规律及防控技术的研究与推广工作，科研成果丰硕，主持获得了内蒙古科技进步奖一等奖、全国农牧渔业丰收一等奖等系列科技奖励。为了系统介绍向日葵有害生物知识、提升防控技术水平，白全江研究员花费大量心血，组织中国农业科学院植物保护研究所、黑龙江省农业科学院及内蒙古自治区从事科研、教学和推广方面的专家学者，编著了《向日葵有害生物鉴别及防控技术》一书。该书内容包括向日葵病、虫、草、鼠、鸟害的种类，分布与为害，形态特征，生活习性，发生规律，防控技术，非侵染病害和除草剂药害等。编著人员查阅了大量的科研文献，结合多年的生产实践经验和科学研究成果，进行了系统凝练总结，以图文并茂的形式呈现给读者。该书是一部关于向日葵有害生物的内容丰富、理论与实践相结合的植保专著，特别是向日葵螟防控技术，在完全不使用化学农药的情况下，实现了对害虫的有效防控，探索出一条有害生物绿色防控的有效途径，为实现绿色植保做出了重要贡献。

　　该书具有较强的科学性、系统性和实用性，图文并茂，资料翔实，对从事向日葵植保科研、教学和技术推广工作者具有重要的参考价值，对农作物植保科技创新和技术进步具有重要意义，这必将为我国向日葵产业的绿色高质量发展发挥积极作用。

内蒙古自治区农牧业科学院院长　路战远

2022年12月8日

# 前 言

PREFACE

　　向日葵是我国北方地区的主要经济作物，具有耐旱、耐盐碱、耐瘠薄和适应性强等特点，目前主要在内蒙古、新疆、甘肃、宁夏、黑龙江、河北和山西等省（区）种植，2017年全国种植总面积达1 756万亩，约占世界的5%，总产量占世界的7%左右，其中华北主产区种植面积占全国种植总面积的64.3%，西北主产区占23.1%，东北主产区占9.0%。

　　由于全球气候变暖，栽培制度和栽培措施的变化，以及国内外广泛引种交流、新品种的大量涌现，使向日葵有害生物的种类和优势种发生了巨大变化。主要表现在一些重要病虫害频繁暴发成灾，过去的次要病虫害上升为主要病虫害，新的病虫害也不断出现，致使向日葵受有害生物的为害日趋严重，特别是近年发生的向日葵螟、向日葵黄萎病、向日葵列当和向日葵菌核病等有害生物的交替暴发成灾，以及造成向日葵籽粒锈斑的蓟马，严重影响向日葵的产量和品质，成为农民经济收入不稳定和限制向日葵产业可持续发展的重要因素之一。

　　《向日葵有害生物鉴别及防控技术》一书主要由国家特色油料产业技术体系植保团队相关成员和多年从事向日葵有害生物的科研推广人员共同编写。编著人员通过承担国家产业技术体系、国家重点研发、内蒙古自治区科技厅、鄂尔多斯市科技局等有关部门的科研推广项目，将多年的科研成果和工作实践，特别是近年体系内植保岗位团队成员围绕向日葵螟、向日葵黄萎病、向日葵菌核病和向日葵列当等重要有害生物的研究成果，以及编著人员通过查阅大量相关科研文献，将为害向日葵的病虫草等有害生物进行了广泛收集整理，编著了本书。

　　书中内容包括五部分，第一部分介绍了20种侵染性病害，其中分为叶部病害、茎部病害、根部病害和花盘病害四部分，主要阐述了每种病害的分布与为害、病原菌、侵染循环、发生规律和防治方法；第二部分介绍了18种非侵染性病害，分为缺素、环境伤害和肥害三部分，其中缺素中主要描述缺素症状、预防及减害措施；环境伤害主要包括干旱、渍害、高温热害等9种自然灾害，以及一种肥害；第三部分介绍了60种害虫，分为地下害虫、苗期害虫、刺吸性害虫、食叶害虫和蛀食性害虫五部分，分别阐述每种害虫的分布与为害、形态特征、生活习性、发生规律和防治技术；第四部分介绍了44种单子叶、双子叶和寄生性杂草，同时包括除草剂药害等六部分，主要描述了每种杂草的分布与为害、形态特征、生物学特性，以及杂草的综合防治技术；第五部分介绍了几种鸟鼠害，其中分为鸟害和鼠害两部分。书中有400余幅原色生境图片，图片基本是由主要编委在生产一线中拍摄的原创作品。该书是目前国内收集最全的关于向日葵有害生物的书籍。

由于向日葵是小作物，受区域种植的限制，因此，从事向日葵有害生物的科研人员相对较少，使得对向日葵有害生物的研究成果、文献相对较少，特别是一些新的病虫害的为害症状特点及其发生规律等尚未被人们掌握，不能很好地结合其发生规律，制定出科学有效、简便易行的防控措施，形成事半功倍的效果。因此，为了普及向日葵主要有害生物种类的鉴别，特别是一些重要的向日葵有害生物的发生为害规律，为科学防控提供便利，特编写成书，供广大科研、教学和农技推广等战线上的同仁参考。

希望该书能使读者系统地了解掌握向日葵生产上的有害生物种类、发生规律等相关知识和先进的防控技术，成为植保工作者的工具书，以此为我国向日葵产业的健康发展保驾护航贡献微薄之力。

由于编著水平有限，书中难免有不妥之处，诚请各位专家和读者批评指正！

编　者

2022年6月

# 目 录

CONTENTS

# 第一章

# 侵染性病害

# 第一节 叶部病害

## 1. 向日葵褐斑病（*Septoria helianthi* Ell. et Kell.）

〔分布与为害〕

向日葵褐斑病又名斑枯病，在我国发生范围广，前期可以造成幼苗死亡，后期常造成叶片过早枯死，对产量影响大。

〔症状〕

幼苗发病初期在子叶或幼叶上形成不规则病斑，直径2～6 mm。病斑正面褐色，周围有黄色晕圈，背面灰白色。成株期发病在叶片上形成不规则或多角形的褐色斑，有时周围有黄色晕环；病斑中央呈灰色，散生黑色的小点，即病原菌的分生孢子器。严重时病斑连片，使叶片枯死。叶柄和茎发病后出现褐色的狭条斑。田间诊断时要注意与向日葵黑斑病症状的区别。黑斑病具有同心轮纹，天气潮湿时，病斑上生出褐色霉状物（图1-1）。

〔病原〕

向日葵褐斑病是由向日葵壳针孢菌（*Septoria helianthi* Ell. et Kell.）引起，属半知菌亚门真菌。其分生孢子器呈球形或近球形，直径119.0～130.0 μm，分生孢子器的壁膜质，深褐色，遇水后分生孢子从分生孢子器内大量释放，分生孢子呈针状或鞭状，无色透明，直形或稍弯，顶端略尖，基部钝圆，有2～8个隔膜，平均大小69.8 μm×3.5 μm。但在PDA培养基上形成的分生孢子较小，有2～7个隔膜，平均大小47.3 μm×32.0 μm（图1-2）。

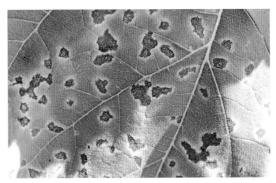

（a）早期下部叶片症状　　　　　　（b）病斑不规则且周围有晕圈

图1-1　向日葵褐斑病（白全江　拍摄）

（c）病斑多集中在叶片边缘　　　　　　　（d）病斑汇合成片变褐色

图1-1 （续）

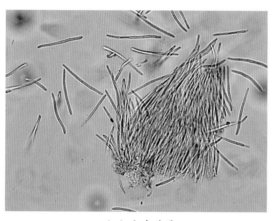

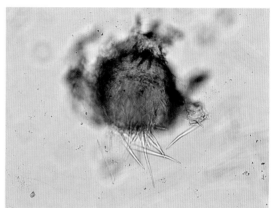

（a）分生孢子　　　　　　　　　　（b）分生孢子器

图1-2　向日葵壳针孢菌（云晓鹏　拍摄）

〔侵染循环〕

　　发病植株残体是该病害主要的初侵染来源。病原菌以菌丝体和分生孢子器在病株残体内越冬，翌年通过释放分生孢子进行为害。病叶上产生的新的分生孢子器释放的分生孢子借风、雨传播进行再侵染。向日葵收获前后掉落在地里的籽粒遇到适宜的条件就会长出许多自生苗。这些自生苗上的病原菌也是该病害初次侵染的主要来源。

　　高温多湿是造成病害流行的主要环境条件。环境条件中影响较大的是温度和湿度，其中尤以湿度影响最大。叶缘是否积水，有没有水滴的存在与病害的发生关系密切。因为真菌孢子的萌动和侵入都需要水滴存在。除雨水外，露水和浓雾也能满足病原菌入侵的要求。

　　栽培措施不当会加重病害的发生。播种时间、地势、种植密度、施肥时期和施肥量都会影响发病程度。如果播期安排不当，开花期赶上高温多湿季节，发病就会更加严重。一般春季早播病轻，晚播病重；夏季晚播病轻，早播病重；平地发病重，山地发病相对轻；黏土地发病重，沙土地发病轻；连作重茬地发病重；种植过密发病重；氮肥追施过早，施用量过大，植株徒长，发病也较重。

〔发病规律〕

该病的发生与气候条件有密切的关系。其分生孢子在5～35 ℃下均可萌发，在18～21 ℃时病害的潜育期7～9天；温度升高潜育期缩短，再侵染比较频繁。由于向日葵在生育前期较后期抗病，嫩叶比老叶抗病，所以在田间植株上该病均自下而上发病，严重时病叶层层脱落。死亡后脱落的叶片上形成的分生孢子器遇到降雨后很快释放分生孢子进行再侵染。因此，降雨多，病情发生加重。另外气候干旱时，向日葵的生长势弱，病情也会加重。

〔防治方法〕

农业防治：与禾本科作物实行3年以上轮作；耕种前彻底清除病残叶，深翻土壤，减少初侵染菌源；因地制宜选用抗病品种；加强田间管理，包括合理密植，使用充分腐熟的有机肥，均衡施肥，适期播种，合理灌溉等；雨后要及时排除田间积水，降低田间湿度，发病初期可人工摘除病叶和植株底部叶片。

化学防治：发病初期可选用50%多菌灵可湿性粉剂500倍液、70%甲基硫菌灵可湿性粉剂1 000倍液、30%碱式硫酸铜悬浮剂400～500倍液、50%苯菌灵可湿性粉剂1 500倍液。一般需要防治1～2次，每次间隔10天。

## 2. 向日葵黑斑病 [*Alternaria helianthi*（Hansf.）Tubaki et Nishihara]

〔分布与为害〕

向日葵黑斑病是向日葵主要的叶部病害之一，在世界各向日葵产区均有发生。1943年首次在乌干达发现，随后在印度、中国、日本、美国、伊朗、巴西、阿根廷、土耳其等国陆续发现。1966年，我国吉林首次发现向日葵黑斑病，现今该病害在黑龙江、吉林、辽宁、内蒙古、新疆、山西、云南等地均有发生，尤以黑龙江、吉林、辽宁、内蒙古东部地区的发生和为害严重。黑斑病发生后可造成向日葵叶片大面积枯死，使植株早衰和死亡，一般年份减产10%～20%，严重影响向日葵籽实的品质和产量；大流行年份减产可达50%，含油量下降15%～35%，特别严重的地块甚至绝收。

〔症状〕

向日葵黑斑病可为害叶片、叶柄、茎和花瓣，尤以为害叶片为主。叶片发病初期，病斑近圆形，黑褐色且中心灰白，边缘有黄绿色晕圈，直径5～20 mm，相邻病斑易扩大汇合；叶柄、茎部染病后病斑黑褐色，圆形、椭圆形或梭形，由下向上蔓延。天气潮湿时病斑上生出一层淡褐色霉状物（病原菌的分生孢子梗和分生孢子）。病情严重时，叶柄上布满病斑，叶片上病斑连结成片，叶柄和叶片一起干枯。茎部的病斑最长可达140 mm，病斑易连结成片，导致茎秆全部变成褐色。花托发病后也能形成圆形病斑，稍凹陷。花瓣染病，使花瓣枯死。葵盘边缘发病后病斑圆形或梭形，具同心轮纹，褐色、灰褐色或银灰色，中心灰白色。病原菌还可以侵染向日葵的种子，导致发芽率降低。发病幼苗的病斑将成为田间再侵染的来源（图1-3）。

（a）叶部发病初期　　　　　　　　　　（b）叶部同心轮纹病斑

（c）叶柄梭形病斑　　　　　　　　　　（d）茎秆椭圆形、梭形病斑

（e）葵盘的同心轮纹病斑　　　　　　　（f）葵盘背面病斑

图1-3　向日葵黑斑病（白全江　拍摄）

〔病原〕

目前，国内外报道可引起向日葵黑斑病的病原菌主要为链格孢属真菌，共有8个种，

分别为*A. alternata*、*A. helianthi*、*A. helianthicola*、*A. leucanthemi*、*A. helianthinficiens*、*A. protenta*、*A. zinniae*和*A. longissima*。除*A. helianthicola*、*A. helianinficiens*、*A. longissima*和*A. protenta* 4个种外，其余4个种在我国均有报道，其中向日葵链格孢菌*A. helianthi*是优势种。

向日葵链格孢菌〔*Alternaria helianthi*（Hansf.）Tubaki et Nishihara〕属半知菌亚门从梗孢目链格孢属。病原菌的分生孢子梗单生或2~4根束生，浅褐色或深褐色，直立或膝状弯曲，分支或不分支，分隔，顶细胞稍大，有0~4隔膜，大小（40.0~110.0）μm×（7.0~10.0）μm；基部细胞略膨大，在分生孢子梗的顶端，折点有明显的孢痕。分生孢子单生，初期无色，逐渐成褐色，圆柱形、长椭圆形，有的稍弯曲。成熟后的分生孢子成褐色，圆柱形较多，正直或弯曲，横隔膜3~13个，纵隔膜0~2个，少数可达3个以上，大小（50.0~135.0）μm×（15.0~40.0）μm（图1-4）。

病原菌生长的适宜温度范围5~35 ℃，最适温度25~30 ℃；分生孢子形成的最适温度25 ℃。菌丝和分生孢子可以在pH值4.5~10的条件下生存，最适pH值7。病原菌菌丝生长和产孢的最佳碳源是纤维素和淀粉，最佳氮源是蛋白胨。向日葵煎汁琼脂培养基最适合该病原菌生长，产孢量也最多。黑光灯连续照射对病原菌产孢具有一定的刺激作用。

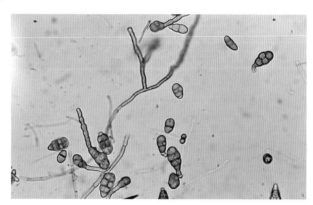

图1-4　向日葵链格孢菌的分生孢子

〔**侵染循环**〕

向日葵黑斑病菌可以在病残体上越冬，成为翌年的初侵染源。菌丝在田间病残体上能保持3~4年的活力。从病田收获的种子表面及胚中也带有大量的病菌。播种带菌种子可引起叶斑和苗枯的症状。病残体上的病原菌在条件适合时进行初侵染，侵染的最适温度是25~30 ℃。病原菌的分生孢子梗和分生孢子形成在病斑正反面。分生孢子萌发产生一至多个芽管，然后形成附着胞，通过表皮、伤口或气孔直接侵入寄主。植株初次被侵染后，在潮湿的气候条件下，病斑上产生大量的分生孢子能够借风、雨传播进行多次再侵染。种子带菌在病害远距离传播中起主要作用。

向日葵黑斑病的流行与气候条件有密切关系。每年7—8月降水量和相对湿度对黑斑病的流行起着决定性的作用。高湿多雨条件有利于病原菌的再侵染，从而导致病害迅速流行。向日葵植株在不同生育阶段感病程度不同，随着叶龄的增加，植株的感病性也在增加，所以老龄叶比幼叶更易感病。向日葵在乳熟至蜡熟期最易感染此病害，如遇雨季易造成病害的迅速流行。此外，连作地或离向日葵秆垛近的地块发病重；早播向日葵黑斑病的发生也比较严重。不同抗病性品种在相同气候条件下，对黑斑病的流行速率、病斑增长速度以及病叶枯死的影响极为明显。

〔防治方法〕

农业防治：①抗病品种的选择，尚未发现对黑斑病完全免疫的向日葵品种，但向日葵品种对黑斑病的抗性存在一定的差异。利用抗病品种是防控向日葵黑斑病最经济有效的措施，如CY101、科阳2号、甘葵2号、龙食葵2号、龙食杂1号、SH361、LJ368、赤葵2号、龙葵杂8号等；②合理轮作，实行向日葵与禾本科作物的轮作，一般轮作时间5年以上。一年两季地区应注意向日葵田块间最好间隔500 m的距离；③加强田间管理，向日葵生长后期进行培土、精细管理，增加土壤透气性，提高根系的吸收能力，及时排除田间积水，防止黑斑病病原菌滋生；④清除田间菌源，在向日葵收获后，及时清除向日葵茎秆或进行深翻可以清除菌源或减少翌年初侵染菌源的数量，向日葵黑斑病一般由植株下部叶片开始出现病斑，然后向上逐渐侵染至上部叶片、叶柄、茎和花，在发病初期将下部发病叶片摘除，对黑斑病菌的扩散有一定控制作用；⑤适当调整播期，向日葵乳熟期至蜡熟期最易感染此病害，每年7月和8月的气候条件适合病害的发生。可依据当地气候特点及各品种的生育特性适当调整播期，使向日葵易感病阶段避开阴雨连绵的季节，达到防病的目的。

物理防治：用50～60 ℃热水温汤浸种20分钟，可有效控制种子带菌引发的向日葵黑斑病。

化学防治：①种子处理，用70%代森锰锌可湿性粉剂按种子量的0.3%拌种；②在植株发病初期及时喷施25%嘧菌酯悬浮剂1 500倍液、70%代森锰锌可湿性粉剂400～600倍液、75%百菌清可湿性粉剂800倍液或50%异菌脲可湿性粉剂1 000倍液，隔7～10天喷施1次，连续喷2～3次，可有效控制黑斑病。

## 3. 向日葵锈病（*Puccinia helianthi* Schw.）

〔分布与为害〕

向日葵锈病在向日葵产区均可发生，并引起一定的产量损失，发生严重的地块使葵盘和籽粒变小，含油量和产量降低。该病大流行时期，可以导致向日葵减产40%～80%。

〔症状〕

向日葵锈病在各生育期、各个部位均能发生，但以叶片发生最为严重。除为害叶片外，该病害也可为害叶柄、茎秆、葵盘等部位。

锈病的发病初期会在叶片上出现不规则圆形的褪绿黄斑，随后在病斑中央很快散生出一些针尖大小的点状物即性子器。随后，在与性子器相对应的叶片背面的病斑上产生许多黄色似茸毛状的突起物即锈子器。夏初，叶片背面散生褐色小疱，小疱表皮破裂后散出褐色粉状物,即病原菌的夏孢子堆和夏孢子。接近收获时,发病部位出现黑色裸露的小疱,内生大量黑褐色粉末,即为病原菌的冬孢子堆及冬孢子(图1-5)。

(a)锈菌锈孢子为害状

(b)锈菌夏孢子为害状

(c)锈菌为害葵盘花萼

(d)叶背面为害形成的冬孢子堆

(e)田间部分受害状

(f)田间大面积受害状

图1-5 向日葵锈病(白全江 拍摄)

〔病原〕

向日葵锈菌(*Puccinia helianthi* Schw.)属担子菌亚门冬孢子纲锈菌目柄锈菌属。性子器生于叶两面,圆形,黄色群生。锈子器杯状,群生于叶背,大小(21.0~28.0)μm×(18.0~21.0)μm。夏孢子堆主要生在叶背,圆形至椭圆形,大小1.0~1.5 mm,具2个芽孔。冬孢子堆在叶背面生成,褐色至黑褐色,大小0.5~1.5 mm。冬孢子椭圆形至长圆形，两端圆，分隔处稍缢缩，大小（40.0～54.0）μm×（22.0～29.0）μm，柄无色，长约110.0 μm。该病原菌是单主寄生，主要为害向日葵、小花葵、菊芋、狭叶葵、暗红葵等（图1-6～图1-7）。

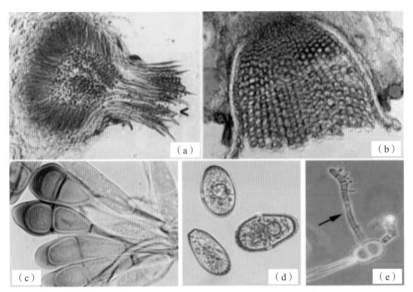

（a）性子器；（b）锈子器；（c）冬孢子；（d）夏孢子；（e）冬孢子萌发形成担孢子。

图1-6　向日葵锈菌（引自许志刚编　《普通植物病理学》）

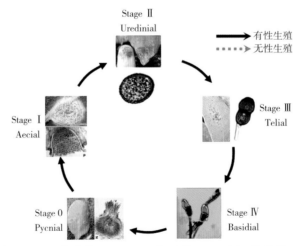

Uredinial—夏孢子；Telial—冬孢子；Basidial—担孢子；Pycnial—性孢子；Aecial—锈孢子。

图1-7　向日葵锈菌生活史（路妍　提供）

〔侵染循环〕

向日葵锈病在向日葵生长季节的任何时候均可发生，但是病害的发生主要取决于环境条件和初始菌源数量。此外，向日葵锈病只发生在栽培或野生的向日葵上，这与小麦或大豆的锈病不同。

向日葵锈菌是全型锈菌，在其生活史中产生5种类型孢子，增加了其发生有性重组和早期侵染的频率。病害发生的早期，通常是在向日葵残体上的冬孢子萌发形成担孢子侵染导致。后期病害流行通常是由气流中的夏孢子引起的。向日葵锈菌可以进行有性重组，这有利于向日葵锈菌新小种的产生。有性重组始于担孢子侵染向日葵并产生性孢子阶段。向日葵锈菌是一种异宗配合真菌。担孢子侵染后10～12天，叶片表面出现黏性花蜜物质。昆虫将含有一种交配型单倍体孢子的花蜜转移到另一种交配型的接受菌丝上，从而实现交叉受精。所得菌丝体在8～10天内产生锈子器。锈子器在受精的性子器的叶背面发育，并产生成串的双核锈孢子。锈孢子借风传播感染向日葵后形成大量双核夏孢子，夏孢子通过风传播到邻近的植株上侵染向日葵的多种组织，包括茎、苞片、叶柄和叶片。通常首先底层的老叶先发病，然后逐渐蔓延到新叶。在有结露和温度12～30 ℃的条件下，夏孢子阶段每10～14天可发生一次重复侵染。当温度超过侵染和病害发展的有利范围时，重复侵染会减慢或停止。后期寒冷的气候条件或寄主的成熟度将促使病原菌从夏孢子进入冬孢子阶段。进入冬孢子阶段后，每个冬孢子中的2个细胞核经过核配、减数分裂后便产生4个单核的担孢子。春天，冬孢子萌发并产生担孢子，担孢子会感染幼嫩的子叶，导致叶片枯萎。

〔发病规律〕

向日葵锈病的发生与上年累积菌源数量和当年降水量关系密切，尤其是锈孢子出现后，降雨对其流行起重要作用。气候条件对锈菌的初侵染和锈病流行的速度都有很大的影响。随着夜间温度升高，锈孢子侵染加快。一旦锈孢子侵入叶片后，只有温度对它的生长有影响，降雨发挥的作用非常小。进入夏孢子阶段后，雨季早，有利于再侵染的发生，导致该病害的流行。向日葵开花期（7月下旬至8月），如雨量多，雨日长，湿度大时有利于锈病的流行；氮肥过多，种植过密会导致湿度增加，通风不良，锈病发生也较严重。

1995年Shtienberg等研究表明，向日葵锈病夏孢子堆萌发需要的温度是4～20 ℃，在叶片相对湿度达到100%时需要4～6小时；在15～25 ℃条件下，从接种到出现症状需要8～10天。锈菌侵染的最适宜温度10～24 ℃，而形成孢子所需要的温度为4～39 ℃，最适宜的温度为20～35 ℃。

最初感染的时间对病害的发展也非常关键。初次侵染发生越早越有利于再侵染；植物的不同生育期感病程度也不同。

〔防治方法〕

向日葵锈病的防治遵循"预防为主，综合防治"的植保方针。

农业防治：①种植抗病品种；②轮作倒茬，锈菌夏孢子可以远距离传播，所以作物轮作不能防止锈病流行，然而，作物轮作有助于打破锈菌的生活史，进而延缓小种变异；

③清除田间病株残体，及时清除田间病残株，降低翌年的初始菌源量；④加强栽培管理，深翻地，勤中耕，合理增施磷肥，增加寄主的抗病性。

化学防治：用25%三唑酮可湿性粉剂1 000~2 500倍液、12.5%烯唑醇可湿性粉剂2 000倍液、30%吡唑醚菌酯乳油、48%苯甲·嘧菌酯悬浮剂1 500倍液，发病初期用药，一般施药2次，间隔7~10天施药1次。在生产中交替使用，可延缓抗性产生。

## 4. 向日葵白锈病 [*Albugo tragopogonis*（Pers.）S. F. Gray]

〔分布与为害〕

向日葵白锈病是一种真菌病害，病株减产10%~30%。目前该病害仅在新疆向日葵产区发生。

〔症状〕

向日葵白锈病主要侵染向日葵的叶片、茎秆、叶柄和花萼。主要症状类型有叶片疱斑型、散点型、叶脉型、叶边型，茎秆水肿型和茎秆破裂型（图1-8）。

疱斑型：为淡黄色疱斑型，是向日葵白锈病的主要症状。主要为害中下部叶片，严重时可蔓延至上部叶片。叶正面呈淡黄色疱状凸起病斑，叶片背面相对应的部位产生白色至灰白色的疱状斑，疱状斑可相互汇合，形成大的病斑块，后期渐变为淡黄白色，内有白色粉末状的孢子囊和孢囊梗。病斑多时可连结成片，造成叶片发黄变褐，枯死并脱落，该病害发生后对产量影响很大。

散点型：发生在叶片上，叶正面病斑呈淡黄色斑块，背面有许多白色疱状点（较小的孢子堆），孢子堆在叶背散生，白色有光泽，内有白色粉状物即孢子囊和孢囊梗。严重时病斑连结成片，造成叶片发黄变褐而枯死，对产量影响大。

叶脉型：也称沿叶脉斑点型，发生在叶片上，在向日葵叶片正面沿叶脉形成淡黄色病斑，对应背面有许多疱状点，后期茎秆发病部位坏死，导致叶片变褐枯死，影响光合作用，严重影响产量。

叶边型：从叶片边缘向内侵染形成浅白色的病斑，内有白色孢囊层。之后造成叶片四周边缘向内卷曲，后期叶片边缘变褐枯死。

茎秆水肿型：也称黑色水肿型，发生在较细、瘦弱的向日葵茎秆上。病斑一般分布在离地面50~80 cm。前期受害部位表现为暗黑色水浸状斑，并造成茎秆的肿大；后期在病茎肿大部位失水并凹陷，在凹陷处产生白色粉末状孢囊层，严重时可造成茎秆折断。

茎秆破裂型：发生在较粗的向日葵茎秆上，在茎秆基部向上0~50 cm形成褐色擦伤状病斑，造成茎秆纵向破裂，病株倒伏，倒伏率高达30%以上，造成严重的经济损失。

叶柄症状：一般发生在叶柄中部。叶柄被害部位呈现暗黑色水浸状，后期产生白色疱状物，即病原菌的孢子囊和孢囊梗。叶片发病后会影响花盘籽粒的灌浆，造成籽粒空瘪。

花萼症状：向日葵花萼萼片受害后，前期受害部位表现为暗黑色水浸状，后期萼片多产生扭曲、畸形，并从花萼尖向内逐渐干枯，其上产生白色疱状物（孢子囊和孢囊梗）。

（a）叶片正面失绿疱斑状　　　　　　（b）叶片正面疱斑症状

（c）叶片背面着生的白色孢子堆　　（d）田间发病症状　　（e）茎秆水肿型

（f）花萼受害前期　　　　　　　　（g）花萼受害后期

图1-8　向日葵白锈病（赵君　拍摄）

〔病原〕

向日葵白锈病的病原菌为婆罗门参白锈菌［*Albugo tragopogonis*（Pers.）S. F. Gray］。孢子堆直径0.5~1.0 mm；孢囊梗短棍棒形，无色，单孢，细长，不分枝，单层排列。孢子囊形状有短圆筒形、腰鼓形、椭圆形。顶部近球形，无色，单孢，壁膜中腰增厚或稍厚，短链生；大小（15.1~23.0）μm×（12.8~19.9）μm。藏卵器无色，近球形、椭圆形，大小（33.3~62.5）μm×（33.3~62.5）μm。卵孢子形状近球形，沿叶脉生或散生于叶组织内，颜色为淡褐色至深褐色，网纹双线，边缘突起较高，网状棱纹14.0~23.0 μm，卵孢子大小（27.5~37.5）μm×（25.0~32.5）μm。

〔侵染循环〕

初侵染来源。向日葵白锈病以卵孢子在种子上越冬，随种子进行远距离传播；同时，卵孢子也可以在病残体（叶片）和土壤中越冬，从而成为来年白锈病主要的初侵染来源；带有病残体的农家肥也是主要的初侵染来源。翌年向日葵出苗后，越冬的卵孢子萌发形成游动孢子，从向日葵叶片的背面气孔入侵。病原菌入侵后在向日葵叶片表皮下形成孢子堆，并突破寄主表皮，释放出孢子囊和孢囊梗，依靠风、雨进行传播，从而造成田间的再侵染。

病害的发生与气象因子的关系。病害流行与降水量和温度密切有关，低温高湿条件有利于发病。如发病较重的特克斯县，2003年6月和7月的月平均最高气温分别为26.3 ℃和26.2 ℃，平均最低气温分别为11.3 ℃和12.6 ℃，月降水量分别为98.5 mm和100.0 mm，连续2个月凉爽湿润的气候条件有利于病害发生流行；8月以后由于雨量减少病势相应减轻。向日葵接近成熟时，卵孢子逐渐形成，附着于种子表面或随寄主病残体（叶片）落入土中越冬，至翌年寄主播种后开始初侵染。

有研究表明降水量与向日葵白锈病发生呈正相关；与降雨次数无关；与日照时数、温度呈负相关。当天气晴朗、温度较高、日照充足时不利于向日葵白锈病的发生。

〔发病规律〕

与气候条件有密切的关系。病原菌的分生孢子在5~35 ℃下均可萌发，在18~21 ℃时病害的潜育期7~9天，温度升高潜育期缩短，再侵染频繁。故在新疆自然条件下该病主要发生在向日葵生长中后期。由于向日葵在生育前期较后期抗病，嫩叶比老叶抗病，所以在田间植株上该病均自下而上发病，严重时病叶层层脱落。另外，干旱的气候条件会导致向日葵抗病性降低，病情加重，这是新疆白锈病发生较重的主要原因之一。

〔防治方法〕

向日葵白锈病流行性很强，流行后能造成向日葵产量严重减产，因此要贯彻"预防为主，综合防治"的方针，加强对白锈病的监控。根据病情、苗情和气候条件综合分析向日葵白锈病的发生流行趋势，采用药剂和栽培管理相结合的综合措施及时防治病害，把白锈病消灭在流行之前。

农业防治：①选用抗病品种，应因地制宜选用对白锈病抗性较强的品种；②消灭越冬菌源，向日葵收获后，将散落在田间的残株病叶进行深埋、焚烧，以及将花盘及杂物进行粉碎作饲料或沤制作肥料使用；③加强田间管理，适期播种，合理密植；及时中耕除草，发现病株及时拔除；科学施肥，施用充分腐熟的有机肥，增施磷钾肥，避免偏施氮肥，提高植株抗病力；合理灌溉，雨后及时排除田间积水，降低田间湿度。

化学防治：药剂拌种，用25%三唑醇可湿性粉剂按种子量的0.2%拌种；喷雾防治，在发病初期用15%三唑酮可湿性粉剂1 000～1 500倍液、50%萎锈灵乳油800倍液、50%硫磺悬浮剂300倍液、25%丙环唑乳油3 000倍液喷雾防治，可有效减轻该病的发生。

## 5. 向日葵霜霉病 [*Plasmopara halstedii*（Farl.）Berl. & de Toni]

〔分布与为害〕

向日葵霜霉病19世纪末在美国首先发现，以后向其他种植向日葵的国家蔓延，至今在30多个国家和地区均有发生，在苏联、南斯拉夫、保加利亚、罗马尼亚、美国、加拿大发生普遍，达90%以上，造成严重减产甚至绝收。我国向日葵霜霉病主要分布在东北、西北和华北等向日葵产区，是向日葵生产上一种毁灭性的病害。该病害一般年份发生较轻，但个别年份在一些地区发生比较严重。由于向日葵霜霉病发病后能够导致整株死亡，因此，可造成严重的减产和经济损失。

〔症状〕

向日葵霜霉病在整个生长期均可发生，从种子发芽到第一对真叶出现是向日葵感染霜霉病的敏感期。该病害根据发生时期和症状特点可将症状分为如下4种类型（图1-9）。

矮化型：矮化型植株的根系发育不良，节间缩短，茎变粗，叶柄缩短，导致植株严重矮化。

叶斑型：植株生长发育良好，只在叶正面或沿主脉附近出现多角形的褪绿斑，在叶片病部的背面则出现白色致密的霉层。

花果被害型：主要发生在向日葵生长发育的后期，即开花后病原物侵入花器和子房，引起部分花干枯和胚死亡。随病情扩展，花盘畸形，失去向阳性能，开花时间较健株延长，结实失常，籽粒不饱满。

潜隐型：外部症状不明显，病原物局限在植株的地下部分。

（a）叶脉失绿

（b）形成矮化植株

（c）叶片背面的霉层

（d）二次侵染形成的霉层

图1-9　向日葵霜霉病（白全江　拍摄）

〔病原〕

向日葵霜霉病由霍尔斯轴霜霉［*Plasmopara halstedii*（Farl.）Berl. & de Toni］引起。孢囊梗从气孔伸出，具隔膜，主轴长105.0～370.0 μm，占全长1/3～2/3，粗9.1～10.8 μm，常3～4枝簇生成直角分枝，顶端钝圆，长1.7～11.6 μm。孢子囊着生在孢囊梗上，卵圆形、椭圆形至近球形，顶端有浅乳突，无色，孢子囊大小（16.0～35.0）μm×（14.0～26.0）μm。有性世代的卵孢子为球形，黄褐色，直径23.0～30.0 μm。此病原菌只寄生在向日葵属一年生的植物上，是典型的专性寄生菌（图1-10）。

〔侵染循环〕

向日葵霜霉病病原菌随带菌的种子进行传播。病原菌主要以菌丝体和卵孢子潜藏在内果皮和种皮中，种子间夹杂的病残体也会带菌。春季气温回升，卵孢子萌发产生游动孢子囊，释放的游动孢子侵入向日葵，形成全株系统性侵染症状。该病有潜伏侵染现象，即带菌种子长出的幼苗常不表现症状。生产上播种带菌种子后当年只有少数出现系统症状的病株，相当多的植株为无症状带菌。向日葵不同品种间对霜霉病的抗性存在一定的差异。

向日葵霜霉病病原菌以卵孢子在土壤中或病株残体内越冬，也可以菌丝在种子内越冬，成为翌年的初侵染源。春季温度在16～18 ℃，湿度在70%以上的条件下形成游动孢子，游动孢子产生芽管通过寄主的根系侵入植株，引起初侵染。初侵染发病的植株产生的孢子囊借助风雨传播进行再侵染。

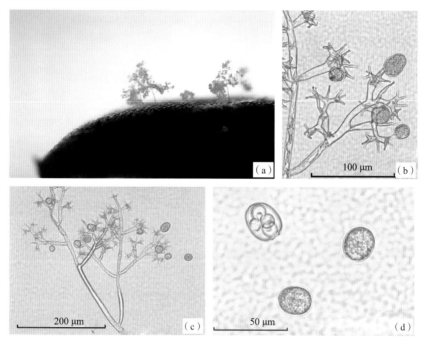

（a）霜状霉层；（b）孢囊梗（100 μm）；（c）孢囊梗（200 μm）；（d）孢子囊

图1-10　霍尔斯轴霜霉

（图片引自EPPO Global Database）

〔发病规律〕

该病发生程度与向日葵品种间抗病性差异及出苗期间温湿度有关。一般向日葵播种后遇到低温高湿的条件，容易引起幼苗发病，生产上春季降雨多、土壤湿度大、地下水位高或重茬地易发病，播种过深发病重。向日葵进入成株期以后抗病性明显增强。

品种的抗性水平：油用向日葵品种的整体抗性水平高于食用向日葵品种。

向日葵的生育期：寄主的生育时期是决定向日葵霜霉病病原菌系统侵染的主要影响因子，苗期是该病原菌侵染的主要时期。

环境条件：卵孢子和游动孢子囊萌发及侵入均需要高湿的条件。

〔防治方法〕

向日葵霜霉病主要由种子带菌传播，是典型的系统侵染病害，因此，选用抗病品种，辅以种子处理，同时结合农业措施是防治该病害的主要方法。

农业防治：①建立无病留种田，严禁从病区引种，保护无病区；②严格执行轮作，严禁重茬和迎茬，可与禾本科作物实行3~5年轮作；③及时清除田间病株，调整播期，适期播种，不宜过迟，密度适当，不宜过密；④选用抗病品种。

化学防治：发病重的地区选用25%甲霜灵可湿性粉剂按种子重量0.5%进行拌种，或用350 g/L精甲霜灵种子处理乳剂按种子种量0.1%～0.2%拌种；苗期或成株期发病后，喷洒58%甲霜灵锰锌可湿性粉剂1 000倍液、25%甲霜灵可湿性粉剂800～1 000倍液、72%霜脲·锰锌可湿性粉剂700～800倍液进行防治。

## 6.向日葵白粉病 [ *Podosphaera xanthii*（Castagne）Braun & Shishkoff ]

〔分布与为害〕

该病害在中国各地都有发生，其中引起白粉病的二孢白粉菌在长江流域为害较重；苍耳单丝壳在北方的吉林、内蒙古等地均有分布；新疆存在2种白粉病病原菌，但为害较轻。向日葵白粉病严重发生时，常常会引起大量向日葵叶片表面布满白粉并发黄，尤其是中上层以下的叶片枯干，直接影响到籽粒的饱满度，从而造成了向日葵品质下降。

〔症状〕

该病原菌主要为害叶片，严重时可侵染茎部。发病初期，叶片表面出现零星白色粉状小斑块。随着病害的发展，叶子像涂了一层白粉，后期病部有许多黑色小粒点（闭囊壳）。幼叶严重受害时，生长停止；老叶受害后，叶色变浅，逐渐枯死。嫩茎有时也可受害（图1-11）。

（a）叶片上菌丝形成的斑点

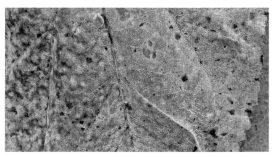
（b）由斑点形成的霉层

（c）葵盘上密布的菌丝体

（d）田间为害症状

图1-11　向日葵白粉病（白全江　拍摄）

〔病原〕

中国北方主要病原菌是苍耳单丝壳［*Podosphaera xanthii*（Castagne）Braun & Shishkoff］；而国外普遍发生的是菊科白粉菌（*Erysiphe cichoracearum* DC.），均属子囊菌亚门真菌。2种病原菌的无性态同属粉孢属，分生孢子梗不分枝，圆柱形，无色，有2~4个隔，都产生串生、椭圆形、单胞，无色的分生孢子。

苍耳单丝壳的闭囊壳生在叶柄、茎、花萼上时为稀聚生，褐色至暗褐色，球形或近球形，直径60.0~95.0 μm，具3~7根附属丝，附属丝着生在闭囊壳下面，长为闭囊壳直径的0.8~3.0倍，具隔膜0~6个，壳内含1个子囊。子囊椭圆形或卵形，少数具短柄，大小（50.0~95.0）μm×（50.0~70.0）μm，内含6~8个子囊孢子。子囊孢子椭圆形或近球形，大小（15.0~20.0）μm×（12.5~15.0）μm（图1-12）。

菊科白粉菌的闭囊壳球形，直径80.0~150.0 μm，着生有简单的菌丝状附属丝，它与菌丝体的差别很小。闭囊壳内有10~15个卵形，椭圆形或长椭圆形的子囊，大小为（58.0~65.0）μm×（30.0~32.0）μm。子囊内形成4个单胞的子囊孢子，大小（20.0~30.0）μm×（10.0~20.0）μm。

〔侵染循环〕

病菌以闭囊壳在病残体上越冬。翌春放出子囊孢子借气流传播进行初侵染。发病后，病斑上产生大量分生孢子，借气流进行再侵染。

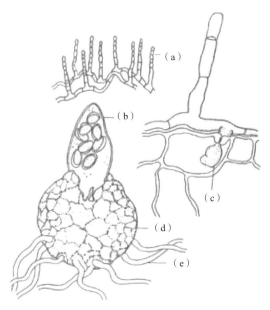

（a）分生孢子；（b）子囊；（c）吸器；（d）闭囊壳；（e）附属丝。

图1-12 苍耳单丝壳

（图片引自EPPO Global Database）

〔发病规律〕

分生孢子在10～30℃条件下均可萌发，最适温度是20～25℃。无性时期的分生孢子萌发对湿度要求不严格，相对湿度在20%～30%，气温在20～25℃下均可以萌发致病。在6—8月如天气频繁短暂小雨并夹带有微风，更有利于向日葵白粉病的发生和为害。连作向日葵地发病重，干旱年份发病重。相对湿度高也易发病，栽植过密，通风不良或氮肥偏多，发病重（图1-13）。

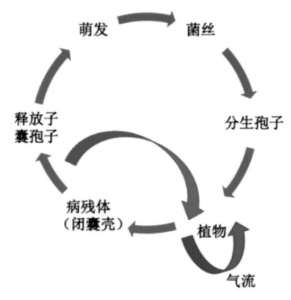

图1-13　向日葵白粉病的侵染循环

〔防治方法〕

农业防治：①轮作倒茬，实行轮作制度，减少侵染源；②清洁田园，清除田间杂草，在收获后彻底清除病株残叶，深翻土地；③合理施肥，采用测土配方施肥，增施磷肥、钾肥，促进苗壮，增强抗病性；④及时清除病株，发现中心病株及时清除；⑤合理密植，加强通风透光，适当降低田间湿度，可减轻发病。

化学防治：在发病初期用20%三唑酮乳油和250 g/L吡唑醚菌酯乳油1 500倍液，每隔7～9天喷1次，连喷2～3次；也可以用12.5%烯唑醇可湿性粉剂2 000倍液、10%苯醚甲环唑微乳剂900～1 000倍液或25%乙嘧酚悬浮剂800～1 000倍液，间隔10天喷1次。

## 7.向日葵细菌性叶斑病（*Pseudomonas syringae* pv. *helianthi*）

〔分布与为害〕

在江苏、山东、河北、河南、内蒙古、湖北、辽宁、吉林、黑龙江等地均有发生。

〔症状〕

该病害主要为害向日葵的叶片。发病初期病斑很小，呈水渍状，随后渐扩展到2~3 mm，暗褐色，四周出现较宽的褪绿晕圈。数个病斑连结成一个大斑，有时可见一个叶片上有数十个小病斑，严重时叶片干枯脱落（图1-14）。

图1-14 向日葵细菌性叶斑病症状（赵君 拍摄）

〔病原〕

向日葵细菌性叶斑病是由丁香假单胞菌变种（*Pseudomonas syringae* pv. *helianthi*）侵染引起的一种叶斑病。细菌的菌体短杆状，大小（1.6~2.4）μm×（1.0~1.4）μm，单生或链生，极生单鞭毛，革兰氏染色阴性，好气性。肉汁胨琼脂平面上菌落白色、圆形、表面光滑、有光泽、边缘整齐。病原菌的最适生长温度为27~28 ℃，最高35 ℃，最低12 ℃，致死温度52 ℃。

〔发病规律〕

传播途径：病原菌可在种子及病残体上越冬，借风雨、灌溉水传播蔓延。

发病条件：雨后易见此病害的发生和蔓延。

〔防治方法〕

农业防治：降低环境湿度，与禾本科进行轮作等农业措施。

化学防治：发病初期喷洒15%络氨铜水剂350倍液或30%碱式硫酸铜悬浮剂400倍液。

## 8. 向日葵病毒病

〔分布与为害〕

向日葵花叶病毒病在我国普遍发生。为害向日葵的病毒种类较多，包括黄瓜花叶病毒（*Cucumber mosaic virus*，CMV）、向日葵花叶病毒（*Sunflower mosaic virus*，SuMV）、烟草线条病毒（*Tobacco streak virus*，TSV）、向日葵黄花斑点病毒（*Sunflower yellow blob virus*，SYBV）等病毒类型。该病害的发生对向日葵的产量影响较大，由于病毒的种类不同发生为害的程度也不同。一般严重地块发病率高达20%，发病早的可引起绝收。目前，CMV在世界各地均有分布，特别是在温带和热带地区。CMV的株系繁多，寄主广泛，能够侵染包括禾谷类作物、牧草、木本和草本观赏植物、蔬菜及果树等1 200多种植物。

〔症状〕

黄瓜花叶病毒侵染后可引起向日葵植株矮化、叶片畸形以及花叶等症状。向日葵花叶病毒病的典型症状是花叶或褪绿环斑，有的在叶柄及茎上出现褐色坏死条纹。重病株顶部枯死，花盘变形，顶部小叶扭曲，种子瘪缩，病株矮化明显（图1-15）。

（a）花叶　　　　　　　　　　　　　　　（b）叶片黄化

图1-15　向日葵病毒病（赵君　拍摄）

〔病原〕

CMV是雀麦花叶病毒科（Bromoviridae）黄瓜花叶病毒属（*Cucumovirus*）的典型成员。CMV的病毒粒体球状，直径28～30 nm；病毒汁液稀释限点1 000～10 000倍，钝化温度60～70 ℃ 10分钟，体外存活期3～4天，不耐干燥，在指示植物普通烟、心叶烟、曼陀罗、黄瓜上呈系统花叶。此外，有报道SuMV、TSV和SYBV能引起向日葵病毒病。

〔发病规律〕

CMV主要以蚜虫进行传播。田间也可经汁液摩擦传播。

〔防治方法〕

农业防治：选用抗病品种。

化学防治：发病前期至初期可用选用20%吗胍·乙酸铜可湿性粉剂500倍液、20%盐酸吗啉胍可湿性粉剂400～600倍液、1.5%烷醇·硫酸铜可湿性粉剂1 000倍液、10%混合脂肪酸水乳剂100倍液、2%宁南霉素水剂200～300 mL/亩（1亩≈667 m²）、0.5%氨基寡糖素水剂150～200 mL/亩喷洒叶面，间隔7～10天喷施1次，连续喷施2～3次。

# 第二节　茎部病害

## 9. 向日葵镰刀菌型茎腐病（*Fusarium* spp.）

〔分布与为害〕

20世纪70年代国外报道了*Fusarium oxysporum* f. sp. *helianthi*和*Fusarium moniliforme*引

起的向日葵茎腐病。受侵染植株的叶片变色和下垂，随后整株萎蔫、死亡；被侵染的根部横截面表现出维管束变褐，木质部导管中存在菌丝和小型分生孢子。1984年，意大利在种植的向日葵上发现了由*F. tabacinum*（有性阶段是*Plectosphaerella cucumerina*）引起的枯萎病。感病植株的茎部出现灰白变色，茎部纵向剖面呈散射状，根茎部到地面以上30~40 cm处的髓部呈浅桃红色；也有报道发现*F. oxysporum*和*F. solani*是引起委内瑞拉、突尼斯向日葵枯萎病的病原菌。俄罗斯、匈牙利还报道了由*F. sporotrichioides*引起的向日葵枯萎病。巴基斯坦也报道了由*F. tabacinum*引起的向日葵萎蔫病，发病率为5%~10%。

〔症状〕

植株受侵染后叶片变色和下垂，随后整株萎蔫、死亡，在开花前受侵染的植株矮化较明显。在植株完全干枯前，病株根部没有表现出外部异常或组织腐烂；被侵染的根部横截面表现出维管束变褐，木质部导管中存在菌丝和小型分生孢子。在侵染后期，有的病株根部无异常，仅发生茎腐；而有的病株根部腐烂，然后向上蔓延，造成茎基部的腐烂。发病茎秆表面变黑褐色坏死，髓部先从外侧开始变色腐烂，严重时髓部薄壁组织腐烂殆尽，残留丝状物，变暗红色，并生有粉红色霉状物（图1-16）。

（a）茎基部变黑褐色　　　　　　　　　（b）茎基部横切面

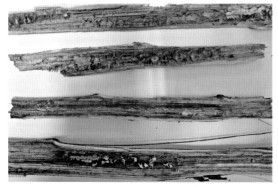

（c）髓部病组织呈暗红色　　　　　　　　（d）茎秆纵切面

图1-16　向日葵镰刀菌型茎腐病（赵君　拍摄）

〔病原〕

该病害是由镰刀菌属下不同的种引起。镰刀菌属真菌隶属半知菌亚门丝孢纲瘤座孢目镰刀菌属，其有性态为子囊菌。菌丝体多无色，但在培养基中容易产生红、紫、蓝等色素，有些种的菌丝体易形成厚壁孢子，顶生或间生，单生或串生。分生孢子梗单枝或分枝，形状不一，无色，有或无隔膜。分生孢子常有2种类型即大型分生孢子呈镰刀形或梭形，直或稍弯，无色，多胞，端胞多样，短喙状或锥形等，足胞常有小突起，细胞间有时形成一至数个厚壁孢子；小型分生孢子呈卵形或椭圆形，单胞或双胞，无色，单生或串生（图1-17）。

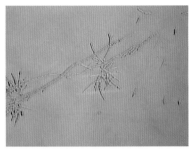  

（a）分生孢子梗　　　　　　（b）大型分生孢子　　　　　　（c）小型分生孢子

图1-17　镰刀菌

〔侵染循环〕

镰刀菌主要以菌丝体、厚垣孢子在土壤中和病残体中越冬。厚垣孢子可在土壤中存活5~6年，在适宜条件下甚至存活10年以上。上述致病镰刀菌的寄主范围较广，可随寄主植物的病残体越冬，也可定殖在越冬作物和杂草的根部存活。镰刀菌可侵染花器，从而使种子带菌。带菌种子可以作为该病害远距离传播的主要载体。种子间夹杂的带菌土粒和病残体碎屑等也可以传播病菌。

镰刀菌首先从细小幼嫩的根毛侵入，或者从根部、茎部的裂口、伤口侵入，经过皮层进入维管束后沿维管束系统进行扩展和蔓延，病菌通过分泌酶和毒素引起维管束组织的坏死，从而导致全株性的萎蔫。

镰刀菌主要随带菌土壤和病残体进行传播扩散。镰刀菌在发病部位产生大量的分生孢子，分生孢子可随风、雨、灌溉水、昆虫等媒介传播，侵染向日葵或其他作物。由于该病害是典型的单循环病害，菌量积累和病情增长的过程较长，呈现积年流行的态势。

〔发病规律〕

茎腐病的发生程度与土壤带菌量、土壤条件、品种抗病性以及栽培管理因素有密切关系。土壤带菌量越高，发病越严重。发病田连作，土壤菌量迅速积累，发病逐年加重。该病害对气象条件的要求不严格，但高温干旱时其发生和为害加重。

〔防治方法〕

农业防治：①选育和种植抗病、耐病品种，抗病品种不仅能减少发病，而且还降低土壤菌量，具有持续的控病效果；②彻底清除田间病残体和杂草，严重发病田需与非寄主作物进行轮作，轮作年限需要根据轮作作物的种类来确定。

化学防治：播种前可以选用70%福美双可湿性粉剂、50%多菌灵可湿性粉剂、400 g/L萎锈·福美双悬浮剂等杀菌剂进行拌种或种子包衣处理。在苗期用70%噁霉灵可湿性粉剂灌根处理。

## 10. 向日葵黑茎病（*Phoma macdonaldii* Boerma）

〔发生与为害〕

向日葵黑茎病是一种检疫性病害，在我国向日葵产区呈现日益加重的趋势。20世纪70年代后期，向日葵黑茎病首次在欧洲发现，随后，美国于1984年也报道了该病害的发生。1990年，该病害在法国向日葵产区大面积发生，严重制约了法国向日葵产业的发展。1990年后，该病还蔓延至世界许多向日葵种植的国家。我国于2005年首次报道了该病害在新疆伊犁地区发生。目前，该病害主要分布在新疆、内蒙古、宁夏以及山西等地。2010年10月20日，该病害被农业部、国家质量监督检验检疫总局公告第1472号列入《中华人民共和国进境植物检疫性有害生物名录》。该病害在田间蔓延快、为害重，一般发生地块发病率在30%左右，严重的可达100%，植株死亡率在50%左右，造成向日葵严重减产，甚至绝收。

〔症状〕

向日葵黑茎病首先从植株下部茎秆的叶柄基部开始发病。发病初期主要在茎秆和叶柄交界处的外表皮形成黑色小病斑，然后沿茎纵向扩展形成梭形或椭圆形的黑色病斑。病斑水渍状，无油性。发病后期，发病处茎秆横切面韧皮部维管束全部发黑，然后病原菌继续向内扩展到茎秆中的髓部，导致整个茎秆髓部变黑，整个木质髓部呈空洞化。发病重的年份病斑可环绕整个茎秆，造成植株干枯和倒伏（图1-18）。

〔病原〕

引起此病害的病原菌为茎点霉属（*Phoma macdonaldii* Boerma），其无性世代属半知菌亚门球壳孢目；有性世代属子囊菌亚门腔菌纲格孢腔菌目小球腔菌属（*Leqtosphaeria lindquistii* Frezzi）。菌丝体无色、分隔、分枝多，较老熟的菌丝分隔处明显膨大。向日葵茎秆病部表面后期出现的小黑点为分生孢子器。分生孢子器扁球形至球形，薄壁，深褐色至黑褐色，直径110.0～340.0 μm，分散或聚集、埋生或半埋生于菌落中，有乳突，孔口处有淡粉色或乳白色胶质分生孢子黏液溢出。分生孢子器内含有大量分生孢子，分生孢子单胞，无色，肾形或椭球形，两端有油球，大小（3.0～8.0）μm×（1.5～5.0）μm。假囊壳在越冬的茎秆上形成，近球状。假囊壳中有成束的子囊，每个子囊内有6～8个子囊孢子，子囊孢子具1～3个分隔，通常2个分隔，无色，腊肠形。假囊壳只能在前一年死亡的向日葵茎秆上找到。

（a）叶柄基部症状

（b）叶柄发病症状

（c）环绕茎发病症状

（d）茎发病倒伏症状

（e）田间严重发病

（f）严重发病叶片脱落

图1-18　向日葵黑茎病（白全江　拍摄）

〔侵染循环〕

向日葵黑茎病以假囊壳在向日葵的茎秆、花盘上越冬。初次侵染来源主要是向日葵种子上携带的分生孢子和田间病残体上的假囊壳中子囊孢子以及分生孢子器中的分生孢子。子囊孢子和分生孢子借助雨水飞溅进行传播并侵染向日葵的叶柄和幼嫩的茎组织。分生孢子可附着在向日葵种子表面、种壳、内种皮等部位，因此，种子带菌是该病害远距离传播的主要方式。

〔防治方法〕

农业防治：①植物检疫，严格实施引种检疫，避免种子带菌，禁止从疫区调运向日葵种子，防止茎点霉随种子进行远距离的传播蔓延；②种植抗病品种，种植抗性相对较好的向日葵品种可以有效降低发病程度；③农业措施，清除病残体并焚烧或深埋；轻病田至少在2年以内不种植向日葵，重病田可以和禾本科作物轮作5年以上；采用宽窄行种植，在不影响产量的前提下，尽量晚播。

化学防治：①药剂拌种，25 g/L咯菌腈悬浮种衣剂包衣，按种子量的0.25%药量拌种包衣；②喷雾防治，向日葵株高20 cm时喷施药剂1次，用70%甲基硫菌灵可湿性粉剂1 000倍液，间隔7～10天后再喷药1次，22.5%啶氧菌酯悬浮剂1 500倍液+58%甲霜·锰锌可湿性粉剂800～1 000倍液；现蕾前期用10%氟硅唑水乳剂1 000倍液+64%噁霜·锰锌可湿性粉剂1 500倍液。

## 11. 向日葵拟茎点溃疡病（*Diaporthe helianthi*）

〔分布与为害〕

拟茎点溃疡病又称为褐色茎腐病，是向日葵的一种重要的检疫性病害。最早于20世纪70年代发现于南斯拉夫，现分布在欧洲、伊朗、巴基斯坦、摩洛哥、美国、墨西哥、阿根廷、委内瑞拉、巴西、澳大利亚等地。病株茎秆和叶柄上产生大型溃疡斑，髓部腐烂坏死，病株花盘和果实瘦小，茎秆折断倒伏，在欧洲减产达40%，严重时全田毁灭殆尽。2014年我国首次报道了该病害在内蒙古自治区乌兰察布市察哈右后旗向日葵地块中发生。

〔症状〕

植株下部叶片先发病，产生褐色坏死斑块，不规则形，边缘明显，周围具有褪绿变黄区。病斑多由叶缘发生，扩展后使大半叶片或整个叶片变褐枯死，可沿叶脉发展到叶柄，造成叶柄和叶片大量枯死下垂。但也有的叶柄先发病，在叶柄上形成褐色至黑褐色溃疡斑，致使叶片变黄枯死。

茎秆上病斑多在开花期后出现，多由发病叶柄扩展而来，因此，多围绕发病叶柄的基部形成。病斑褐色至灰褐色,初期不规则形,边缘水浸状,扩展后成为长梭形、长椭圆形,两端尖而长,边缘清晰。但也有的茎秆病斑并非由发病叶柄扩展形成,而是由茎秆自身被侵染而产生。拟茎点溃疡病的茎秆病斑较长,长度可达到10 cm以上,有的纵向在茎秆上蔓延。后期高湿条件下,在病斑上出现多数黑色小粒点,为病原菌的分生孢子器。茎秆和叶柄发病使髓部腐烂解离,病茎弯折倒伏。病原菌也侵染花盘,多在花盘背面和苞片上产生大小不等的褐色坏死斑(图1-19)。

(a)叶片症状　　　　(b)叶柄基部症状　　　　(c)田间受害症状

图1-19　向日葵拟茎点溃疡病(Drangan Skoric　提供)

〔病原〕

病原菌为向日葵间座壳菌(*Diaporthe helianthi*),属子囊菌门盘菌亚门粪科菌纲间座壳目黑腐皮壳科间座壳属。其无性世代为向日葵拟茎点霉菌(*Phomopsis helianthi* Munt. Cvet.)病原菌在PDA培养基上生长迅速,菌落正面淡黄色,棉絮状的气生菌丝稀少,菌丝锐角或近直角分支;菌落背面淡黄色。病原菌生长后期在PDA培养基上形成近球形的分生孢子器,直径约3 mm。分生孢子梗呈长圆柱形,单枝、透明,大小(7.5~19.2)μm×(1.3~2.7)μm。分生孢子两型:α型为椭圆形或卵圆形,单孢无色,两端各有一个油球,大小(8.0~21.0)μm×(1.7~5.5)μm;β型为线性,单孢,无色,一端弯曲呈钩状,不含油球,大小(17.0~42.0)μm×(0.5~2.7)μm(图1-20)。

〔侵染循环〕

病原菌以菌丝体、分生孢子器或子囊壳随病残体越冬,成为主要初侵染来源。种子也能带菌传播,对于拟茎点溃疡病传入新区起重要作用。

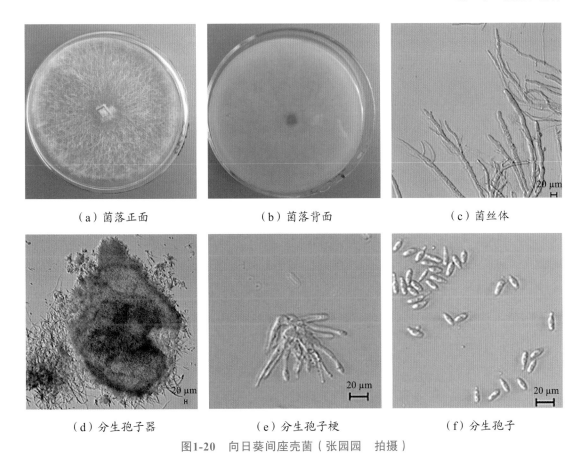

（a）菌落正面　　　　　　（b）菌落背面　　　　　　（c）菌丝体

（d）分生孢子器　　　　　（e）分生孢子梗　　　　　（f）分生孢子

图1-20　向日葵间座壳菌（张园园　拍摄）

越冬后，在适宜条件下，病原菌孢子释放后，随气流或雨水传播，落在向日葵叶片上，若叶片表面有水膜，孢子萌发产生芽管和菌丝，随后从自然孔口、伤口、自然裂口等处侵入，也可直接穿透表皮侵入。侵染菌丝在叶肉细胞间蔓延，并进入叶脉，由叶脉进入侧脉和主脉，侵染菌丝从叶片进入叶柄，再进入茎秆，造成叶柄坏死和茎斑产生。在适宜条件下，从叶片被侵染到形成茎斑需25～30天。当然，病原菌也可以直接侵染叶柄和茎秆，导致病斑出现。

早期病株产生的分生孢子器和分生孢子可作为当季的再侵染来源。但关于分生孢子在侵染循环中的作用，在不同地区也有差异。国外有报道认为，在病茎上形成的分生孢子器释放α型和β型2种类型的分生孢子，但β型孢子不能萌发而失活，α型孢子的侵染能力不强，病残体上产生的子囊孢子是主要的初侵染菌源，并在整个生长季节持续起作用。

〔防治方法〕

植物检疫：向日葵拟茎点溃疡病是我国出入境植物检疫性病害，需实行检疫，防止随种子传入。

农业防治：①发病田应与玉米、高粱、小麦等非寄主作物进行3～5年轮作；要做好田间卫生，收获后的病残体要集中销毁或深埋；土地深翻15 cm以上，将残留病残体、碎屑等翻埋至土层深处；②种植抗病、耐病品种，播种不带菌的种子；调整播期使花期错过集中降雨时期，加强田间管理，合理密植，平衡施肥，培育壮苗、壮株；③合理灌溉，排灌配套，防止田间积水；④农事操作要及时对农机具进行消毒，防止交叉感染。

化学防治：①药剂拌种，25 g/L咯菌腈悬浮种衣剂包衣，按种子量的0.25%药量进行拌种；②向日葵株高20 cm时用70%甲基硫菌灵可湿性粉剂1 000倍液或22.5%啶氧菌酯悬浮剂1 500倍液+58%甲霜·锰锌可湿性粉剂800～1 000倍液喷雾，间隔7～10天后再施药1次。

## 12. 向日葵细菌性茎腐病（*Erwinia carotovora* subsp.）

〔分布与为害〕

向日葵细菌性茎腐病是向日葵的主要病害之一，寄主植物除向日葵外，还有万寿菊、苍耳等菊科植物。向日葵细菌性茎腐病的分布范围很广，低洼潮湿地块和个别自交系发病较为严重。该病害主要分布在新疆北部、黑龙江、吉林、辽宁和内蒙古东部等地。田间向日葵开花灌浆时易发生此病，为害较严重，可直接影响向日葵产量。据调查，1987年该病在黑龙江的向日葵育种田大发生，个别品系发病率高达100%，造成颗粒无收。

〔症状〕

7月中下旬田间向日葵开花时发生。主要为害向日葵的茎秆。茎秆的发病初期，茎秆周围组织变褐或变黑，呈湿腐状，之后逐渐向髓部扩展。病原菌到达髓部后，很快造成髓部褐色软腐（褐腐型）和黑色软腐（黑腐型）。黑腐型症状的发病部位多呈现水浸状，初为橄榄绿，后变为浓墨汁状，并迅速由里向外纵向扩展，茎秆开裂，病部下陷，导致发病的茎秆易折断；褐腐型症状的发病组织呈现湿腐状，发病组织呈现褐色软腐如糊糊状，随后髓部变褐腐烂，茎部纵裂。随着病情发展，发病茎秆的髓部萎缩中空，由于花盘的重力引起植株的倒折（图1-21）。

（a）受害初期症状　　　　　　　　　　（b）茎秆髓部受害

图1-21　向日葵细菌性茎腐病（白全江　拍摄）

（c）后期髓部变褐　　　　　（d）田间茎秆折断症状　　　　　（e）伤口处产生泡沫

图1-21　（续）

〔病原〕

该病由胡萝卜欧文氏菌亚种（*Erwinia carotovora* subsp.）侵染引起。该亚种有2种不同的变种，即胡萝卜软腐欧氏杆菌胡萝卜软腐致病变种［*E. carotovora* subsp. *carotovora*（Jones）Bergey et al.］、胡萝卜软腐欧氏杆菌黑腐致病变种［*E. carotovora* subsp. *atroseptica*（van Hall）Dye］；据报道石竹假单胞菌［*Pseudomonas caryophylli*（Burkholder）Star & Burkholder］也能导致该病害的发生。

田间病原菌经常混合发生。*E. carotovora* subsp. *carotovora*和*P. caryopbylli*主要引起褐腐型症状；而*E. carotovora* subsp. *atroseptica*主要引起黑腐型症状。

*E. carotovora* subsp. *carotovora*菌体杆状，两端钝圆，大小（1.0～2.0）μm×（0.5～0.7）μm，周生2～5根鞭毛，革兰氏染色阴性，兼性嫌气性。*E. carotovora* subsp. *atroseptica*菌体杆状，大小（1.5～2.0）μm×（0.5～0.6）μm，能链生，无荚膜，无芽孢，周生2～8根鞭毛。革兰氏染色阴性，兼性嫌气性。*P. caryophylli*菌体杆状，大小（1.6～1.7）μm×（0.60～0.75）μm，极生多根鞭毛，无荚膜，无芽孢，革兰氏染色阴性，体内有聚-β-羟基丁酸盐积累，好气性。

〔发病规律〕

3种病原细菌的寄主范围广，在田间经常混合发生。病原细菌在条件适宜时即可引起发病。在田间雨水多、伤口及自然裂口多的条件下发病重。病原细菌可在种子及病残体上越冬、借风雨、灌溉水传播蔓延。雨后及喷灌后此病极易发生和蔓延，雨水多、不同向日葵品种间的抗病性也有差异；环境雨水多，湿度大发病重；栽培条件导致的伤口及自然裂口多，发病重；连作地发病重；管理粗放，氮肥施用不当等均可加重发病。

〔防治方法〕

农业防治：①选育抗病品种，因地制宜地选用抗病品种；②轮作倒茬，选择地势高燥的地块种植，并实行与禾本科等非寄主作物大面积轮作；③清除病残体，收集田间的病株和病残体，并集中销毁。

物理防治：采用温水浸种，55℃温水浸种30分钟。

化学防治：①种子处理，30%琥胶肥酸铜可湿性粉剂200倍液浸种60分钟和1%高锰酸钾溶液浸种20分钟种子处理后，再用47%春雷·王铜可湿性粉剂600倍液浸种处理过夜后播种；②发病初期可喷施20%噻菌铜悬浮剂600～800倍液、47%春雷·王铜可湿性粉剂800倍液，每隔7～10天喷施1次，连续喷施3～4次。

# 第三节 根 部 病 害

## 13. 向日葵黄萎病（*Verticillium dahliae* Kleb）

〔分布与为害〕

向日葵黄萎病是向日葵上普遍发生的一种真菌病害，广泛分布于欧洲、亚洲、美洲等地；在美洲部分地块的病株率可达40%以上。近几年，该病害在我国向日葵产区均有发生。2009年的田间病害调查结果表明，宁夏部分地区的发生面积占向日葵播种面积高达46.9%，平均病株率达40%；其次为是黑龙江地区，平均病株率高于15%，内蒙古地区的发生面积占向日葵总播种面积的7%左右，平均病株率为10%～15%。2011年国家向日葵产业技术体系的调查数据表明，黑龙江省甘南县个别向日葵地块黄萎病的发病株率高达70%；内蒙古巴彦淖尔市和宁夏固原市黄萎病的平均病株率达30%。由于向日葵黄萎病是典型的土传病害，能够系统侵染向日葵导致病株发育不良，花盘缩小，籽实不饱满，结实率降低，空壳率达25%，严重的可以导致植株枯死。因此，向日葵黄萎病是目前向日葵生产中继菌核病之后的又一严重影响向日葵产业的主要病害。

〔症状〕

向日葵黄萎病在田间从植株下层叶片开始呈现典型褪绿或黄化的症状。开花前后向日葵底层叶片从叶尖部分开始呈现浸润、褪绿或黄化的症状。随后，发病组织迅速扩大，向叶片的叶内脉间组织发展并呈现组织坏死。最后，叶片除主脉及其两侧叶组织勉强仍保持绿色外，其余组织均变为黄色，病叶皱缩变形，严重时整个叶片呈现褐色，焦脆坏死。发病后期病情逐渐向上层叶扩展，最后发病植株的全部叶片焦枯。横切发病植株的茎部进行观察，可见典型的维管束变褐现象（图1-22）。

〔病原〕

引起向日葵黄萎病的病原菌是大丽轮枝孢菌（*Verticillium dahliae* Kled），属半知菌

（a）发病初期症状　　　　　　　　　　　　　　（b）发病后期症状

（c）发病茎秆的剖面图　　　　　（d）底层叶片褪绿黄化　　　　（e）叶片褪绿变褐

图1-22　向日葵黄萎病（赵君　拍摄）

亚门丛梗孢目淡色菌科轮枝孢属。国际上报道引起向日葵黄萎病的病原菌主要是黑白轮枝孢菌（*V. nigrescens* Pethybr）和大丽轮枝孢菌（*V. dahliae*）。然而，我国目前向日葵黄萎病株上分离到的病原菌只有大丽轮枝孢菌（*V. dahliae*）。大丽轮枝孢菌的菌体初期无色，老熟后变为褐色，有隔膜。菌丝上生长直立无色的轮状分生孢子梗，一般为2～4轮生，每轮着生3～5个小枝，多者为7枝，呈辐射状。分生孢子梗长110.0～130.0 μm，无色纤细，基部略膨大呈轮状分枝，分枝大小（13.7～21.4）μm×（2.3～9.1）μm。分生孢子一般着生在分生孢子梗的顶枝和分枝顶端，分生孢子长卵圆形，单孢子，无色或微黄，纤细基部略膨大，大小（2.3～9.1）μm×（1.5～3.0）μm。当条件不适合时，菌丝体细胞壁加厚成为串状黑褐色的厚垣孢子（扁圆形）或膨胀成为瘤状的黑色微菌核。大丽轮枝孢菌产孢的最佳的培养基为麦麸培养基，其次为燕麦粒培养基。同时，浸根接种是室内条件下发病最快且接种效率最高的接种方法（图1-23）。

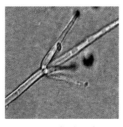
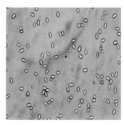

（a）菌落　　　　　（b）分生孢子梗　　　　（c）分生孢子　　　　（d）微菌核

图1-23　大丽轮枝孢菌（赵君　拍摄）

我国不同地区向日葵发病株上分离到的大丽轮枝孢菌存在明显的致病力分化现象，且中等致病力的菌株占比最高。大丽轮枝孢菌有生理小种的分化现象，但是2号小种是目前向日葵黄萎病菌唯一的生理小种类型。我国向日葵的大丽轮枝孢菌还可以被划分为2个亲和组即VCG2B和VCG4B，其中VCG4B是优势亲和组。向日葵大丽轮枝菌存在2种不同的交配型即MAT1-1-1和MAT1-2-1，但是MAT1-1-1为优势交配型。不同寄主来源的大丽轮枝菌没有明显的寄主专化性，虽然能够交互侵染，但在其分离寄主上表现出最强的致病力。遗传聚类结果表明我国不同地区的向日葵黄萎病病原菌的遗传变异程度较低。

〔侵染循环〕

向日葵黄萎病属典型的土壤传播的系统侵染病害。土壤中的微菌核是该病害的主要初次侵染来源。微菌核多在被侵染的组织中形成，随着病残体分解落入土壤中形成新的初侵染菌源。微菌核主要分布在田间40 cm以上的土层中，在病残体中存活长达7年以上，在混有植物病残体的土壤中密度较大。

微菌核在向日葵播种后可以萌发，以菌丝体形式直接从向日葵根毛细胞、根表皮细胞或根部伤口侵入，然后进入主根的维管组织，并在其内繁殖产生大量菌丝，随导管中的上升液流扩散到全株（图1-24）。

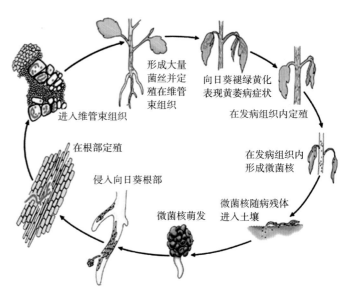

图1-24　向日葵黄萎病侵染循环

〔发病规律〕

影响向日葵黄萎病的发生和流行主要因素有温度、湿度和播期等。

温度和湿度：黄萎病发生最适温度25～28 ℃，低于22 ℃或高于33 ℃不利于发病，超过35 ℃不表现症状。黄萎病的发生与湿度也有一定关系。当相对湿度55%时，病株率65%；当相对湿度65%时，病株率上升至70%。在适宜的温度与高湿条件相结合的环境下，病株率迅速增加。

播期推迟：在内蒙古巴彦淖尔地区随着播期的推迟，食用向日葵和油用向日葵黄萎病发病率呈逐渐降低趋势，由第一播期（5月1日）的29.1%降低至第五播期（6月10日）的7.1%；且随着播期的推迟，向日葵黄萎病的发病级别逐渐降低，产量相应地增加。

浇水频率：随着浇水次数的增多，向日葵黄萎病的发生加重。

土壤类型：黏土中向日葵黄萎病的发生程度最重，其次为壤土，沙性土中向日葵黄萎病发病最轻。

向日葵类型：黄萎病在食用向日葵上发生严重，油用向日葵发生相对较轻。

向日葵黄萎病的发病级别和花盘直径、株高、茎粗、叶片数、结实率、千粒重、单盘重均成明显的负相关性。

此外，发病田连作年限越长，土壤内病菌积累越多，发病越重；与非寄主作物如小麦、玉米轮作可以明显减轻病害的发生；与西蓝花轮作年限长，可显著降低黄萎病的发生程度；通过深耕土壤把病残体翻入土壤深层，能够降低微菌核的萌发率，发病减轻；地势低洼、排水不畅的大田发病较重，尤其是大水漫灌的地块，影响根系的发育，利于病害的扩展和蔓延。

〔防治方法〕

农业防治：①种植抗病品种，选用对黄萎病表现高抗的向日葵品种；②推迟播期，在保证向日葵成熟的前提下推迟播期能够不同程度地降低黄萎病的发生程度。内蒙古西部和宁夏地区建议将播期推迟到5月底至6月初；③合理轮作，与禾本科作物实行3年以上轮作，不能与棉花、十字花科蔬菜、茄科等植物轮作，同时，有灌溉条件的地区可以和西蓝花轮作，有效降低土壤中的初始菌源数量；④清除田间病残体，向日葵收获后，应及时将病残株清除出田并集中烧毁，以降低翌年的初始菌源量；⑤合理浇灌和施肥，由于黄萎病在高湿度的条件下发病严重，因此，在保证向日葵正常生长的前提下尽量减少浇水频率；同时，避免大水漫灌，防止田间积水，施用一定比例的NPK混合肥能够不同程度地提高向日葵植株对黄萎病的抗性水平。

化学防治：种子处理，用10%氟硅唑水乳剂或40%多·锰锌可湿性粉剂按种子量的0.5%拌种；用10亿/g枯草芽孢杆菌可湿性粉剂或20亿/g抗重茬微生态制剂按种子量的10%～15%进行拌种，对黄萎病均有一定的防治效果。

## 14. 向日葵白绢病（*Sclerotium rolfsii* Sacc.）

〔分布与为害〕

由齐整小菌核（*Sclerotium rolfsii* Sacc.）引起的向日葵白绢病在我国北方向日葵种植区鲜有报道，但在我国浙江天台县发生却日趋严重。近年来，在海南三亚向日葵南繁基地的向日葵种植区也发现了该病害，病株率为5%～10%。

〔症状〕

症状主要表现为茎部的腐烂、缢缩和根系坏死。靠近地表的根茎部及根部长满绢丝状白色菌丝，随后其上长出菜籽粒大小菌核。菌核由白色变红褐色，最后变为褐色，附着于病部的表面。植株地上部分叶片由下向上逐渐枯萎（图1-25）。

（a）茎基部形成菌核　　　　　　　　　　（b）根部菌丝和菌核

（c）茎基部寄生菌丝　　　　　　　　　　（d）受害株萎蔫症状

图1-25　向日葵白绢病（赵君　拍摄）

〔病原〕

齐整小核菌属半知菌亚门。有性态为罗耳阿太菌〔*Athelia rolfsii*（Curzi）Tu & Kimbrough〕属担子菌亚门，自然条件下很少产生有性态。菌落呈白色，菌丝体纤细呈现放射状分布，无气生菌丝产生，后期菌丝体中有褐色或黑色的菌核产生。

病原菌寄主范围广，可侵染向日葵、花生、烟草、番茄、茄子、马铃薯、棉花、黄麻、芝麻、西瓜、大豆等100多科210多种植物。

〔侵染循环〕

白绢病病原菌以菌核或菌丝体在土壤或病残体中越冬，当温度和湿度适宜时，越冬的菌核萌发为菌丝体，成为病害主要的初侵染来源。菌丝体从向日葵茎基部伤口侵入或者直接侵入，导致发病部位腐烂。后期菌丝体形成菌核，并通过雨水、昆虫以及农事操作等传播。病原菌形成的菌核在土壤中可存活几个月甚至几年。温度和湿度均为影响该病害发生及流行的关键因素。温度高、湿度大的情况下更利于病害的发生和流行。田间低洼积水使根茎处于无氧呼吸状态容易引发白绢病。此外，连作地发病重。

〔防治方法〕

农业防治：实行3～5年轮作，最好与禾本科作物轮作，以水旱轮作最佳。加强栽培管理，注意通风透光，清沟排渍。清除病残株，深翻土地，减少越冬病菌数量。

化学防治：发病初期喷50%多菌灵可湿性粉剂或50%甲基硫菌灵可湿性粉剂1 000倍液，50%异菌脲可湿性粉剂或50%苯菌灵可湿性粉剂1 000～1 500倍液，隔7～10天喷1次，连续喷施2～3次；或用70%噁霉灵可湿性粉剂4 000倍液灌根处理。

## 15. 向日葵炭腐病（*Macrophomina phaseolina*）

〔分布与为害〕

该病害发生后主要影响向日葵的正常光合作用和营养向花盘转运。此外，该病害还会降低向日葵的株高、影响根系发育，导致发病株的早熟，一般可造成约60%的产量损失，是土壤条件恶劣的半干旱地区向日葵的一种主要病害。

〔症状〕

该病害通常发生在植物开花期间或开花后。症状表现为叶片下垂，呈斑块状死亡，靠近土壤的茎秆上形成银灰色病斑。主要为害向日葵根茎部距地面30 cm以内。发病初期，在接近地表的根茎处出现黑褐色不规则形的病斑，斑痕扩大可绕茎秆一周。向上发展可达20～30 cm，向下到根部。病斑的先端无明显界限，呈灰红褐色至漆黑色，其上密布成片的细小黑色点状物，略突起，即病原菌的分生孢子器及菌核。对受害部位进行横切，茎秆髓部中空，呈污灰色，其中也有无数菌丝体和细小黑色点状物（直径<120 μm），点状物则是微菌核和分生孢子器。后期维管组织被压缩形成层状结构（图1-26）。

 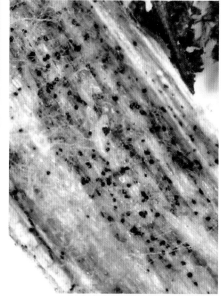

（a）茎基部银灰色病斑  （b）茎秆内微菌核

图1-26　向日葵炭腐病（Dragan Skoric　提供）

〔病原〕

向日葵炭腐病的病原菌是菜豆壳球孢菌（*Macrophomina phaseolina*），属半知菌亚门壳球孢属真菌。该病原菌喜好高温、偏酸性和低湿环境。生长温度15～40 ℃，最适温度35 ℃；pH值3～12，最适pH值5；在含有120 mmol/L KClO₃的PDA培养基上呈致密型生长类型。该病原菌的宿主范围很广，可侵染400多种植物，如大豆、玉米、高粱等。

〔发病规律〕

病原菌以菌丝体或微菌核随病残体在土壤中越冬，也可潜伏在种子内部或分生孢子黏附在种子表面越冬。微菌核在土壤中可长期存活。土壤中菌核可通过雨水，灌溉水和农具进行传播，且在适宜条件下产生分生孢子，进行初次侵染。发病部位产生的大量分生孢子，借气流、水溅、农事操作、昆虫等传播，引起再侵染。分生孢子萌发产生芽管，从伤口侵入或直接穿透表皮侵入，潜育期3～5天，再侵染频繁，病势发展较快。病原菌适宜温度为24～25 ℃，相对湿度95%以上，对发病最有利。排水不良，通风排湿条件差，植株衰弱，均容易发病。病害主要发生在炎热干燥的季节，当向日葵在开花前后经历水分胁迫或热胁迫时容易发生该病害。昆虫和冰雹可以促使该病害的发生。

〔防治方法〕

农业防治：①轮作倒茬，与棉花、小麦进行轮作2～3年的轮作；②清洁田园，在播种前对播种田地进行清洁，清除中心病株，清除田间杂草；③合理密植，避免密集栽植幼苗，应提供适当的营养以维持植物的活力；④合理灌溉，当土壤变干，土壤温度上升时，就应该及时灌溉。

化学防治：用70%甲基硫菌灵可湿性粉剂或50%多菌灵可湿性粉剂按种子量的0.2%种子处理。

## 16. 向日葵枯萎病（*Fusarium* spp.）

〔分布与为害〕

向日葵枯萎病是由镰刀菌侵染所导致的一种土传病害，主要从植株根部侵染进而到达茎部破坏维管束，导致植株枯萎。2013年我国首次报道了内蒙古地区的向日葵枯萎病。随后，在吉林、辽宁、宁夏、新疆、海南、黑龙江等地均发现疑似向日葵枯萎病的病株，尤其是种植LD5009的地块，发病率高达50%以上。

〔症状〕

向日葵枯萎病发病初期植株下层叶片变色、下垂或萎蔫；随着时间推移，叶片上出现不规则斑驳状枯萎病斑，后期茎基部表皮变褐，严重时整株枯死。剖开病茎，髓部变褐或变红。枯萎病在茎基部或已经死亡的病茎表面产生大量分生孢子（图1-27）。

（a）根内部症状　　　　　　　　　　（b）植株地上部叶片萎蔫

图1-27　向日葵枯萎病（白全江　拍摄）

〔病原〕

向日葵枯萎病的病原菌是镰刀属真菌。目前，我国分离到的向日葵镰刀菌有 *F. acuminatum*、*F. cerealis*、*F. equiseti*、*F. incarnatum*、*F. lateritium*、*F. oxysporum*、*F. proliferum*、*F. redolens*、*F. solani*、*F. tricinctum*、*F. verticilloides* 共11个种，其中 *F. oxysporum* 和 *F. proliferum* 分离数量较多，分布范围也较广，是我国向日葵枯萎病病原菌的优势种。尖孢镰刀菌（*F. oxysporum*）气生菌丝绒状，白色至淡青莲色；能够产淡紫色色素，后期变为深紫色。单瓶梗产孢，小型分生孢子数量多卵圆形，大小（5.0～7.6）

μm×（2.1～3.5）μm。大型分生孢子镰刀状，两端尖，多数3个分隔，孢子大小（13.2～21.0）μm×（2.5～5.0）μm；厚垣孢子球形，单生、对生或串生于菌丝间，直径4.9～9.1 μm。

致病力测定结果表明向日葵不同种的镰刀菌之间存在显著差异，来源于不同向日葵种植地区的同种镰刀菌之间也存在致病力的分化，但同一地区的同种镰刀菌分化程度较小。向日葵尖孢镰刀菌可以侵染多个寄主，如马铃薯、甜瓜、西瓜、棉花、番茄和茄子等。因此，上述作物不能作为向日葵的轮作对象。

〔侵染循环〕

镰刀菌能在土壤或植物残体中长期生存，并以菌丝体、小型分生孢子、大型分生孢子或厚垣孢子的形式越冬。其传播方式分为垂直传播和水平传播。垂直传播是指通过携带病原菌的寄主和其他亲本组合，从而使得子一代的种子或无性繁殖苗带菌；水平传播是指残留在土壤和病残体内的病原菌能够直接侵染寄主的根部，使植株发病。病原菌的短距离传播主要通过灌溉水和人为耕作，而长距离的传播主要是通过种子带菌。

土壤中的病原菌能够通过根部的伤口，或者直接从根尖、侧根萌发处侵入到寄主植物细胞内。当病原菌进入植株体内后，菌丝体会在根表皮细胞间生长。当菌丝体进入木质部后，通过木质部的纹孔或直接侵入导管，在导管中纵向向上生长或横向扩张到周围细胞，直至到达植株的茎和顶部。有些镰刀菌会在生长过程中产生小型分生孢子，这些孢子可以在导管中上下移动。当其萌发时，菌丝体会穿透木质部的细胞壁，侵入到相邻的导管再产生更多的分生孢子。导管中的菌丝体可以通过纹孔横向侵入到维管组织中从而影响植物维管束内水分的供应和营养的运输，导致植株全株性萎蔫。病原菌到达植株地上部分后能在寄主植物表面大量产孢，分生孢子落入土壤中成为病原菌的再次侵染来源。

〔发病规律〕

向日葵枯萎病的发生与品种、气候因素和栽培措施有密切联系。当温度为20 ℃左右，向日葵枯萎病开始出现症状，上升到25～28 ℃出现发病高峰，高于33 ℃时，病原菌的生长发育受抑或出现暂时隐症。进入秋季后，当降至25 ℃时，又会出现一次发病高峰。

地势低洼、土壤黏重、偏碱、排水不良、偏施氮肥、过施氮肥、施用了未充分腐熟带菌的有机肥或地下害虫多的地块，有利于病害的发生。重茬地块，病害发生严重。

不同向日葵品种抗性水平有很大差异。一般油用向日葵品种的整体抗性高于食用向日葵品种。

〔防治方法〕

向日葵枯萎病的防治应以选用抗病品种为主，同时辅以栽培防治措施和药剂防治措施。

农业防治：①选用抗病品种，向日葵品种间对枯萎病的抗性差异明显，选用抗病品种对抑制该病害的发生能起到一定作用，油用向日葵品种的抗性水平高于食用向日葵品种，食用向日葵中JK103和JK601抗性相对较好；②清除病残体，病残株应及时清理出田间，深耕土壤，晒田可以加速病残株分解，降低土壤中病菌量；③栽培防治，与禾本科作物实行3~5年以上轮作，切忌与感病的寄主植物为轮作对象，尤其不能与茄科、瓜类等植物轮作，早熟品种比晚熟品种抗病性差，适当推迟播期能不同程度地降低枯萎病的发病程度，保证正常生长的前提下减少浇水，避免大水漫灌，切忌用未腐熟的肥料，控制氮肥，有利于枯萎病的防治。

化学防治：①药剂拌种，用10%氟硅唑可湿性粉剂拌种枯萎病菌能起到一定的预防作用；②喷雾防治，发病期用50%多菌灵可湿性粉剂、10%混合氨基酸铜水剂、70%甲基硫菌灵可湿性粉剂等稀释液灌根，隔7~10天灌1次，连续防治2~3次。

## 17. 向日葵小菌核病（*Sclerotinia minor* Jagger）

〔分布与为害〕

向日葵小核盘菌是引起向日葵小菌核病的主要病原之一，该病害在世界各地均有分布。该病害于1985年在内蒙古巴彦淖尔市乌拉特中旗首次被发现。病害初为零星发生，随后发生面积和为害程度迅速扩大，到1990年，发生范围已扩展到巴彦淖尔市乌拉特中旗、乌拉特前旗、五原县和杭锦后旗4个旗县，发生面积达到1.06万亩，平均发病率10%左右，最高发病率达到83%。近年来，关于小核盘菌引起的向日葵小菌核病的报道逐渐增多。如2011年，Karov在马其顿共和国首次于向日葵上发现了小核盘菌。2013年Koike等首次报道向日葵小核盘菌在墨西哥发生。2015年，李敏等报道了我国内蒙古乌兰察布市察右中旗有小核盘菌对向日葵的为害。内蒙古是我国向日葵主产区，也是目前我国唯一在向日葵上发现小核盘菌的地区。

〔症状〕

由小核盘菌引起的向日葵小菌核病常见的症状为根茎部腐烂。该病害从苗期至收获期均可发生。苗期感病后，病害导致向日葵的幼芽和胚根腐烂，使得幼苗不能出土或虽能出土但幼苗萎蔫或死亡。成株期被侵染后导致根或茎基部腐烂，使得地上部全株性枯死。潮湿时在根茎部的发病部位可见白色菌丝和不规则的、小的黑色菌核颗粒（图1-28）。

〔病原〕

小核盘菌（*Sclerotinia minor* Jagger）属子囊菌亚门盘菌纲核盘菌属，可侵染21科66属94种寄主植物。小核盘菌的菌核经4 ℃低温长期处理后仍然可以萌发形成子囊盘。子囊盘浅褐色，大小2.0~9.0 mm，每个菌核能萌发产生1~2个子囊盘，子囊呈棍棒状，平均大小138.3 μm×7.9 μm，有侧丝无隔，每个子囊含有8个子囊孢子，平均大小10.9 μm×4.9 μm。然而，小核盘菌的有性生殖在自然界不常见。在田间自然条件下，小核盘菌的菌核常萌发形成菌丝体，田间条件下子囊盘很少被观察到。

（a）茎基部症状　　　　　　　　（b）寄生的小菌核

图1-28　向日葵小菌核病（赵君　拍摄）

我国向日葵小核盘菌可划分为14个菌丝亲和组（mycelium compatibility group，MCG），其中MCG1～MCG5为主要亲和组，预示着该病原菌存在较高的变异水平。

〔侵染循环〕

该病害主要是由小核盘菌萌发形成的侵染菌丝直接侵染根茎基部造成茎基部的腐烂。在发病后期，腐烂的茎基部会形成大量的小菌核。小菌核随着病残体散落到土壤中成为翌年的初侵染源。该病害的病原菌能在植物的任何生长阶段造成侵染，包括苗期到成株期，在低温潮湿的条件下，小核盘菌能在侵染部位快速蔓延，使得发病部位覆有一层厚厚的白色絮状菌丝。由于田间小核盘菌通过菌丝进行扩展，因此，发生范围局限在一定的区域，带菌种子或带有小菌核的土壤是其主要的传播途径。

〔防治方法〕

农业防治：①选用耐向日葵小菌核病品种；②轮作倒茬，与禾本科作物轮作能显著降低小核盘菌引起的向日葵小菌核病的发生频率。轮作时间越长效果越好，但不能与豆科、茄科、十字花科等作物轮作；③清除病残体，收获后需要将发病株、残枝败叶彻底清除出田间再深埋或烧掉，以减少翌年的初侵染来源。

生物防治：用含有枯草芽孢杆菌和盾壳霉的生物农药进行拌种或土壤处理对向日葵小菌核病有一定的防效，可以进行拌种和土壤处理。

化学防治：选用25%咪鲜胺乳油、40%菌核净可湿性粉剂等按种子量的0.1%~0.3%进行拌种处理，对小核盘菌具有一定防效。

# 第四节　花盘病害

## 18. 向日葵菌核病 [ *Sclerotinia sclerotiorum*（Lib.）de Bary ]

〔分布与为害〕

菌核病是向日葵的主要病害，主要分布在欧洲、亚洲、美洲以及大洋洲等地，其中该病害在苏联、法国、南斯拉夫、保加利亚、加拿大、巴西、美国、阿根廷、日本、中国等地发生较为严重。1921年美国首次发现该病害。1963年法国向日葵盘腐型菌核病大发生，造成严重减产，导致向日葵生产停滞长达15年。1970年和1974年，南斯拉夫一些地区菌核病的发病率达40%。在美国由根腐型和盘腐型菌核病引起的向日葵产量损失占向日葵所有病害损失的5%~8%，1999年由菌核病造成的产量损失达到10亿美元。阿根廷向日葵盘腐型菌核病的发生也相当普遍，严重时产量损失可达100%。向日葵菌核病的发生严重影响了全球向日葵产业的发展。

我国自1919年台湾首次报道向日葵菌核病发生以来，甘肃、黑龙江、吉林、内蒙古、辽宁、山西和新疆等地均相继报道了向日葵菌核病的发生和为害。1985和1987年在黑龙江一般地块的发病率达30%~60%，严重地块达到90%。1987年在吉林白城菌核病大发生，向日葵减产34.0%~58.2%。1984—1985年，在内蒙古呼伦贝尔向日葵菌核病发病率50%，最高达98%，1984年有1.7万hm²向日葵绝产；1989年内蒙古翁牛特旗的发病率最高达67.8%，个别地块甚至绝产。1999年新疆特克斯县菌核病发病面积2 000 hm²，田间发病率达40%。2005年新疆阿勒泰地区部分向日葵田发病率高达50%以上，重病田减产高达60%~70%。

〔症状〕

向日葵菌核病从向日葵苗期至成熟期均可发生，分别造成根腐、茎腐、叶腐、盘腐症状。

根腐型：苗期发病时幼芽和胚根形成水浸状褐色斑，随后腐烂导致幼苗不能出土或虽能出土但随病斑扩展导致幼苗萎蔫枯死。成株期发病后，先在根或茎基部出现褐色病斑，逐渐扩展蔓延导致根茎基部腐烂。湿度大时在病斑上密生白色菌丝，后形成鼠粪状黑色菌核（图1-29）。

（a）苗期根腐症状　　　　　（b）成株期根部症状　　　（c）田间大面积茎基腐后期症状

图1-29　向日葵菌核病根腐型（白全江　拍摄）

茎腐型：一般在花期发病，直至成熟期。病斑在茎秆的各部位均可发生，以中上部居多。病斑椭圆形、黄色或褐色，逐渐扩大，略具同心轮纹。病部以上的叶片萎蔫。病斑绕茎7天后植株萎蔫死亡，病斑表面很少形成菌核。发病茎秆中空，内部能形成大量菌核（图1-30）。

（a）叶柄基部受害症状　　　　　　　　　　　（b）茎中部受害症状

（c）茎腐受害折干及菌核　　　　　　　　　（d）田间大面积茎腐受害症状

图1-30　向日葵菌核病茎腐型（白全江　拍摄）

叶腐型：发病叶片初生水渍状病斑，后变为褐色圆形或椭圆形病斑，具同心轮纹，湿度大时迅速蔓延至全叶，导致叶片腐烂。天气干燥时叶片上的病斑从中间裂开或脱落（图1-31）。

图1-31　向日葵菌核病叶腐型（赵君　拍摄）

盘腐型：病原菌子囊孢子多侵染花盘的桶状花、舌状花瓣，随后逐渐向内侵染籽粒及海绵组织，以及向边缘扩展，导致花盘背面出现水渍状病斑，严重的变褐软化。多雨时病斑则迅速扩大至整个花盘形成腐烂。腐烂的花盘菌丝密生，缠绕果实，黑色菌核间隔其间或形成网状的菌核。有的病斑可延伸至连接花托的茎部，最后花托腐烂，导致腐烂花盘自行脱落（图1-32～图1-33）。

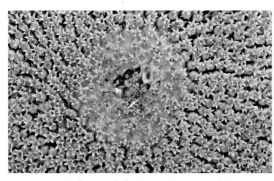

（a）葵盘正面受害症状（白全江　拍摄）　　　　（b）葵盘背面受害症状（白全江　拍摄）

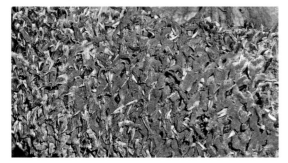

（c）后期葵盘形成的网状菌核（白全江　拍摄）　　（d）严重受害葵盘脱落症状（白全江　拍摄）

图1-32　向日葵菌核病盘腐型症状

（e）田间葵盘受害症状（赵君　拍摄）　　　（f）菌核萌发形成子囊盘（赵君　拍摄）

图1-32　（续）

〔病原〕

向日葵菌核病的病原菌为核盘菌［*Sclerotinia sclerotiorum*（Lib.）de Bary］，属子囊菌亚门盘菌纲核盘菌属。该菌为弱寄生菌，寄主植物非常广泛，多达380多种，其中向日葵是最易感染的植物之一。菌核黑色、长3.0～15.0 μm，类似鼠粪状；子囊盘呈小杯状，浅肉色至褐色，单个或几个从菌核上生出；子囊盘柄褐色细长、弯曲、向下渐细与菌核相连；子囊圆柱形内含有8个子囊孢子，子囊孢子椭圆形，单行排列于子囊内，（8.0～14.0）μm×（4.0～8.0）μm，侧丝细长、线形、无色，顶部较粗。

核盘菌生长的最适温度20～28 ℃，最适pH值5～7；最佳碳源和氮源分别为蔗糖和天门冬酰胺，菌丝生长对缺Cu、缺Fe最为敏感。菌丝可在PDA、PSA等天然、半天然培养基上旺盛生长。菌丝在45 ℃下处理10分钟，菌核在50 ℃下处理10分钟，均可失活。

菌核萌发和子囊盘形成的适温是10～25 ℃，适宜的土壤相对湿度80%～90%。子囊孢子在2%葡萄糖溶液中更易萌发，孢子以两端或一端萌发，萌发的最佳碳源为麦芽糖和葡萄糖。子囊孢子在20 ℃有水滴和相对湿度100%时发芽最好。田间高湿条件下成熟的子囊盘弹射出大量子囊孢子，19～22 ℃对子囊孢子的弹射最有利。子囊孢子在0～35 ℃下均可萌发，其适宜萌发温度为18～26 ℃。不同的核盘菌菌株在培养性状、形成菌核数量及大小、致病力等方面存在明显的多样性（图1-33）。

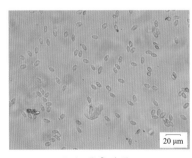
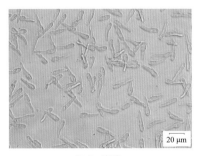

（a）子囊孢子　　　　　　　　　　　　（b）芽管

图1-33　核盘菌孢子萌发（赵君　拍摄）

〔发病条件〕

（1）核盘菌的越冬。核盘菌为土壤习居菌，能在土壤中长期存活并积累，其生活史中有90%的时间是以菌核的形式长期存活于土壤中。菌核可在土壤表层或混入种子间休眠，其生命力很强，在干旱的土壤中可存活6~8年，在潮湿的土壤中可存活3~5年。菌丝体越冬的研究结果表明，土表病残体中的菌丝体能够存活越冬，但存活率较低，仅为37.1%。而在室内储藏的病残体中存活率较高为58%。因此，认为田间向日葵菌核病发生的初始菌源主要是土壤和病残体中的菌核、地表病残体内的菌丝。

（2）菌核的萌发条件、子囊盘的形成及子囊孢子释放。田间一般在1~3 cm的土层内的菌核萌发产生子囊盘的数量最多，4 cm以下则萌发产生子囊盘的数量极少。充足的土壤湿度和适宜的温度是菌核萌发的必备条件，菌核在12~22 ℃和高湿度60%~80%的条件下，20~30天后即可萌发形成子囊盘。菌核的萌发需要适宜的通气条件。当菌核被浸在水中、埋在8 cm以下较深层的土壤或非常紧实的土壤中不能萌发；菌核的萌发不需要光，但子囊盘的形成需要一定的散射光。蓝光和橙光只能形成子囊盘原体，只有在自然光或红、黄、绿光下，同时还需要230 lx以上的光强和8小时以上的光照才可以形成子囊盘。子囊盘直径发育到0.2 cm时，即有部分子囊盘发育成熟，经显微观察约在子囊盘中心处的子囊首先发育成熟并释放子囊孢子，随后是边缘和中部的子囊成熟。子囊孢子在释放时呈烟雾状，随空气扩散传播；子囊盘释放子囊孢子的时间随环境条件和菌核生活力的不同而不同。子囊孢子主要靠气流传播，传播距离可达1 600 m或更远。

〔侵染循环〕

向日葵菌核病的初侵染来源为病残体、土壤及向日葵种表、种内携带的菌丝体和菌核。病原菌在不同阶段通过土壤、种子及空气进行传播。种子带菌是向日葵菌核病远距离传播的主要途径。向日葵菌核病的侵染循环主要包括以下2种途径：一是由土壤中越冬的菌核在土壤温湿度适宜条件下萌发形成菌丝体，直接侵染寄主根部，引起根腐和茎基腐。土壤中的菌核大多分布在0~10 cm的土层中，条件适宜时菌核开始萌发，萌发的菌丝可直接从伤口侵入向日葵的根或根茎部而发病；二是越冬后的菌核在适宜的条件下萌发形成子囊盘并释放出子囊孢子；子囊孢子随气流、雨水和昆虫传播，引起植株地上部的茎腐、叶腐和盘腐。子囊孢子接触寄主体表后产生芽管，通过表皮直接侵入；病菌侵入寄主后迅速扩展，48小时后，寄主组织结构遭到严重破坏，从而导致侵染部位组织的腐烂。该病菌的致病性很强，有无伤口均能侵染（图1-34）。

〔防治方法〕

结合核盘菌的特点和向日葵菌核病的发生规律，应采取以农业措施为主，化学防控为辅的综合防治措施。

农业防治：①选用抗（耐）病品种，各地应因地制宜选用抗病、耐病品种；②轮作与合理施肥，因地制宜，与禾本科作物实行3～5年以上轮作，避免重茬种植；③调整播期，调整播期可使向日葵的花期尽量避开当地多雨季节，从而达到有效防控盘腐型菌核病，另外，如遇多雨（预报）年份，应选在坡岗地、沙壤土地块种植向日葵，以减少田间积水，从而减轻向日葵菌核病的发生；④土壤消毒及清理田园，鉴于引起向日葵菌核病的病原菌可在土壤中长期存活，可用生石

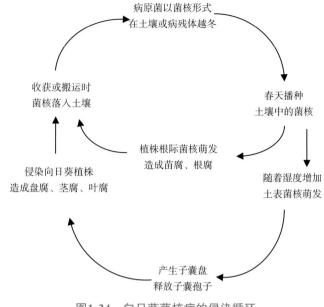

图1-34　向日葵菌核病的侵染循环

灰3.0～3.5 kg/亩或40%五氯硝基苯粉剂1.0～1.5 kg/亩均匀撒施地表，并进行浅耙，可减少土壤中的菌量，从而减轻发病程度。同时，应及时清除田间病株残体，将田间的病株及脱落的发病葵盘、籽粒及时清除离田，以减少田间初次侵染的菌源量。

物理防治：①清除菌核，播前用10%盐水进行选种，清除种子中混杂的菌核；②温汤浸种，种子用58～60 ℃热水浸种10～20分钟，杀死混杂其中的菌核；③覆膜种植，田间覆膜可有效抑制土壤中的子囊孢子释放从而控制菌核病的发生。

生物防治：可用2亿孢子/g小盾壳霉可湿性粉剂、1亿孢子/g木霉水分散粒剂或3亿孢子/g哈茨木霉可湿性粉剂，结合中耕除草喷施土壤，施用量为1.5～2.5 kg/hm²。

化学防治：①种子处理，播种前用25 g/L咯菌腈悬浮种衣剂按种子量的0.6%～0.8%种子包衣，或用40%菌核净可湿性粉剂、50%腐霉利可湿性粉剂、25%咪鲜胺悬浮剂按种子重的0.3%拌种，或用50%苯菌灵可湿性粉剂按种子量的0.2%拌种；②花期喷药，在向日葵始花期，喷施75%肟菌·戊唑醇水分散粒剂，用量20～30 g/亩，施药间隔5～7天，共施药2～3次，也可选用40%菌核净可湿性粉剂、50%多菌灵可湿性粉剂、70%甲基硫菌灵可湿性粉剂，均按1 000倍液喷雾防治。

## 19. 向日葵灰霉病（*Botrytis cinerea* Pers. ex Fr.）

〔分布与为害〕

向日葵灰霉病是向日葵花盘上发生的一种真菌病害。如果向日葵收获前遇大量降雨，在昆虫取食或者有伤口的花盘上极容易发生该病害。

〔症状〕

该病害在向日葵生长发育的各个阶段均可侵染，主要为害向日葵花盘的向阳面。发病初期花盘呈现湿腐状，潮湿条件下在腐烂部位长出灰黑色霉层。后期发展严重时整个花盘腐烂，严重影响产量（图1-35）。

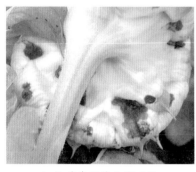

（a）花盘侵染初期症状　　　　　（b）花盘腐烂症状　　　　（c）腐烂花盘上形成的灰黑色霉层

图1-35　向日葵灰霉病（Dragan Skoric　提供）

〔病原〕

病原菌为灰葡萄孢（*Botrytis cinerea* Pers. ex Fr.），属半知菌亚门，其有性态为富氏葡萄孢菌（*Botryotinia fuckeliana* de Bary），属子囊菌亚门。病原菌的分生孢子梗数根丛生，呈褐色，顶端1～2次分枝，分枝顶端具密生小柄，大量分生孢子生于小柄上。分生孢子梗（811.8～1 772.1）μm×（11.8～19.8）μm；分生孢子单胞，无色，为圆形至椭圆形，大小（5.50～16.00）μm×（5.00～9.25）μm。该病菌是死体营养型真菌，为兼性寄生菌，除向日葵外，还可侵染茄子、番茄、菜豆、辣椒、莴笋等多种蔬菜。

〔侵染循环〕

灰葡萄孢菌能以菌丝、分生孢子和菌核等形式长期存活。该病原菌可通过菌丝体、分生孢子和菌核的形式附在病残体上或在向日葵发病组织内越冬；也可以菌核的形式在土壤中进行越冬。待环境条件满足时，菌核会萌发侵染寄主。随着侵染时间延长，霉层中的分生孢子成熟后随风、雨水及田间操作等传播进行再侵染。

〔发病规律〕

向日葵生长各时期均可进行侵染，以对花盘侵染发展最快且为害最大。病原菌在2～30 ℃均可发育，适温17～22 ℃，相对湿度条件在93%～95%条件下病原菌孢子能够萌发，在35～37 ℃下，病原菌经24小时即可死亡。

〔防治方法〕

农业防治：①选用抗病品种；②采用合理的栽培措施，播种前晒种1～2天，适期播种，使盛花期避开降雨的高峰期，合理密植，增加田间空气流通，降低田间湿度；③加强田间管理，清理田间病残体，减少初侵染源；④合理施肥，肥料搭配使用，不要过量使用氮肥。

化学防治：播种前用40%菌核净可湿性粉剂按种子量的0.5%进行拌种，从而提高种子发芽率和出苗率；发病初期选用75%百菌清可湿性粉剂600～800倍液或25%啶菌噁唑乳油1 000倍液进行喷雾防治。

## 20. 向日葵干腐病（*Rhizopus* spp.）

〔分布与为害〕

干腐病是为害向日葵花盘的一种真菌病害，一般在高温干旱气候条件下容易发生。我国曾经报道了由*Rhizopus oryeza* Nent et Geer.引起的向日葵干腐病的发生。

〔症状〕

由于花盘背面受到冰雹、昆虫或鸟造成的伤口，在温湿度适宜条件下易发生该病害。在花盘伤口处最先出现各种形状的黑色斑点，进而形成液化软腐病态，变干后呈现出棕褐色，根霉菌引起的盘腐与由菌核病或其他病害引起盘腐的区别在于，受感染的花盘内形成黑色的霉层，有时可以观察到针尖大小黑色繁殖结构（图1-36）。

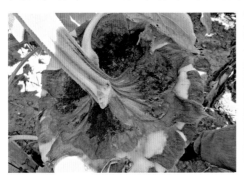
（a）花盘背面病害症状

（b）葵盘背面形成的菌丝体和孢子

（c）葵盘海绵体受害症状

（d）葵盘中长出的菌丝和孢子

图1-36　向日葵干腐病（白全江　拍摄）

〔病原〕

该病害由根霉属（*Rhizopus* spp.）真菌侵染所致，如*R. arrhizus* Fisch、*R. nigricans* Her.及*R. oryzae* Went & Prinsen-Geerlings属接合菌亚门真菌。病部密生的蓝黑色丝状物，即病菌的孢子囊梗和孢子囊。孢子囊梗丛生在匍匐菌丝上，无分枝，直立，与假根成反方向生长，顶生球状孢子囊，褐色至黑色，大小65.0～350.0 μm；孢囊孢子近球形至卵形或多角形，褐色至蓝灰色，表面具线纹，呈蜜枣状，大小（5.5～13.5）μm×（7.5～8.0）μm；接合孢子球形或卵形，黑色，具瘤状突起，大小160.0～220.0 μm。

〔发病规律〕

病菌寄生性弱，分布十分普遍，可在病残体上以菌丝营腐生生活，翌春条件适宜产生孢子囊，释放孢囊孢子。在田间存在大量病残体的条件下，病原孢子可以借助风雨传播。病原菌容易从伤口或生活力衰弱的部位侵入。病原菌能够导致发病组织迅速腐烂，并在腐烂组织上产生大量孢子囊和孢囊孢子，进行再侵染。该病害在温度23～28 ℃，相对湿度高于80%即可造成流行为害。

〔防治方法〕

农业措施：清洁田园，把病株残体集中烧毁，降低初侵染菌源量；合理灌溉，避免大水漫灌；控制向日葵种植密度，有利于通风透光，降低田间湿度。

化学防治：花前喷1～2次药剂预防，可使用50%多菌灵可湿性粉剂500倍液、70%甲基硫菌灵可湿性粉剂800倍液、50%腐霉利可湿性粉剂1 500倍液喷雾，效果更好。

# 参 考 文 献

赴淑华, 1987. 向日葵黑斑病发生危害及防治[J]. 中国油料 (4) : 56-59.

兰巍巍, 陈倩, 王文君, 等, 2009. 向日葵黑斑病研究进展及其综合防治[J]. 植物保护, 35 (5) : 24-29.

李晓健, 张德荣, 赵淑华, 1994. 向日葵人工脱叶防治黑斑病及其对产量的影响[J]. 中国油料作物学报 (4) : 67-69.

内蒙古自治区农牧业科学院. 向日葵品种抗列当等级田间鉴定技术规程：DB15/T 1946—2020[S].

魏良民, 2008. 向日葵茎黑斑病发生原因及防治分析[J]. 农业科技通讯 (9) : 68-71.

许志刚, 2006. 普通植物病理学[M]. 3版. 北京: 中国农业出版社.

于莉, 张立慧, 李赤, 等, 1996. 向日葵黑斑病病原菌的鉴定及与相似种的形态比较[J]. 吉林农业大学学报, 18 (2) : 22-24.

郑怀民, 李桂珍, 田本志, 等, 1986. 向日葵黑斑病防治研究[J]. 辽宁农业科学 (4): 26-31.

ALLEN S J, BROWN J F, KOCHMAN J K, 1983. The infection process, sporulation and survival of *Alternaria helianthi* on sunflower [J]. Annals of applied biology, 102 (3): 413-419.

AMARESH V S, NARGUND V B, 2002. Field evaluation of fungicides in the management of alternaria leaf blight of sunflower [J]. Annals of plant protection sciences, 10 (2): 331-336.

BHASKARAN R, KANDASWAMY T K, 1978. Change in ascorbic oxides and ascorbic acid content in sunflower due to *Alternaria helianthi* inoculation[J]. Madras agricultural journal, 65 (6): 419-420.

CARSON M L, 1985. Epidemiology and yield losses associated with *Alternaria* blight of sunflower[J]. Phytopathology, 75 (10): 1151-1156.

GAETAN S A, MADIA de CHALUAT M, 1979. Transmission of *Alternaria helianthi* by sunflower seeds (*Helianthus annuus*) [J]. Argentine meetings on plant protection (2): 755-758.

LAGOPODI A I, THANASSOULOPOULOS C C, 1998. Effect of a leaf spot disease caused by *Alternariaalternata* on yield of sunflower in Greece[J]. Plant disease, 82 (1): 41-44.

MIRZA M S, AHMAD Y, BEG A, 1984. First report of *Alternaria helianthi* on sunflower from Pakistan [J]. Pakistan Journal of agricultural research, 5 (3): 157-159 .

SAXENA N, KARAN D, 1991. Effect of seed-borne fungi on protein and carbohydrate contents of sesame and sunflower seeds[J]. Indian phytopathology, 44 (1): 134-136.

SRINIVAS T, RAO K C S, CHATTOPADHYAY C, 1997. Physiological studies of *Altermaria helianthi* (Hansf. ) Tubaki and Nishibara, the agent of blight of sunflower[J]. Helia, 20 (27): 51-56.

TUBAKI K, NISHIHARA N, 1969. *Alternaria helianthi* (Hansf. ) comb. nov. [J]. Transactions of the British Mycological Society, 53 (1): 147-149.

第一章

非侵染性病害

# 第一节　缺　素

向日葵植株高大，生长期需肥量较一般作物多，每生产100 kg油用向日葵需要氮素7.44 kg、五氧化二磷1.86 kg、氧化钾16.60 kg；食用向日葵每生产100 kg籽实，需氮6.22 kg、五氧化二磷1.33 kg、氧化钾14.60 kg。生产上供肥不足、土壤中的营养元素以不可吸收的状态存在或施肥不当，就会出现缺素症，一般易发生缺氮、缺磷、缺钾、缺硼等元素。

## 1. 缺氮

〔症状〕

氮不足时蛋白质合成受阻，导致蛋白质和酶的数量下降，又因叶绿体结构遭破坏，叶绿素合成减少，表现为叶色变淡，呈浅绿色或黄色，色泽均一，尤其是基部叶片，植株生长矮小，瘦弱，叶片薄而小，若继续缺氮，籽粒数少，籽粒不饱满，并易出现早衰而导致产量下降。因氮易从较老组织运输到幼嫩组织中再利用，因此，作物缺氮的显著特征是植株下部叶片首先褪绿黄化，然后逐渐向上部叶片扩展，黄叶提早脱落，向日葵缺氮不仅影响产量，而且品质也明显下降，致使向日葵籽粒中的蛋白质含量减少，维生素和必需氨基酸的含量也相应减少。

〔预防及减害措施〕

合理施肥：播种时施足以氮肥为主的复合肥作为基肥（种肥），为向日葵提供良好的生长根基。

补施氮肥：生长期缺氮直接沟施，也可在生长中期补水溶性氮肥，保证向日葵的生长。

加强田间管理：及时中耕除草，合理灌溉，雨后尽快排除田间积水，防止土壤脱肥。

## 2. 缺磷

〔症状〕

在向日葵生长初期，磷肥的作用表现不明显，但在中后期，缺磷将影响氮的有效积累和蛋白质合成。植株缺磷表现为向日葵生育迟缓，植株矮小，瘦弱外，还表现分蘖分枝少，叶色暗绿缺乏光泽，茎叶常因积累花青苷而带紫红色，根系不发达，易老化，茎秆细弱，花序弱，小花数减少，花盘小，花期拖后，且延迟成熟，产量低，向日葵抗逆性降低，易遭受病害或冻害。由于磷易从较老组织运输到幼嫩组织中再利用，故症状从较老叶片开始向上扩展。

〔预防及减害措施〕

（1）田间避免偏施氮肥，增施磷肥用作基肥。可施平衡性复合肥+有机肥作基肥，秋季施基肥时，加入一定量的过磷酸钙，提高土壤中磷的含量。

（2）施肥时注意施用于植株根部，注意保证土壤适宜的含水量。

（3）出现缺磷症状时注意追施水溶性磷肥或用磷酸二氢钾、过磷酸钙叶面喷施，隔7～10天喷1次，连喷2～3次。

## 3. 缺钾

〔症状〕

钾是植物生长所必不可少的一种元素。植物通过根系从土壤中选择性吸收水溶态钾离子。钾元素集中分布在植物代谢活跃的器官和组织中，如生长点、芽、幼叶等部位。钾促进植物体内酶的活性，增强光合作用，促进糖代谢，促进蛋白质合成，增强植物抗旱、抗盐碱、抗病虫害等抗逆能力，同时钾肥对改善农作物品质方面起着重要作用。

向日葵是需钾量比较大的作物，向日葵缺钾后首先表现在向日葵老叶和叶缘先发黄，进而变褐，叶上产生褐色的斑点或斑块，但叶中部、叶脉处仍保持绿色，尤其是供氮丰富时，健康部分绿色加深，随着缺钾程度的加剧，这些斑点最后干枯成薄片破碎脱落，叶缘黄化，严重时焦枯，似灼烧，生长缓慢，茎秆细弱，抗性下降，易倒伏，抗旱、抗寒性降低；结实率降低，含油率下降。

〔预防及减害措施〕

钾肥可做基肥、根外追肥和叶面喷肥，钾肥施入土壤后流动性小，故钾肥一般做基肥和叶面肥施用效果为好。将钾肥用作基肥，可满足向日葵全生育期对钾元素的需求。在生育期缺钾及时补充钾肥，氮、磷、钾配合施用，不仅可提高产量，又能改善品质。钾肥主要有草木灰、硫酸钾、氯化钾和硝酸钾等。

根据土壤条件施用钾肥，土壤质地是影响作物吸收钾元素的一个重要因素，同等速效钾的含量，在黏质土壤上的肥效比砂质土壤低，因质地越细，电荷密度越大，对钾离子的束缚力也越大。因此，黏质土易缺钾要重施钾肥。

## 4. 缺镁

〔症状〕

镁是作物必需的营养元素，是叶绿素的组成部分之一，能促进光合作用，也是许多酶的活化剂，能促进如维生素A、维生素C等各种物质的合成，进而提高产品的质量。镁还能促进作物对磷元素、硅元素的吸收，增强磷的营养代谢，提高作物抗病能力。在植物体内，镁为较易移动的元素，因此，当镁供应不足时，可移至生长旺盛的部位，缺镁症状首先出现在低位衰老叶片上。

作物缺镁，镁在植物体内易移动，缺镁时首先在老叶表现症状。通常叶片失绿，始于叶尖和叶缘的脉间色泽变淡，由淡绿变黄再变紫，随后向叶基部和中央扩展，但叶脉仍保持绿色，在叶片上形成清晰的网状脉纹，叶脉不褪绿，叶片形成近似"肋骨"状黄斑；黄化从叶缘向中央渐进，叶肉及细脉同时失绿，以后失绿部分由淡绿色转变为黄色或白色，而主脉、侧脉褪绿较慢。严重时边缘变褐坏死，干枯脱落，呈"爪"状或"掌"状。作物后期缺镁一般对产量的影响不大，如果发生在初期，对产量和质量均会受到严重影响（图2-1）。

（a）缺镁前期症状　　　　　　　　　　（b）缺镁后期症状

图2-1　缺镁症状（白全江　拍摄）

〔预防及减害措施〕

作物缺镁大致原因可能是土壤酸性强、土壤含钙量高或施钾肥太多诱发缺镁，短期改变缺镁症状，可每2周施用叶面肥料。若土壤酸碱值许可，可长期使用含镁的石灰石、硫酸镁石等其他含镁岩石或用硫酸镁、硝酸镁进行叶面喷施。

## 5. 缺硼

〔症状〕

硼是影响生殖器官发育，影响作物体内细胞的伸长和分裂的元素，对开花结实有重要作用。向日葵是需硼较多的作物之一，对缺硼较为敏感。一般是幼叶以及生长点首先出现缺绿的症状，老叶片仍然为深绿色。叶片基部的生长点停止生长，出现灰色的坏死区域。叶片中央为灰黄色，叶片尖端为绿色。幼嫩的叶片脆性大，容易碎裂。严重缺硼时，根系不发达，幼苗会停止生长，新叶及较老的叶片出现块状的缺绿现象，形成水渍状区域，产生坏死。上部叶小且卷曲，叶肉失绿，叶脉突出。在生长点死亡之前会出现莲座丛现象。植株发育不良，茎短粗，叶片较小。植株茎部以及植株顶部的叶柄处会出现灰色的坏死区域。茎及叶柄易开裂，脆而粗，花发育不全，花而不实，蕾而不花，蕾花易脱落。花盘形成后，支撑花盘的茎失去跟着太阳转的能力，有的总低垂着头，有的头总朝天。严重的缺硼，会在开花前以及种子形成前引起植株死亡，花盘畸形（图2-2）。

（a）上部叶片症状　　　　（b）花盘受害症状　　　　（c）田间植株缺素症状

图2-2　缺硼症状（白全江　拍摄）

〔预防及减害措施〕

向日葵需要连续不断地供应硼，即使短期中断供应，其产量和品质也会受到影响，因此，硼肥的施用一定是以基肥打底，用硼肥（硼砂或硼酸）0.2～0.5 kg/亩拌入基肥中均匀施入，避免局部浓度过高产生毒害作用。在作物种植时，底肥中加入微肥补硼，有利于向日葵在苗期建立强壮的根系。在向日葵苗期、开花之前这两个阶段是补硼的关键时期，叶面喷施0.05%～0.20%硼砂或0.02%～0.10%硼酸溶液。叶面肥最好选用性价比较高、补硼效果好的四水八硼酸钠类微肥。

## 6. 缺钙

〔症状〕

钙是细胞壁胞间层果胶钙的成分；与细胞分裂有关；稳定生物膜的功能；可与有机酸结合为不溶性的钙盐而解除有机酸积累过多时对植物的为害；少数酶的活化剂。钙在植株内不能转移，缺钙症状出现在幼叶和其他幼嫩组织上，向日葵钙不足一般表现为生长点受损，乃至坏死，呈"断脖"症状；根尖和顶芽生长停滞。幼根畸形，根系萎缩，根尖坏死，根毛畸变，根量少。幼叶失绿变形卷曲，叶尖出现弯钩状，严重时叶缘发黄或者焦枯坏死。在形成花前后均出现葵盘弯曲现象，顶端生长萎缩，新叶褐变、皱缩。新组织需要果胶酸钙形成细胞壁，所以缺钙造成叶尖和生长点呈胶冻状。植株节间较短，矮小、早衰、易倒伏、不结实或少结实。

〔预防及减害措施〕

增施钙肥，向土壤中施入含钙丰富的肥料，常用的有过磷酸钙、氨基酸钙、活力钙等。叶面喷施含钙叶面肥。

## 7. 缺锌

〔症状〕

锌在植物中不能迁移，因此，缺锌症状首先出现在幼嫩叶片上和其他幼嫩器官上。许多作物共有的缺锌症状主要是植物叶片褪绿黄白化，叶片失绿，脉间变黄，出现黄斑花叶，叶形显著变小，常发生小叶丛生，称为小叶病、簇叶病等，生长缓慢、叶小、茎节间缩短，甚至节间生长完全停止。

向日葵缺锌后，植株无法正常合成叶绿素及维持叶片的翠绿，叶片上就会出现黄斑，并逐渐扩大，最终导致叶片全部变黄而掉落。缺锌后无法合成叶绿素，也会导致生长素的含量减少，从而出现生长缓慢的现象，时间一长，就会停止生长，导致株型矮小，产量降低。

〔预防及减害措施〕

为了解决植物缺锌的问题，可以将硫酸锌作为基肥使用，施入25 kg/亩硫酸锌，或者在播种前用水稀释硫酸锌后拌种处理，为其补充锌元素。

## 8. 缺铜

〔症状〕

铜是很多主要酶类的组成成分，对氮的代谢有重要影响。铜关系着叶绿素的稳定性和光合作用的活力，铜在植物体内运转能力差，因此，缺铜首先表现在新叶、顶梢上，新叶失绿、结构畸形、出现坏死斑点，叶尖发白，枝条弯曲，枝顶生长停止枯萎，许多植物缺铜导致花粉"不育症"。

向日葵缺铜出现幼叶萎蔫，叶片畸形，表现失绿黄化症，易枯死，生殖生长受阻，籽粒发育不良或不能正常形成籽粒，氮肥过量群体过于茂盛而有倒伏倾向，易发生缺铜症状。

〔预防及减害措施〕

施用硫酸铜做基肥、追肥，也可用0.01%～0.03%硫酸铜溶液进行叶面喷施。

# 第二节　环境伤害

## 9. 干旱

严重干旱可以造成向日葵生长缓慢、植株矮小，甚至枯死，水分是植物进行光合作用的主要原料之一，水分缺乏影响向日葵的正常光合作用；水分是植物根系吸收和运输各种营养成分的载体；植物的蒸腾作用需要蒸发大量水分来降低植物体的温度，维持正常的生理机能。当空气温度过高、湿度过低时，植株叶片水分蒸发过度，导致叶片因过度失水而卷曲甚至出现伤害。干旱发生在向日葵生长的各个时期（图2-3）。

图2-3　田间干旱向日葵失水症状
（白全江　拍摄）

## 10. 渍害

渍害是由于田间因暴雨、洪涝及浇水过多造成向日葵根系被水长期浸泡缺氧，引起的生长不良症状，并造成减产或植株死亡。渍涝灾害往往发生在低洼地，是由连续长时间的降水或降水过于集中造成的，以及大水漫灌导致农田积水或耕作层土壤水分持续处于过饱和状态，作物根系被水长期浸泡缺氧，使根系的正常生理代谢受到阻碍，包括根系呼吸功能被严重抑制、根毛因长期无氧而坏死等，造成向日葵的严重减产。症状主要表现为根部变褐，初期叶色由深绿变为浅绿，下部叶片叶尖开始发黄，边缘干枯，并由局部干枯扩展至全叶枯死（图2-4）。

（a）退水后田间向日葵枯死症状　　　　　　　　（b）根系死亡症状

图2-4　渍害症状（白全江　拍摄）

## 11. 高温热害

温度是影响向日葵生长发育的主要因素之一。夏秋季节，农作物一旦遇上异常高温，植株的正常生长发育就会受到抑制，引起高温热害，高温热害对作物生长发育及产量形成产生严重威胁。向日葵花期正值7—8月，气温回升较快，容易致使向日葵花期授粉受到高温热害的影响。

高温干旱天气一般容易减弱花粉的生活能力，影响蜜蜂等昆虫的活动和向日葵的授粉，造成受精不良而减产；同时高温还会导致向日葵光合作用效能下降，呼吸强度加大，体内有机营养积累减少，导致花粉粒干缩，授粉能力下降，严重影响开花授粉，造成授粉不良，产量和品质下降。

## 12. 日灼

高温日灼是在高温、强光照条件下受到伤害的异常叶片。在连续高温强光的作用下，向日葵蒸腾和呼吸失常，叶绿体蛋白质变性，致使叶组织尚未成熟就出现众多黄斑，并很快变褐。

向日葵高温灼伤是食用向日葵生产中常见的生理性病害之一，主要发生在夏季，叶片被强光长时间照射后，出现大小不等不规则的水渍状褪绿斑或斑块，一般多发生在植株中上部叶片，受害叶片边缘卷曲，并逐渐变褐枯死。日灼斑的产生除与高温、强光照有关外，还与水肥、品种有关（图2-5）。

（a）田间大面积受害症状　　　　　　　（b）叶片受害症状

图2-5　向日葵日灼症状（白全江　拍摄）

## 13. 低温冷害、冻害

低温冷害指在农作物生长季节，0 ℃以上低温对作物的损害。低温冷害使作物生理活动受到障碍，严重时某些组织遭到破坏。冷害主要发生在春、夏、秋季。由于不同地区作物的种类不同，在某个发育期对温度条件要求有所差异，因此，冷害具有明显的地域性。

冻害则是指农作物在越冬期间或生长季节，0 ℃以下的低温使作物细胞结冰，对作物造成的伤害。冻害一般发生时间是秋季、冬季、春季。

向日葵在苗期出现低于生长温度的极端气候条件引起的心叶、生长点受害，严重时造成死苗。葵花减产30%～50%。区别于冻害，冷害的影响与降温速度、强度和持续时间，以及低温出现前后的天气状况等相关要素之间的配合有关，不同年份低温冷害和冻害对向日葵造成的影响不同，这与品种的抗寒性、冷害或冻害发生时作物的生育阶段有关。

## 14. 霜害

霜冻在秋、冬、春三季都会出现，是指空气温度突然下降，使植物体温降低至0 ℃以下而引起结霜的伤害，在灌浆期遭受早霜冻，不仅影响品质，还会造成减产。当气温降至0 ℃时，向日葵发生轻度霜冻，叶片最先受害。如果气温降至0 ℃以下时，就会发生严重霜冻，除了大量叶片受害外，花盘也会受冻死亡，常常造成大幅减产。初霜冻出现时，如果作物已经成熟收获，即使再严重也不会造成损失。

## 15. 盐害

盐害会引起向日葵生理性干旱、单盐毒害和生理代谢失常，盐胁迫严重时芽、根受到极强的抑制，根部变褐坏死，幼苗受害后植株矮小瘦弱，叶片卷曲变褐枯死，向日葵成株期表现生长滞缓，植株矮小，下部叶片优先出现卷曲变褐枯死，严重时根部变褐坏死（图2-6）。

（a）受害的枯死苗　　　　　　　　　　（b）后期受害症状

图2-6　向日葵受盐碱为害症状（白全江　拍摄）

## 16. 风害

风害指大风给农业生产造成的为害，风的机械损害表现为向日葵的倒伏、折秆、叶片撕裂等，如果向日葵刚浇过水或者暴雨过后遭遇风害还会引起倒伏，苗期倒伏在后期可以逐渐恢复直立，对产量影响较小，生育后期倒伏严重会使向日葵产量降低。

### 17. 雹害

冰雹的降落常常砸毁大片农作物，是一种严重的自然灾害，通常发生在夏、秋季节。雹害为害较轻时，叶片上出现不规则伤口或撕裂状；为害较重时部分或全部叶片击穿或被打成碎片，茎秆部分或葵盘出现孔洞；严重时茎秆折断，生长点部分破坏或完全损伤。成株期叶片撕裂，茎秆折断，几近绝收（图2-7）。

（a）田间受害症状　　　　　　　　（b）葵盘受害症状

图2-7　向日葵受冰雹灾害田间症状（白全江　拍摄）

# 第三节　肥　害

在向日葵生长期追施尿素肥料时，无意将一定量的尿素撒施到向日葵叶片或花蕾上，使接触尿素部分的叶片或花蕾形成褪绿斑，而且向周围扩散，对向日葵的正常生长和葵盘的形成具有一定影响（图2-8）。

（a）叶片受害状　　　　　　　　（b）花蕾受害状

图2-8　尿素造成的伤害（白全江　拍摄）

第三章

虫害

# 第一节 地下害虫

## 一、蛴螬

蛴螬是金龟子或金龟甲的幼虫，俗称地蚕、土蚕等。成虫通称为金龟子或金龟甲。为害多种农作物、经济作物和花卉苗木，喜食刚播种的种子、根、块茎以及幼苗，是世界性的地下害虫，为害很大。在我国为害向日葵的主要种类有华北大黑鳃金龟、东北大黑鳃金龟和暗黑鳃金龟等。

### 1. 华北大黑鳃金龟［*Holotrichia oblita*（Faldermann）］

〔分布与为害〕

华北大黑鳃金龟属鞘翅目金龟总科鳃金龟科，主要分布在东北、华北、西北等地。以幼虫为害为主，可为害多种作物及林木的根部及幼苗，成虫也会为害粮食、蔬菜、果树的果实及叶片。其中对花生、薯类及甜菜等作物的为害较为严重。幼虫取食作物萌发的种子和嫩根、咬断幼苗根茎，导致缺苗断垄乃至毁种，也会造成伤口并感染病原菌，影响作物品质。华北大黑鳃金龟一般为害向日葵较轻，但与薯类、甜菜进行轮作倒茬的地块，幼虫对向日葵幼苗造成的为害较大。

〔形态特征〕

成虫：长椭圆形、体长21.0～23.0 mm，体宽11.0～12.0 mm，黑色或黑褐色有光泽，胸腹部生有黄色长毛，前胸背板宽为长的2倍，前缘钝角，后缘角几乎呈直角。每鞘翅有3条隆线。前足胫节外侧3齿，中、后足胫节末端2距，后足胫节内侧端距大而宽，雄虫末节腹面中央凹陷，雌虫隆起（图3-1）。

卵：椭圆形，乳白色。

幼虫：体长35.0～45.0 mm，肛孔三射裂缝状，前方着生一群扁而尖端呈钩状的刚毛，并向前延伸到肛腹片后部1/3处。

图3-1 华北大黑鳃金龟成虫（白全江 拍摄）

蛹：预蛹体表皱缩，无光泽。蛹黄白色，椭圆形，尾节具突起1对。

〔生活习性〕

华北大黑鳃金龟在北方以幼虫、成虫交替越冬，越冬代成虫约4月中下旬出土活动，5月下旬至8月中旬产卵，6月中旬幼虫陆续孵化，为害至9月以2龄或3龄幼虫越冬。翌年5月越冬幼虫继续发生为害，6月初开始化蛹，6月下旬进入化蛹盛期，7月开始羽化为成虫后即在土中潜伏，进而越冬，直至第三年春天才出土活动。成虫白天潜伏于土中，黄昏活动；有假死及趋光性；出土后尤喜在灌木杂草丛生的路旁、地旁群集取食交尾，并在附近土壤内产卵；成虫有多次交尾和陆续产卵习性。卵多散产于6~15 cm深的湿润土壤中，每雌产卵32~193粒，平均102粒，卵期19~22天。幼虫3龄，有相互残杀习性；幼虫随地温升降而上下移动，春季10 cm处地温约达10 ℃时幼虫由土壤深处向上移动，地温约20 ℃时主要在5~10 cm深处活动取食，秋季地温降至10 ℃以下时又向深处迁移，于30~40 cm深处越冬。土壤过湿或过干都会造成幼虫大量死亡，幼虫的适宜土壤含水量为10.2%~25.7%，当低于10%时初龄幼虫会很快死亡；灌水和降雨对幼虫在土壤中的分布也有影响，如遇降雨或灌水则暂停为害，下移至土壤深处，若遭水浸则在土壤内做一穴室，如浸渍3天以上常窒息而死。老熟幼虫在土深20 cm处筑土室化蛹，预蛹期约22.3天，蛹期15~22天。

〔发生规律〕

华北大黑鳃金龟在西北、东北和华东等地2~3年发生1代；在华中及江浙等地1年发生1代；在黄淮海流域及华北平原，其生活史基本是2年发生1代，成虫、幼虫交替越冬，有第二年为害重的规律。复种指数高的地区种植模式可为华北大黑鳃金龟提供较为完整的食物链，因此受害更重。

〔防治方法〕

农业防治：①秋季深耕细耙，通过耕翻将蛴螬翻到深层或翻到地面，捡拾杀灭，同时借助暴晒、低温、天敌捕食等因素，杀死部分幼虫，减少翌年的虫口基数；②加强田间管理，铲除田边地头的杂草，清理秸秆残茬，创造不利于蛴螬发生的环境条件；③科学灌溉，在冬季和春季进行漫灌，迫使生活在土表的蛴螬下潜或直接淹死；④合理施肥，施肥时避免施用未经腐熟的有机肥料。

物理防治：田间成虫盛发期，在田间悬挂频振式杀虫灯对成虫进行诱杀，每4 hm² 悬挂1盏杀虫灯；也可利用成虫嗜食杨、柳、榆等树木叶片的特性，在田间设置树枝把，诱集成虫后集中杀死。

化学防治：①种子处理，使用600 g/L吡虫啉悬浮种衣剂按药种比1:（160~500）、16%噻虫嗪悬浮种衣剂按药种比1:（100~200）、30%毒死蜱种子处理微囊悬浮剂按药种比1:（30~50）、10%噻虫胺种子处理悬浮剂按药种比1:（100~120）进行包衣或拌种；也可选用20%福·克悬浮种衣剂按药种比1：（40～50）、30%多·福·克悬浮种衣剂按药种比1：（50～60）进行种子处理，防治地下害虫并兼治土传病害；②土壤处理，选用15%毒死蜱颗粒剂18～24 kg/hm²，3%辛硫磷颗粒剂90～120 kg/hm²，条施、穴施或在施肥时与底肥一同施入田间，也可用50%辛硫磷乳油3 000～3 750 mL/hm²，兑水喷在300～450 kg沙土上，拌匀制成毒土，顺垄条施后浅锄，可有效防治蛴螬；③毒饵诱杀，用25%辛硫磷乳油2 250～3 000 mL/hm²拌谷子等饵料75 kg，撒施于种沟中，也可收到良好的防治效果。

生物防治：在播种期使用50亿孢子/g球孢白僵菌悬浮剂按药种比1：15比例拌种、80亿孢子/g金龟子绿僵菌可湿性粉剂按药种比1：40的比例拌种，或在作物生长期用50亿孢子/g球孢白僵菌悬浮剂20 kg/hm²、80亿孢子/g金龟子绿僵菌可湿性粉剂10 kg/hm²兑水1 500～2 250 kg灌根。

## 2. 东北大黑鳃金龟 [*Holotrichia diomphalia*（Bates）]

〔分布与为害〕

东北大黑鳃金龟属鞘翅目鳃金龟科，主要分布在黑龙江、吉林、辽宁、内蒙古以及河北，分布广、数量大、为害重。其幼虫食性杂而多，寄主多达32科90余种植物，其中以栽培的主要作物、果树和林木居多，如小麦、花生、高粱、大豆、向日葵、甘薯、甜菜、豆类、麻类、桃、李、苹果、梨、杏、杨等。幼虫在地下严重为害作物等的根、地下茎，常导致缺苗断垄或毁种重播，造成严重减产。

〔形态特征〕

成虫：体长16.0～22.0 mm，体宽8.0～11.0 mm。体型中等，体黑褐色或栗褐色，体较短阔扁圆，后方微扩阔。腹面色泽略淡油亮。唇基密布刻点，前缘微中凹，头顶横形弧拱。触角10节，鳃片部由3节组成，雄虫鳃片部长大，明显长于其前6节长之和（华北大黑鳃金龟的雄虫触角鳃片部长度与前6节长度之和相等）；雌虫鳃片部短小。前胸背板中部散布稀疏侧面密集的脐形刻点。胸下密被绒毛。小盾片三角形，后端圆钝，基部散布少量刻点。鞘翅表面微皱，纵肋明显。臀板短宽，近倒梯形，散布圆大刻点。前足胫节内缘距约与中齿对生；后足第一跗节短于第二节。雄性外生殖器阳基侧突下端分支，中突、左突片端部近圆形（图3-2）。

图3-2 东北大黑鳃金龟成虫（白全江 拍摄）

卵：初期呈长椭圆形，白色稍带黄绿色光泽，平均长2.5 mm、宽1.5 mm。卵发育到后期呈圆球形，洁白而有光泽。孵化前能清楚地看到在卵壳内的一端有1对略呈三角形的棕色上颚。

幼虫：体乳白色、多皱纹，静止时弯成"C"形。3龄幼虫体长35.0～45.0 mm。肛门孔呈三射裂缝状。肛腹片后部钩状刚毛，多为70～80根，平均约75根，分布不均，基部中间具不明显的裸区，向基部延伸，中间裸区无毛，钩状刚毛群由肛门孔处开始，向前延伸到肛腹片前1/3处。

蛹：蛹为离蛹，体长21.0～24.0 mm，宽11.0～12.0 mm。化蛹后，初期为白色，以后逐渐变深至红褐色。腹部具8对气门，位于第一至第八节两侧。第一至第四节气门近圆形，深褐色，隆起。发音器2对，分别位于腹部第四、第五节和第五、第六节交界处的背部中央。尾节瘦长，三角形，向上翘起，端部具1对尾角，呈钝角状向后岔开。尾节端部腹面三角形，中间具横裂的肛门孔。

〔生活习性〕

东北大黑鳃金龟在我国大部分地区每2年发生1代，在黑龙江地区每2～3年发生1代。以幼虫、成虫交替越冬。主要以幼虫为主越冬的年份，幼虫从4月开始上移进入耕作层，5—6月是幼虫为害盛期，7—8月为化蛹期，8—9月为羽化期，羽化出的成虫在地下蛹室内完成越冬；主要以成虫为主越冬的年份，成虫4月开始出土活动，出土后先食杂草，继而取食大豆、马铃薯及甜菜等作物叶片。成虫昼伏夜出，飞行能力较差，有较弱的趋光性。成虫的交尾高峰期在20—21时。成虫交尾后25天左右开始产卵，卵分批产于土中，土壤深度5～17 cm内产卵量最高，卵在6月开始孵化，幼虫8—9月为害秋季作物，10月开始向下移动越冬。1龄幼虫取食腐殖质，2～3龄取食大豆、玉米、向日葵等作物的种子或薯类的块根、花生的荚果等。气温和土温是影响东北大黑鳃金龟活动的主要环境因素。春季10 cm土层平均温度超过7 ℃幼虫开始上移，秋季10 cm土层平均温度低于12 ℃开始下移。最适合温度为13～22 ℃，土壤含水量为13%～20%。

〔发生规律〕

东北大黑鳃金龟有奇数年成虫盛发，偶数年幼虫盛发的规律，这一规律和华北大黑鳃金龟在华北地区的表现有类似之处。东北大黑鳃金龟的发生与环境条件密切相关。非耕地虫口密度明显高于耕地，油料作物地虫口密度高于粮食作物地；向阳坡岗地虫口密度高于背阴平地。这些特点均与金龟子喜好土壤保水性好、通透性强、有机质丰厚、喜食作物及土壤适宜温湿度条件有关。

〔防治方法〕

参照华北大黑鳃金龟防治方法。

## 3. 阔胸禾犀金龟（*Pentodon patruelis* Frivaldszky）

〔分布与为害〕

阔胸禾犀金龟属鞘翅目犀金龟科禾犀金龟属，别名阔胸犀金龟，分布在黑龙江、吉林、辽宁、内蒙古、青海、甘肃、宁夏、山西、陕西、河北、山东、河南、江苏、浙江等地。成虫取食植物的地下部，但取食量较少；幼虫为害麦类、玉米、高粱、向日葵、花生、大豆、胡萝卜、白菜、韭菜、葱等作物的根、块根和种子等。

〔形态特征〕

成虫：体长17.0～25.7 mm，宽9.5～13.9 mm。体黑褐色或赤褐色，腹面着色较淡。全体油亮。体中至大型，短壮卵圆形，背面十分隆拱，显得厚实。头阔大，唇基长大梯形，布挤密刻点，前缘平直，两端各呈一上翘齿突，侧缘斜直；额唇基缝明显，由侧向内微向后弯曲，中央有1对疣突，疣突间距约为前缘齿距1/3，额上刻纹粗皱。触角10节，鳃片部3节组成。前胸背板宽，十分圆拱，散布圆大刻点，前部及两侧刻点皱密；侧缘圆弧形，后缘无边框；前侧角近直角形，后缘角圆弧形，鞘翅纵肋隐约可辨。臀板短阔微隆，散布刻点。前胸垂突柱状，端面中央无毛。足粗壮，前足胫节扁宽，外缘3齿，基齿中齿间有1个小齿，基齿以下有2～4个小齿；后足胫节端缘有刺17～24个（图3-3）。

图3-3 阔胸禾犀金龟

幼虫：中型偏大，体长40.0～50.0 mm。头宽7.0～7.5 mm，头长5.2～5.7 mm；头壳刻点较浅，但明显可见，头壳表面多毛，仅额区上半部毛较少，多数毛均着生于刻点内，排列不规则；前胸气门板略大于腹部各节的气门板，腹部第一至第七节气门板大小近于相等，第八节气门板显著缩小；在肛背片，有1条由细缝围成的很大的臀板（骨化环）。在肛腹片后部腹毛区中间，无尖刺列，只有钩状刚毛群和周围的细长毛。肛门孔横列状。

〔生活习性〕

阔胸禾犀金龟成虫、幼虫均能越冬，幼虫越冬以3龄为主，其他龄期较少见。在华北地区成虫每年4月开始出土活动，7月为成虫活动盛期，9月以后成虫活动减少。成虫于黄昏出土爬行，20—22时为活动盛期，成虫在地面时爬时飞，能断续飞行200 m以上，具有较强的趋光性，活动性受气温和降雨等气象因素影响。成虫主要取食植物的地下部分如种子、块茎、块根等，尤其喜食玉米种子及马铃薯等。成虫交尾与其他种金龟子不同，雌虫钻入土中5～10 cm处，利用鞘翅翅端与腹臀板摩擦发出"吱吱"声，雄虫即入土与之交尾，交尾既不筑隧道也无穴室。产卵为单产，产卵历期约20天，每头产卵平均为12.1粒。幼虫食性杂，1～3龄幼虫死亡率较高，一般7月的卵经历孵化后至9月进入3龄以后越冬，翌春在大田继续为害，老熟幼虫于5月进入蛹期，化蛹前先做蛹室，经历12天后化蛹，蛹经22.5天羽化为成虫。7月羽化为成虫，有少数成虫出土活动，大部分潜入土中越冬，越冬后于4—5月出土交尾产卵，全虫历期370天。

〔发生规律〕

在华北地区，阔胸禾犀金龟完成1代大约需要2年，成虫和幼虫交替越冬，因此，成虫每年发生量差异很大，有一年大一年小的特点。对土壤含水量要求严格，喜在土壤含水量18%～20%中生活，因此，在低洼过水地以及河边湖旁分布比较集中。

〔防治方法〕

参照华北大黑鳃金龟防治方法。

## 4. 暗黑鳃金龟（*Holotrichia parallela* Motschulsky）

〔分布与为害〕

暗黑鳃金龟属鞘翅目鳃金龟科，广泛分布在我国除西藏以外的各个省份，国外分布于俄罗斯、朝鲜半岛、日本等国家和地区。成虫食性杂，多取食玉米、大豆、花生、向日葵、马铃薯、甘薯、高粱、杨、柳、苹果等多种作物和林木的叶片，以为害林木为主。幼虫食性极杂，主要为害花生、甘薯、大豆、小麦等大田作物根或地下部茎，常造成毁灭性灾害。

〔形态特征〕

成虫：体型中等，长椭圆形，体长17.0～22.0 mm，宽9.0～11.3 mm。初羽化成虫为棕红色，以后逐渐变为红褐色或黑色，体被淡蓝灰色粉状闪光薄层，腹部闪光更显著。唇基前缘中央稍向内弯和上卷，刻点粗大。头阔大，唇基长大，前缘中凹微缓，触角10节，红褐色。前胸背板侧缘中央呈锐角状外突，刻点大而深，前缘密生黄褐色毛。每鞘翅上有4条隆起带，刻点粗大，散生于带间，肩瘤明显。前胫节外侧有3钝齿，内侧生1棘刺，后胫节细长，端部1侧生有2端距；跗节5节，末节最长，端部生1对爪，爪中央垂直着生齿。小盾片半圆形，端部稍

图3-4 暗黑鳃金龟（顾耘 拍摄）

尖。腹部圆筒形，腹面微有光泽，尾节光泽性强。雄虫臀板后端浑圆，雌虫则尖削。雄性外生殖器阳基侧突的下部不分叉，上部相当于上突部分呈尖角状（图3-4）。

卵：卵初产时乳白色，长椭圆形，孵化前可清楚看到卵壳内有1对呈三角形的棕色幼虫上颚。

幼虫：中型，体长35.0～45.0 mm，头宽5.6～6.1 mm，头部前顶刚毛每侧1根，位于冠缝侧。臀节腹面无刺毛，仅具钩状刚毛，肛门孔呈三射裂纹状。

蛹：体长20.0～25.0 mm、宽10.0～12.0 mm，前胸背板最宽处位于侧缘中间，前足胫节外齿3个，但较钝。腹部背面具有发音器2对，分别位于第四至第五节和第五至第六节交界处的背面中央。尾节三角形，两尾角呈锐角岔开。雄性外生殖器明显隆起，雌性外生殖器只可见生殖孔及两侧的骨片。

〔生活习性〕

暗黑鳃金龟在绝大多数区域内1年发生1代，主要以老熟幼虫为主，也有少数的成虫在土壤中越冬。在土层10 cm地温稳定在18 ℃以上时越冬幼虫开始化蛹，成虫出土时间在不同地区略有差异，一般在6月中旬前后开始出土，有隔日出土和昼伏夜出的习性。成虫出土后一般先进行交尾后再取食，此过程一般群集进行。成虫的飞行能力强，有趋光性，一般在6月中旬左右开始产卵，卵期8～15天，1龄和2龄幼虫发育快、龄期短，1龄的历期约为17天，2龄的历期约为16天，而3龄的历期却长达约280天；9月底3龄幼虫进入老熟并开始下移越冬。暗黑鳃金龟的耐寒性弱，适宜越冬的土壤深度为土温至少在0 ℃以上的土层内。

〔发生规律〕

暗黑鳃金龟的发生规律和为害程度受多种因素影响，一般粮食产区内植被简单，成虫生殖力低，种群增长慢，虫口密度低，山地林区植被丰富，有利于成虫活动和繁殖，虫口密度高；土壤疏松、土层深厚、土壤有机质含量高的田块发生较重，土壤瘠薄、易旱、易涝的土壤中虫量少。另外土壤的温湿度对暗黑鳃金龟的发生程度也有较大的影响，土壤温度直接影响幼虫的垂直活动时间和存活率；而土壤含水量过高或过低均对卵及初孵幼虫有不利影响，如降大雨、内涝或浇灌农田，土壤含水量达到20%，1龄或2龄幼虫会全部死亡，幼虫密度迅速下降。

〔防治方法〕

参照华北大黑鳃金龟防治方法。

## 5. 黑皱鳃金龟 [ *Trematodes tenebrioides*（Pallas）]

〔分布与为害〕

黑皱鳃金龟属鞘翅目鳃金龟科皱鳃金龟属，别名无翅黑金龟、无后翅金龟子，后翅退化不能飞翔是其特点，分布在黑龙江、吉林、辽宁、内蒙古、北京、河北、山东、山西、陕西、江苏、安徽、江西等地。成虫和幼虫均可为害，幼虫主要为害高粱、玉米、大豆、花生、小麦、向日葵等作物，啃食幼苗地下茎和根部，使小苗滞长、枯黄甚至全株枯死。成虫为害幼苗茎、叶。

〔形态特征〕

成虫：体长13.0～16.0 mm，宽6.0～8.0 mm。体黑色。胸背与鞘翅密布排列不规则的刻点，呈凹凸不平的皱纹。后翅退化，仅留翅芽，是其主要特征之一（图3-5）。

卵：椭圆形，初产下为黄白色，大小约为1 mm×2 mm；孵化前膨大近圆形，变成乳白色，大小约3 mm×4 mm。

幼虫：体长24.0～34.0 mm。乳白色。形态与大黑鳃金龟幼虫相近，臀节腹面的刚毛群与大

图3-5 黑皱鳃金龟（白全江 拍摄）

黑鳃金龟几乎无区别。只有头部前顶刚毛数量及排列略有变化，一般常见的前顶刚毛各3根，其中位于冠缝两侧各1根，另一根位于额缝边；也有前顶刚毛各4根的，冠缝侧各3根；也有冠缝侧左3右2根的。尾节腹面只有钩状刚毛。

蛹：离蛹，淡褐色，体长15.0～17.0 mm。

〔生活习性〕

成虫喜在温暖无风的天气出土活动，10 cm土温14～15 ℃，气温20～23 ℃时，最适合活动。成虫白天出土层活动，雨天不出土，大风天则常在田埂、土块下隐藏。每日活动时间多在10—16时，12—14时活动最盛，成虫在地面爬行、取食、交尾。成虫食性杂，可取食小麦、谷子、高粱、大豆、花生、豌豆、马铃薯、向日葵等作物的幼苗及多种林木和杂草叶片。早春最先出土的杂草，即可见成虫聚集其上取食，以后陆续分散迁移到其他作物上。成虫取食不同，其寿命和产卵量不同，取食杂草的产卵量高，寿命长。成虫出土即可交尾，具多次交尾习性。交尾后8天左右即产卵，单雌产卵量为3～212粒，平均110粒。其中产卵100粒以上的占60%，200粒以上的占10%，100粒以下的占30%。卵分数次产下，1次产卵量最多27粒，一般10多粒，雌虫产卵历期平均50天，产卵后11天死亡。卵历期14～26天，6月上旬田间出现幼虫，为害夏播作物或花生。9月以后继续为害秋播小麦、翌春返青麦田和春播作物。幼虫历期375天。

幼虫集中在喜食寄主附近的田地，从而造成了幼虫分布不均衡性。苜蓿地、马铃薯地等幼虫量最大。成虫一生交尾数次，第一次交尾后11～16天开始产卵。卵分散产于浅土层中，每一粒卵有1个2～3 mm的小卵室。每头雌虫可产卵5～18粒。

〔发生规律〕

黑皱鳃金龟在河北、山东、陕西、山西、辽宁等地均是2年完成1个世代，以成虫或幼虫交替越冬。在河北、山东等地以幼虫越冬年份，翌春4月幼虫上移为害返青麦苗和春播作物，5—6月是为害严重时期；6月中旬化蛹，蛹期18～21天；7月中旬羽化后不出土，原地越冬；翌年4月上旬气温达15 ℃左右时陆续出土活动，4月中下旬至6月中旬是盛期；7月下旬基本绝迹。成虫后翅退化，不能飞翔，只能在地面爬行，因此发生范围有很大的局限性。多集中发生在靠近荒格及沟渠两侧的地块。

〔防治方法〕

参照华北大黑鳃金龟防治方法。

## 6. 云斑鳃金龟（*Polyphylla laticollis* Lewis）

〔分布与为害〕

云斑鳃金龟属鞘翅目鳃金龟科，别名大云鳃金龟，分布在北京、黑龙江、辽宁、吉林、山西、山东、河北、河南、安徽、江苏、浙江、福建、四川、云南、内蒙古、甘肃、青海、贵州等地。成虫取食玉米、杨树、榆树叶片。幼虫为其主要为害虫态，可咬断作物的幼苗根茎，造成缺苗断垄，为害严重时缺苗70%以上。

〔形态特征〕

成虫：体长28.0～41.0 mm，体宽14.0～21.0 mm。体呈暗褐色，少有红褐色，足和触角的鳃片部暗红褐色，下颚须末节长而稍呈长卵形。雄性触角柄部由3节组成，第三节近端部扩大，呈三角形，鳃片部由7节组成，大而弯曲。雌性触角柄部由4节组成，鳃片部由6节组成，小而直。头部覆有相当均匀的黄色鳞状毛片。前胸背板前半部中间分成2个窄而对称的由黄色鳞状毛片组成的纵节斑；小盾片覆有密而长的黄白色鳞状毛片。鞘翅上的鳞状毛片，顶端变尖，呈长椭圆卵形、并构成各种形状的斑纹。前足胫节外齿雄性2个雌性3个，中齿明显靠近顶齿。雄性外生殖器的基片、中片极短，略呈方形或稍长方形，阳茎基侧突显著细长，向下方延伸（图3-6）。

图3-6 云斑鳃金龟（白全江 拍摄）

卵：乳白色，椭圆形，初产时为水青色，长3.5～4.0 mm，宽2.5～3.0 mm。后逐渐变暗，孵化前呈不规则的方形，可见幼虫的上颚。

幼虫：3龄幼虫体长60.0～70.0 mm。头部前顶刚毛每侧3～8根，多数4～6根，排成1斜列，后顶刚毛每侧1根。额中刚毛每侧多2根，额前缘刚毛4～8根，多数4～6根。沿额缝末端终点内侧常具平行的横向皱褶。唇基和上唇表面粗糙；内唇端感区具感区刺15～22根，较粗大的14～16根，圆形感觉器15～22个。肛腹片后部覆毛区中间的刺毛列，每列多由10～12根小的短锥状刺毛组成。

蛹：体长49.0～53.0 mm，体宽28.0～30.0 mm。唇基近长方形。触角雌、雄异型。前胸背板横宽，后缘中间具疣状隆起，在隆起处着生1对黑斑，其两侧沿后缘有1条褐色条纹，条纹呈纵向排列，中间弧状，两侧较直。腹部第一至第四节气门椭圆形，发音器2对，分别位于腹部第四至第六节之间。尾节近三角形，尾角尖锐，两尾角端呈锐角岔开。

〔生活习性〕

在辽宁地区，成虫出土始期6月下旬，盛期7月上旬。据观察成虫活动可分为前后2个阶段，以交配产卵为界，前期为昼伏夜出，后期是白天取食，夜间迁飞。以无风晴朗、闷热无雨的夜晚活动最盛，飞翔高度一般为2～3 m，高的可达10 m以上。成虫取食玉米，杨树和榆树的叶片，喜食黑松的针叶，常聚集于杨树、柳树上取食、飞翔、觅食交配，成虫有较强的趋光性，尤其是雄虫。成虫平均寿命17天，雌虫交配3天后开始产卵，卵单产，每雌虫产卵量平均为16.8粒。产卵始期在7月初，盛期在7月10日前后，末期在7月下旬。雌虫对产卵场所选择性强，多在黑壤土、黄壤土，产卵深度在10～40 cm。卵期最长25天，最短21天，平均23天。幼虫期可长达4年，从第一年的8月上旬开始到第四年的5月上旬，在土壤中活动45个月。1龄幼虫从8月上旬至第二年的6月中旬。孵化后的当年幼虫为害期近50天，食量较小，取食作物须根。10月上旬逐渐向土壤深处移动，留下一条较直的细孔道，11月到达1.3 m以下深处越冬。翌年5月上旬沿孔道上升，中旬接近耕作层，为害作物不明显。6月中旬蜕皮进入2龄期。蜕皮2天后食量加大，沿垄向须根系活动，取食侧根，受害作物午间萎蔫。10月后下移越冬，翌年5月重返地表活动取食，6月中旬蜕皮进入3龄。3龄幼虫期约60天。经过2次越冬，每年10月中旬向地下移动，留下10～12 mm阔的垂直隧道，到1.3 m以下处越冬，入夏顺隧道上升。3龄幼虫第一年体色较白，沿垄向活动，取食侧根，咬断主根，钻蛀茎基，是幼虫期为害最重的一年。第二年，体形硕大，体色渐黄。5月上旬顺隧道快速上升、取食，中旬停食，在10～20 cm深处作土室化蛹。预蛹和蛹期各20天左右。蛹始见于6月上旬，盛期在6月15日前后。成虫羽化后体软，鞘翅白色；4小时后渐暗，12小时后硬化，并出现白斑，开始活动。24小时后沿土室的一端破洞而出。雄虫洞口是圆筒状，雌虫洞口呈扁圆形。

〔发生规律〕

云斑鳃金龟在辽宁4年完成1代。在山东3年完成1代，在山西4年完成1代。环境条件对云斑鳃金龟的发生影响较大。森林覆盖率高，较多的植物种类有利于云斑鳃金龟成虫的发生，为云斑鳃金龟成虫提供了丰富的补充营养源，提高了成虫的繁殖力。干旱对产卵和卵孵化均不利，因此，1龄幼虫极易死亡。凡土层厚较湿润、有机质含量高的肥沃中性土壤中都有幼虫，且虫量较多；反之则虫量很少；黏质土或1 m以下是砂砾土，则很难找到幼虫。另外，重茬、迎茬地发生较重，禾本科作物与非禾本科作物轮作地较轻。

〔防治方法〕

参照华北大黑鳃金龟防治方法。

## 7. 黄褐异丽金龟（*Anomala exoleta* Faldermann）

〔分布与为害〕

黄褐异丽金龟属鞘翅目丽金龟科、又称黄褐丽金龟，除新疆、西藏无报道外，广泛分布于全国各省区，为国内蛴螬主要种类之一。成虫、幼虫均能为害，幼虫为其主要为害虫态，食性较广，可取食小麦、大麦、玉米、高粱、谷子、糜子、马铃薯、向日葵、豆类等作物以及蔬菜、林木、果树和牧草的地下部分。取食萌发的种子，咬断根茎，使植株枯死，造成缺苗断垄，且伤口易被病原菌侵入，造成植物病害。

〔形态特征〕

成虫：成虫体型中等，体长15.0～18.0 mm，体宽7.0～9.0 mm，体黄褐色，有光泽，前胸背板色深于鞘翅。头顶具刻点，唇基长方形，前侧缘向上卷，复眼黑色。触角9节，黄褐色，雄虫鳃叶部大长，雌虫短而细。前胸背板隆起，两侧呈弧形，小盾片三角形、与背板连接处密生黄色细毛。鞘翅长卵形密布刻点，各有3条暗色隆起带。前足胫节具2个外齿。前足、中足跗节末有大爪和小爪，且大爪分叉，3对足的基节转节、腿节淡黄色，胫节、跗节黄褐色。腹部淡黄褐色，生有细毛，分节纹明显。雄性外生殖器的基片、中片和阳茎基侧突大小几乎相等，阳茎基侧突端部不分叉，呈圆弧形（图3-7-a）。

（a）黄褐异丽金龟成虫　　　　　　　（b）黄褐异丽金龟幼虫为害向日葵根部

图3-7　黄褐异丽金龟（白全江　拍摄）

卵：卵椭圆形，为乳白色。初产时较小，随着胚胎的发育，卵粒逐渐增大，至孵化前其长径平均3.20 mm，短径平均2.67 mm。

幼虫：初孵幼虫头部与身体呈乳白色，上颚褐色，眼点为浅褐色。老熟幼虫体长25.0~35.0 mm，头部前顶刚毛每侧5~6根，呈1纵列。内唇端感区具感区刺3根，圆形感器7~9个。感前片和内唇前片明显并连在一起。在肛背片后部，有由细缝（骨化环）围成的圆形臀板。肛腹片后部覆毛区的刺毛列纵排成2行，由短锥状和长针状2种刺毛组成（图3-7-b）。

蛹：裸蛹，初为淡黄色，后渐变为黄褐色，长18.0~20.0 mm。

〔生活习性〕

黄褐异丽金龟在华北、东北等地均是1年发生1代，以幼虫越冬，4—5月化蛹。成虫白天潜伏于土中，傍晚时开始活动，成虫具假死性和趋光性。每天21—22时为活动盛期。雄虫出土后飞行于农田、地埂、林带、苗圃、杂草等处，雌虫飞翔能力较弱，多在地面爬行，成虫多在黄昏后出土取食与交配，多取食杨、柳、榆及果树等植物叶片，成虫有重复交配现象，交配后雄虫飞走，雌虫随即钻入土内。成虫出土后7天左右田间开始见卵，产卵期在6月下旬至7月底。卵散产于5 cm深的土内，生殖能力较低，单雌产卵量平均为25.3粒，2~4天产完。产卵后成虫很快死去，寿命20~30天。卵孵化盛期为7月上旬至8月初。幼虫3龄，8月中下旬进入2龄的幼虫开始严重为害花生等作物，10月下旬越冬，翌年气温回升后上移为害春播作物的种子和幼苗。

〔发生规律〕

在甘肃古浪，每年3月下旬至4月上旬随土壤温度的上升，越冬幼虫开始出土上移，4月底至5月上旬幼虫全部进入耕作层，开始为害作物。越冬之3龄幼虫于4月下旬至5月中旬进入预蛹期。5月下旬至6月上旬为化蛹盛期，6月上中旬至7月下旬为成虫羽化期，6月下旬至7月上旬为成虫盛发期，7月中旬以后田间成虫逐渐减少。田间产卵始盛期为7月上中旬，7月下旬为产卵末期。卵于7月下旬开始孵化，7月底至8月初为孵化盛期为。7月下旬至9月上旬进入1龄幼虫期，9月中下旬进入2龄幼虫期，至11月幼虫下移至深土层内越冬。幼虫期长，全年土内均可见到，当年幼虫与上年幼虫重叠发生。以2龄幼虫越冬的于翌年6月下旬至7月间陆续进入3龄，至10月中、下旬与当年2龄幼虫潜入土壤深层越冬。在河北南部，5月下旬始见成虫，6—8月是成虫盛发期，其间出现两个高峰，6月末至7月初为第一高峰，8月上旬出现第二高峰，以第一高峰为大，是田间幼虫的主要来源。在河北东部，全年只在6月下旬至9月上旬出现1个峰期，发生量中等。

黄褐异丽金龟幼虫的发生程度与土壤温湿度、土壤质地以及前茬作物等因素关系密切。温度可以影响到幼虫在土壤中的垂直活动，5月中旬至6月上中旬10 cm深处上温度为21.2~22.9 ℃时，幼虫集中在5~20 cm深的土层中活动，此时对作物为害最重，过高或过低均会使幼虫向土层深处迁移。适宜幼虫存活的土壤含水量在14%~16%，过高或过低幼虫均易死亡。另外该虫适宜在粉沙壤土或沙壤土的地区发生和分布，而在黏土及壤土地内很少见到幼虫。幼虫的发生密度与前茬作物种类亦有密切的关系，在不同前茬作物的地块中，以小麦为前茬作物的地块土内幼虫密度最大，其中小麦连作地块土内的幼虫密度更大。

〔防治方法〕

参照华北大黑鳃金龟防治方法。

## 二、地老虎

地老虎也叫地蚕、土蚕、切根虫，是我国重要的地下害虫之一。地老虎种类多，分布广，数量大，为害重。全国已发现的地老虎有170余种，其中分布广、为害重的约有10余种，小地老虎、黄地老虎、大地老虎、白边地老虎和警纹地老虎等尤为重要，均以幼虫为害，可为害多种大田作物及蔬菜等。

### 8. 小地老虎 [ *Agrotis ipsilon*（Hüfnagel）]

〔分布与为害〕

小地老虎属鳞翅目夜蛾科地老虎属，分布遍及世界各地，在我国各省份均有分布，主要发生区多集中在华北、西北、西南等地区。小地老虎作为一种广食性害虫，寄主植物广泛，除水稻等水生植物外，几乎对所有植物的苗均能取食为害。在我国主要为害百余种作物，主要包括玉米、小麦、高粱、薯类、棉花、蔬菜、向日葵以及其他一些低矮草本作物，对果树、林木的幼苗也可造成为害。低龄幼虫啃食作物幼苗叶片，高龄幼虫转入地下为害，白天潜藏在土里，晚上出来取食，常在茎基部切断作物幼苗并将其拖入地下取食，对玉米、高粱、向日葵等非密植型作物，可造成严重的缺苗断垄，是向日葵苗期最主要的地下害虫。

〔形态特征〕

成虫：体长21.0～23.0 mm，翅展42.0～58.0 mm。头部及胸部褐色至灰黑色，额光滑无突起，上缘有一黑条，头顶有黑斑，雌蛾触角丝状，雄蛾触角双栉齿状，栉齿渐短，端部丝状。虫体和翅暗褐色，前翅前缘及外横线至中横线部分呈棕褐色，肾形斑、环形斑及剑形斑位于其中，各斑均环以黑边。在肾形斑外，内横线里有1个尖端向外的楔形黑斑，在亚缘线内侧有2个尖端向内的黑斑，3个楔形黑斑尖端相对。后翅灰白色，翅脉及边缘呈黑褐色。雄性外生殖器钩形突细长，端部尖，有冠刺，抱钩为一细指状突起，阳茎端基环宽肥，两侧中部外突，基部尖，端部圆钝，无结状突起（图3-8-a）。

卵：散产于叶片上；扁圆形，高0.38～0.50 mm，宽0.58～0.61 mm；顶部稍隆起，底部平。花冠分3层，第一层菊花瓣形，第二层玫瑰花瓣形，第三层呈放射状菱形。纵脊31～35条。初产时为乳白色，渐变为淡黄色，孵化前呈褐色。

幼虫：末龄幼虫体长37.0～47.0 mm，头宽3.0～3.5 mm。体色较深，黄褐色至暗褐色不等，虫体背面及侧面有暗褐色纵带。表皮粗糙，密布大小不等的稍突起的明显颗粒。头部黄褐色至褐色，变化很大；颅侧区有不规则的黑色网纹，额为等边三角形，颅中沟很短，额区直达颅顶，腹部背线、亚背线及气门线均黑褐色，不是很明显，腹部各节背面的毛片后2个要比前2个大2倍以上。气门后方的毛片也较大，至少比气门大1倍多；气门长卵形，气门片黑色。臀板黄褐色，臀板基部连接的表皮有明显的大颗粒，臀板上的小黑点除近基部有1列外，在刚毛之间也有10多个小黑点（图3-8-b）。

蛹：体长18.0～24.0 mm，体宽6.0～7.0 mm，黄褐色至暗褐色；腹部第一至第三腹节无明显横沟，第四腹节背侧面有3～4排刻点，第五至第七腹节背面的刻点较侧面大；尾端黑色，背面有尾刺1对。

（a）成虫 　　　　　　　　　　　　（b）幼虫为害向日葵幼苗

图3-8　小地老虎（徐文静　拍摄）

〔生活习性〕

小地老虎成虫全天都可羽化，以夜间羽化为主，羽化的高峰时段及数量受温度、灯光等生态环境等影响。成虫羽化后出土，昼伏夜出。白天栖息在田间草丛、枯叶、土缝等隐蔽场所，夜间进行取食、产卵等活动。一般在整个夜晚的活动中可出现2～3次蛾峰，成虫具有取食补充营养的特性，取食活动多在夜间进行，主要吸食蜜源植物的花蜜、蚜虫和介壳虫分泌的蜜露，对糖醋及与其气味相近的发酵产物有很强的趋性。取食对成虫的寿命、迁飞、卵发育、抱卵量、产卵量和卵孵化率都有显著的影响。小地老虎成虫具有很强的飞行能力，成虫可随大气环流作数千千米以上的远距离迁飞。

成虫在夜间进行交配，一般4日龄蛾的交配频率最高，6～7日龄后逐渐停止交配，并进入产卵盛期。雌蛾产卵多在夜间，产卵具有一定的选择性，产卵场所因季节、植物种类和地貌等不同而异。杂草或作物未出苗前，多产在土块或枯草秆上；寄主植物丰盛时，多产在植物上，一般将卵产在植物叶片背面。卵大多散产，产卵量多为800~1 000粒，最多2 000粒以上。

小地老虎幼虫期一般有6龄，少数5龄或7龄，初孵幼虫多集中在产卵寄主的叶背或移至寄主心叶啃食叶肉，残留表皮。大龄幼虫昼伏土中，夜出取食为害。3龄以后幼虫白天潜伏在被害作物或杂草根部附近的土层中，夜晚出来在幼苗的茎基部取食，常咬断，将苗拖入土中或土块缝中继续取食。作物苗高10~15 cm或以上时，茎秆变硬，则多在茎基处咬成孔洞造成枯心苗。末龄期幼虫的食量最大，占全期的70%以上。幼虫发育到老熟后在土中化蛹。

〔发生规律〕

小地老虎在我国的发生世代数由南向北递减、由低海拔向高海拔递减，其世代数的多少由年积温而决定。其中，东北中北部等地1年完成1~2代，西北地区1年完成2~3代，长城以北1年完成2~3代，长城以南黄河以北1年完成3代，黄河以南至长江沿岸1年完成4代，长江以南岭南以北地区1年完成4~5代，岭南地区1年完成6~7代。无论1年发生代数多少，在生产上造成严重为害的均为第一代幼虫。

按1月不同等温线，我国的小地老虎越冬区可分为4类，分别为主要越冬区（1月10 ℃等温线以南）、次要越冬区（1月10 ℃等温线至4 ℃等温线之间）、零星越冬区（1月4 ℃等温线至0 ℃等温线之间）和非越冬区（1月0 ℃等温线以北），按照该区划，在我国黄淮、华北、西北、东北等地区，小地老虎均不能越冬，因此，在我国北方向日葵主产区内的小地老虎均由其他越冬区迁飞而来，其中对内蒙古、河北、山西、陕西、宁夏等地的向日葵为害较重，对东北、新疆、甘肃等地的向日葵为害稍轻。在上述地区，春季越冬代成虫一般在当地旬平均气温达到5 ℃时始见，旬平均气温稳定10 ℃以上时，即出现迁入蛾高峰，迁入的成虫经补充营养后，在杂草及土块上产卵，卵的孵化期随环境不同变化很大，孵化出的第一代幼虫即可对出土的幼苗进行为害，其中在4~5龄期间为害最重，造成玉米、向日葵等作物大量幼苗被切断，缺苗断垄乃至毁种，待植株长大后，为害变轻。经过1~3代不等的世代循环后，秋季气温下降，大部分小地老虎成虫向南迁飞返回越冬区，仅有极少量留在当地，冬季全部死亡。

〔防治方法〕

农业防治：①清除杂草，早春清除农田及周围杂草，破坏地老虎成虫产卵和幼虫取食的场所；②科学灌溉，在有条件的地区，在地老虎幼虫盛发期可结合农事需要进行漫灌，淹杀土中的幼虫；③清理田园，在地老虎混合发生区，作物收获后及时清除田间杂草及作物残体；④秋季深耕，在地老虎的越冬地区，深秋或初冬对田块进行深翻细耙，消灭部分越冬蛹和幼虫，有效减少和压低各类地老虎越冬虫口基数。

物理防治：①糖醋液诱杀，在春季或地老虎成虫盛发期利用糖醋液诱杀成虫，将糖：

醋：酒：水按3：4：1：10的比例配成诱液并倒于水盆中，同时向盆内加入适量杀虫剂，傍晚时放到作物田间，盆距离地面高度100～150 cm，诱杀地老虎成虫；②杀虫灯诱杀，于地老虎成虫发生期，在作物田地面以上100～150 cm处，安装频振式杀虫灯诱杀成虫，每盏灯可控制2 hm²左右的范围。

化学防治：①种子处理，种子处理是防治地老虎等地下害虫最为简便有效的措施，可选用50%氯虫苯甲酰胺种子处理悬浮剂按药种比1：（190～260）、600 g/L噻虫胺·吡虫啉种子处理悬浮剂按药种比1：（170～250）进行种子处理，也可选用20%福·克悬浮种衣剂按药种比1：（40～50）、30%多·福·克悬浮种衣剂按药种比1：（50～60）进行种子包衣，在防治小地老虎幼虫的同时，还可以减轻土传病害的发生；②土壤处理，用4.5%敌百·毒死蜱颗粒剂37.5～52.5 kg/hm²拌细潮土150 kg均匀撒于作物的茎基部，此外，可选用3%辛硫磷颗粒剂90～120 kg/hm²沟施或穴施、10%毒死蜱颗粒剂18～27 kg/hm²撒施，均可获得较好的防治效果；③喷雾防治，用2.5%溴氰菊酯乳油或4.5%高效氯氰菊酯乳油300～600 mL/hm²、48%毒死蜱乳油900～1 200 mL/hm²、200 g/L氯虫苯甲酰胺悬浮剂225～300 mL/hm²，在地老虎幼虫3龄以前进行喷雾防治，可取得较好的防治效果。

生物防治：对集中连片大面积种植的田块，在每年成虫出现之前，田间按棋盘式架设地老虎性信息素诱捕器，安装密度15个/hm²，诱捕器距地面高度100～120 cm，集中诱杀雄虫，降低雌雄虫交配概率。

## 9. 黄地老虎 [*Agrotis segetum*（Denis et Schiffermuller）]

〔分布与为害〕

黄地老虎属鳞翅目夜蛾科地夜蛾属，世界上广泛分布于欧洲、亚洲、非洲及大洋洲多个国家，国内广泛分布于西北、华北、东北、西南和华中地区。常与小地老虎混合为害，是一种喜温、喜干的杂食性害虫，为害的作物约50余种、以小麦、玉米、向日葵、甜菜等多种农作物为主要为害对象，幼虫是主要为害虫态，低龄幼虫在植物幼苗顶心嫩叶处昼夜为害，3龄以后从接近地面的茎部蛀孔食害，造成枯心苗。3龄以后幼虫白天潜伏在被害作物或杂草根部附近的土层中，夜晚出来为害。幼虫多从地面上咬断幼苗，主茎硬化后可爬到上部为害生长点。

〔形态特征〕

成虫：体长14.0～19.0 mm，翅展32.0～43.0 mm。雌蛾触角丝状，雄蛾触角双栉状，栉齿长而端渐短，约达触角的2/3处，端部1/3为丝状。前翅黄褐色，布满小黑点。各横线为双曲线，但多不明显，且变化很大。肾状斑、环状斑及剑形斑比较明显，各具黑褐色边，而中央呈黄褐色至暗色。后翅白色，半透明，前缘略带黄褐色。雄蛾的抱钩粗壮，短而弯，端部钝圆，阳茎端基环稍扁，基部尖，端部中凹（图3-9）。

卵：为扁圆形，高0.44～0.49 mm，宽0.69～0.73 mm。卵孔不显著。花冠第一层为菊花瓣形纹，其外围有一圈玫瑰花形纹。初产时乳白色，渐变为黄褐色，孵化前变为黑色。

幼虫：末龄幼虫体长33.0～43.0 mm，头宽2.8～3.0 mm。头部黄褐色，颅侧区有略呈长条形的黑褐色斑纹，唇基三角底边略大于斜边，无颅中沟或仅有很短的一段，额区直达颅顶，呈双峰。体黄褐色，表皮多皱纹。表皮上的颗粒较小，不明显，腹部各节背面的毛片前2个比后2个稍大，气门后毛片比气门约大1倍。气门片黑色，呈椭圆形。腹足趾钩为12～21个，臀足为19～21个。臀板上有中央断开的2块黄褐色斑。

图3-9 黄地老虎（顾耘 拍摄）

蛹：体长16.0～19.0 mm，红褐色，腹部末端有1对粗刺，第一至第三腹节无明显横沟，第四腹节背面有稀疏点刻，第五至第七腹节点刻相同，气门下边有1列点刻。

〔生活习性〕

黄地老虎一般以老熟幼虫在2～15 cm深的土层中越冬，越冬场所为麦田、绿肥、草地、菜地、田埂以及沟渠附近。一般在春季3—4月气温回升，越冬幼虫开始活动，陆续在地表下作土室化蛹，蛹直立于土室中，头部向上，蛹期20～30天。化蛹深度为3 cm左右。4—5月为各地羽化盛期。成虫昼伏夜出，在高温、无风、空气湿度大的黑夜最活跃，有较强的趋光性和趋化性。成虫产卵于低矮植物近地面的叶上，产卵寄主有30余种，成虫产卵对寄主植物有明显的选择性，各类杂草是其主要产卵场所，其中3片真叶期的荷麻对产卵雌蛾有强烈的吸引作用，枯枝落叶、地表土块等亦可成为其产卵场所。每只雌虫产卵量为300～600粒，多散产或少数几粒堆产。卵期长短因温度变化而异，一般5～9天。

幼虫共6龄，随着龄期的增长，对环境温度和湿度的适应性也逐渐增强。1～2龄幼虫主要取食植物幼嫩部位，为害不大，进入3龄以后幼虫为害加重，白天潜伏在被害作物或杂草根部附近的浅土层中，夜晚出来取食，将幼苗近地面的茎部咬断，造成整株死亡和缺苗断垄。黄地老虎一般以第一代幼虫为害最重，为害期在5—6月，秋季老熟幼虫在土中做土室越冬，低龄幼虫越冬只潜入土中，不做土室。黄地老虎严重为害比较干旱的地区或季节，如西北、华北等地，但十分干旱地区发生也很少，一般在上年幼虫休眠前和春季化蛹期雨量适宜才有可能大量发生。

〔发生规律〕

在我国，黄地老虎的发生世代数受年积温的影响由2～4代不等，在西藏和新疆北部、辽宁、黑龙江1年发生2代；北京、河北、新疆南疆1年发生3代，少数发生4代。越冬代成虫出现日期除与越冬虫态有关外，还受3—4月气温影响，各地越冬代成虫盛期一般出现在4月下旬至6月中旬，第一代成虫盛期出现在7月上旬至9月下旬。黄地老虎一般以第一代幼虫为害最重，越冬代种群数量在年际间存在很大波动性。在新疆，覆雪天数越久，越冬代种群数量越低，而每年第一代幼虫数量与为害程度同越冬基数大小有关。另外，作物结构、播种时间、灌溉、蜜源植物丰富度等因素也会影响到黄地老虎种群密度。

〔防治方法〕

参见小地老虎防治方法。

## 10. 大地老虎（*Agrotis tokionis* Butler）

〔分布与为害〕

大地老虎属鳞翅目夜蛾科。国外主要分布在俄罗斯和日本，国内的广泛分布在各个省份，常与小地老虎混合发生，也是一种食性很杂的害虫。主要为害棉花、玉米、麦类、豆类、发麻、瓜类、茄子、向日葵等作物幼苗以及多种杂草，为害特点与小地老虎相似，但大地老虎主要在我国南方造成为害，在北方地区较为少见。

〔形态特征〕

成虫：体长41.0 ~ 60.0 mm，头宽3.8 ~ 4.2 mm。头部黄褐色，额部平整无突起。前翅肾状斑外缘有1个不规则的黑斑，无剑形斑纹；后翅淡褐色，外缘有很宽的黑褐色部分。雄性生殖器钩形突细长，端部尖，抱器瓣背缘中段稍拱曲，有冠刺，抱钩短粗，端部略弯。阳茎稍长于抱器瓣（图3-10）。

卵：半球形，直径1.8 mm。初产时为乳白色，孵化前呈深褐色。表面有纵棱、花纹。

幼虫：体长41.0 ~ 61.0 mm，头宽3.8 ~ 4.2 mm。体黄褐色，体表多皱褶，颗粒较小，不明显。头部后唇基为等腰三角形，底边大于斜边，颅

图3-10　大地老虎（顾耘　拍摄）

中沟极短，约等于唇基高的1/5。额区直达颅顶，呈双峰。腹部各节背面的毛片，前2个和后2个大小相似。腹足趾钩5 ~ 19个。臀板除端部2根刺毛附近外，几乎全部为一整块深色斑，全面布满龟裂皱纹。

蛹：为黄褐色，第一至第三腹节侧面有明显的横沟，背面无点刻。第四至第七腹节背面有大小相近的点刻。

〔生活习性〕

大地老虎以低龄幼虫越冬，翌年春季天气变暖后开始取食为害，4月是为害盛期，5—6月幼虫老熟后开始在土壤深处做土室滞育越夏。8月越夏幼虫陆续化蛹，9月羽化为成虫并开始交配产卵，成虫有趋光性，交配产卵多在夜间。卵散产在地表土块、枯枝落叶及绿色植物的下部老叶上，每头雌蛾平均产卵500~1 000粒，卵期14~26天。幼虫食性杂，共7龄，幼虫从3龄末起，白天在土中静伏，夜间外出取食叶片，中低龄幼虫10月中旬开始越冬，但仍能正常取食和发育。

〔发生规律〕

在我国大地老虎1年只发生1代，其滞育期长，越冬、越夏幼虫历期均在100天以上，由于滞育幼虫在土中的历期很长，如受天气变化、寄生物及人为耕作的影响，自然死亡率极高，会使虫口密度骤然下降，种群数量减少。

〔防治方法〕

参见小地老虎防治方法。

# 11. 八字地老虎［*Xestia cnigrum*（L.）］

〔分布与为害〕

八字地老虎属鳞翅目夜蛾科，广泛分布于世界各地。在我国各地均有分布。寄主植物繁多，除为害粮食作物外，也为害一些经济作物和蔬菜等。为害方式与小地老虎相似。

〔形态特征〕

成虫：体长约16.0 mm，翅展35.0~40.0 mm。前翅灰褐色，由环形斑向上至翅前缘为1个三角形大白斑，下边有黑色边框，易于识别。雄蛾外生殖器的钩形突细长，端部尖，背兜发达，抱器腹端细，抱钩短，折曲明显。阳茎较粗，向背弯曲，短于抱器瓣，内囊无角状器（图3-11）。

卵：馒头形，直径0.41 mm，高0.35 mm。初产时乳白色，后渐变为黄色；卵壳柔软，卵的表面有纵刻纹。

幼虫：体长30.0~40.0 mm，头宽2.0~2.5 mm。头部黄褐色，颅侧区有多角形的褐色网纹及1对"八"字形的黑褐色斑纹。唇基为等边三角形。体淡黄褐色，亚背线由中央间断的黑褐色条纹组成，腹节背面观形成多对八字形斑。侧

图3-11　八字地老虎（顾耘　拍摄）

面观气门上线的黑褐色斜线与亚背线也组成"八"字形,易于识别。臀板中央部分及两角边缘颜色较深,但有的个体不明显。

蛹:体长18.9~19.7 mm,腹部第四至第六节上有红色的点刻,臀部有两对刺,外部一对刺向外弯曲。

〔生活习性〕

八字地老虎以蛹或老熟幼虫在土中越冬。成虫产卵多在寄主植物根际叶片背面、地面落叶和土缝中。卵散产,每雌产卵200粒左右,卵期5~7天。幼虫多数为6龄,少数为7~8龄。初孵幼虫常群集于幼苗上啃食嫩叶。3龄后幼虫白天藏匿于土壤中,夜间活动取食,常咬断幼苗嫩茎拖入土穴内取食,植株茎秆变硬后取食嫩叶,秋后老熟幼虫潜入6 cm左右深的土中做土室化蛹,预蛹期6~8天,蛹期在18~25 ℃时为20~25天。

〔发生规律〕

八字地老虎在我国以1年发生2代为主,在我国延边地区第一代幼虫为害盛期在5月中下旬,5月中旬开始化蛹,6月上中旬为第二代羽化盛期。在西藏林芝,越冬幼虫2月上旬开始活动,4月上旬化蛹进入高峰期,5月上中旬为第一代成虫盛期;第一代卵盛期在5月中旬,6月下旬进入幼虫为害盛期,9月中旬第二代蛾有2个高峰,幼虫9月中下旬为害,11月开始越冬。

〔防治方法〕

参见小地老虎防治方法。

## 12. 警纹地老虎［*Agrotis exclamationis*（L.）］

〔分布与为害〕

警纹地老虎属鳞翅目夜蛾科,别名警纹夜蛾、鸣夜蛾、尖啸夜蛾,国外主要分布在欧洲和中亚地区,我国主要分布在新疆、西藏、青海、甘肃、宁夏、内蒙古和黑龙江等地,其中以新疆和甘肃为害较重,其他地区为害较轻,为害对象包括胡麻、玉米、苜蓿、甜菜、马铃薯、棉花、向日葵、萝卜和白菜等多种农作物,其中在胡麻上为害较重。

〔形态特征〕

成虫:体长16.0~18.0 mm、翅展36.0~38.0 mm。体灰色,头、胸部淡褐色。前翅灰色至灰褐色,横线不明显,肾形斑、环形斑和剑形斑均很明显。剑形斑粗大而黑,易于识别。后翅色浅,白色,微带褐色。雄性生殖器的钩形突细长,端部尖,有冠刺,抱钩细,棘状,微弯。阳茎端基环宽扁(图3-12)。

卵:卵扁圆形、直径约0.75 mm、纵脊纹12~14条。花冠分2层,第一层为菊花瓣形、第二层为狭长多边形,外围与纵脊相接。

幼虫：老熟幼虫体长30.0～40.0 mm、头宽约3.0 mm。头部黄褐色，有1对"八"字形的黑褐色条纹。颅侧区有黑褐色多角形网纹，唇基为1个等边三角形。体淡黄褐色，亚背线、气门上线附近及气门线以下色淡。在这些浅色带之间，形成深色纵带。表皮粗糙，有不均匀的颗粒及浅皱纹。气门片与气门筛均为黑色。腹足趾钩7～16个，臀足趾钩18～19个。臀板上有明显的皱纹，在基部及中央2根刚毛附近颜色较深。

蛹：长约20.0 mm，红褐色。气门突出，腹部第四节背面无点刻、第五腹节前缘红褐色区具很多大小不一的圆点坑，点坑后方不闭合。腹端具2根臀棘，背方有1对小刺，并有1对小疣。

图3-12　警纹地老虎（顾耘　拍摄）

〔生活习性〕

警纹地老虎以老熟幼虫在土中越冬，越冬幼虫有滞育现象，每年3月下旬至4月上旬化蛹羽化，4月下旬至5月上旬出现第一次蛾峰；第二次蛾峰在7月上中旬。成虫趋光性较趋化性强。卵散产、堆产均有，主要产在寄主植物上，也可产在土块和残枝落叶上。环境温度20 ℃时卵期为8～10天，一头雌蛾产卵量一般为500～800粒。幼虫共6龄，幼虫期26～39天。初孵幼虫多群集在植物心叶啃食，2龄后开始散居，昼伏于土表下，夜出取食为害，为害作物的主要特征是环状剥皮，破坏输导组织，致使幼苗枯死。第一代幼虫主要取食苋科杂草；第二代幼虫为害马铃薯、苜蓿、甜菜等。

〔发生规律〕

警纹地老虎在新疆、内蒙古呼和浩特地区1年发生2代，甘肃武威1年发生1.5代，青海1年发生1代。其种群数量与食料、气候、土壤条件等有关。土壤团粒结构好，土壤湿度15%～18%的条件下最适宜其生活。

〔防治方法〕

参见小地老虎防治方法。

## 13. 白边地老虎 [*Euxoa oberthuri*（Leech）]

〔分布与为害〕

白边地老虎属鳞翅目夜蛾科，别名白边切夜蛾、白边切根虫、白边切根蛾，国外分布在朝鲜、日本、苏联等国家和地区，国内主要分布在内蒙古东部、黑龙江北部、吉林东部和河北张家口坝上地区。白边地老虎为害甜菜、豆类、瓜类、亚麻、马铃薯、玉米、向日葵和烟草等粮食、蔬菜和经济作物。白边地老虎以幼虫进行为害，主要为害作物的幼苗，切断近地面的茎基部，使整株死亡，造成缺苗断垄，甚至改种或毁种。

〔形态特征〕

成虫：体长17.0～21.0 mm，翅展37.0～45.0 mm。翅色和斑纹变化极大，分白边型和暗化型2种：前者前翅前缘有明显的灰白色至黄白色的淡色宽边，中室后缘也有淡色狭边，肾形斑和环形斑的两侧全为黑色，剑形斑也是黑色；后者前翅深暗色，既无白边淡斑，也无黑色斑纹。后翅均为褐色，翅反面一律为灰色，外缘有两条褐色线，中室有黑褐色斑点。雄性外生殖器钩形突长，抱器瓣背缘中段拱曲，冠刺发达；抱钩二叉，腹向一支长，端尖；背向一支棒状。阳茎端基环纵长，阳茎粗，稍短于抱器瓣。

卵：为长圆形，直径约0.7 mm，纵棱高于横道，形成棘状突起，初产时乳白色，渐变为灰褐色。

幼虫：老熟幼虫体长35.0～40.0 mm，头宽2.5～3.0 mm，头部黄褐色，有明显的"八"字纹，颅侧区有许多褐色斑纹及1块黑斑，唇基约为等边三角形，额区直达颅顶，略呈双峰。体黄褐至暗褐色，体表无颗粒，亚背线颜色较深，气门椭圆形，气门片黑色，气门筛色较淡。腹部背面毛片前2个略小于后2个。腹足趾钩15～22个，臀足18～25个。臀板上的小黑点多集中在基部，排成2个弧形。

蛹：体长16.0～18.0 mm。腹部第五至第七节点刻呈环状，背部点刻大而稠密，具有臀刺1对。

〔生活习性〕

白边地老虎在内蒙古、黑龙江等地1年发生1代，以胚胎发育完全的滞育卵越冬，幼虫多数6龄，少数为5龄或7龄。4月末田间出现1龄幼虫，5月下旬至6月是为害盛期，6月多见5～7龄幼虫。4龄后开始暴食，在食物缺乏时，可向附近田块迁移。3龄以上幼虫喜在土中干湿层之间栖息，随干土层加深而向深土层下潜，入土深度可达15 cm以上。幼虫期平均60天左右。6月下旬至7月上中旬幼虫开始在5 cm左右深的土内化蛹，其蛹室为椭圆形，顶端有1个小羽化孔。幼虫6月末化蛹，7月和8月为成虫盛发期。成虫喜在杂草丛生、植株茂密的阴暗潮湿处栖息，白天不活动，夜间取食交尾，有趋光性和趋化性。卵多产在植物的根际附近土中或干草上，卵粒黏着成堆或散产。卵产出后即行胚胎发育，发育至成形幼虫后不孵出，以滞育卵状态越冬。

〔发生规律〕

白边地老虎属高海拔寒旱地区的害虫，其种群大小与发生环境关系密切。土壤肥沃、黏重小、耕翻少、杂草多以及重茬地是适宜其发生的环境。另外，土壤湿度对种群发生影响较大，土壤湿度过高会降低蛹以及越冬卵的存活率，进而降低虫口密度。

〔防治方法〕

参见小地老虎防治方法。

# 三、金针虫

金针虫是叩头虫幼虫的统称，取食植物根部、茎基及其他有机质，可为害多种农作物。我国为害严重的主要有细胸金针虫、沟金针虫和褐纹金针虫。

## 14. 细胸金针虫（*Agriotes fuscicollis* Miwa）

〔分布与为害〕

细胸金针虫属鞘翅目叩头甲科，别名节节虫、铁丝虫、钢丝虫、土蚰蜒、芨芨虫等，分布范围很广，南达淮河流域，北至东北地区的北部，西北地区也有分布。以水浇地、低洼过水地、黄河沿岸的淤地、有机质较多的黏土地为害较重，为多食性昆虫，寄主范围十分广泛，为害麦类、玉米、高粱、谷子、马铃薯、甜菜和向日葵等大田作物，还为害瓜类、萝卜、番茄以及苹果、梨等蔬菜和果树。幼虫为其主要为害虫态，以啃食作物萌发种子和幼苗为主，还可取食作物和苗木根系，造成植株萎蔫死亡。

〔形态特征〕

成虫：体长8～9 mm，宽约2.5 mm。体形细长扁平，被黄色细毛。头、胸部黑褐色，鞘翅、触角和足红褐色，光亮。触角细短，第一节最粗长，第二节稍长于第三节，自第四节起略呈锯齿状，各节基细端宽，彼此约等长，末节呈圆锥形。前胸背板长稍大于宽，后角尖锐，顶端多少上翘；鞘翅狭长，长约为胸部2倍，末端趋尖，每翅具9行深的刻点。足红褐色（图3-13-a）。

卵：乳白色、圆形、大小0.5～1.0 mm。

幼虫：淡黄色，光亮。老熟幼虫体长约32.0 mm，宽约1.5 mm。头扁平，口器深褐色。第一胸节较第二、第三节稍短。第一至第八腹节略等长，尾圆锥形，近基部两侧各有1个褐色圆斑和4条褐色纵纹，顶端具1个圆形突起。蛹体长8.0～9.0 mm，浅黄色（图3-13-b）。

蛹：纺锤形，长8.0～9.0 mm。化蛹初期体乳白色，后变黄色；羽化前复眼黑色，口器淡褐色，翅芽灰黑色。

〔生活习性〕

在北方地区，细胸金针虫一般2年完成1代，以成虫和幼虫在20～40 cm深的土中越冬。越冬成虫3月上旬或中旬开始活动，4月中下旬为活动盛期，6月中旬为活动末期，

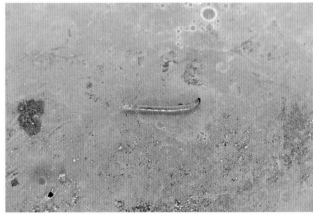

（a）成虫　　　　　　　　　　　　（b）幼虫

图3-13　细胸金针虫（云晓鹏　拍摄）

4月下旬开始产卵；卵期26天；幼虫期平均451天；预蛹期平均7.5天。在内蒙古河套平原6月见蛹，蛹多在7~10 cm深的土层中。6月中下旬羽化为成虫。6月下旬至7月上旬为产卵盛期，卵产于表土内。成虫羽化后即在土室中潜伏，直至翌春3月出土活动。雌成虫寿命平均285天；雄成虫寿命平均263天。成虫白天潜伏，黄昏后出土在地面上活动，具有负趋光性和假死性。成虫喜食小麦、玉米苗的叶片边缘或叶片中部叶肉，残留叶表皮和纤维状叶脉，被害叶片干枯后呈不规则残缺，对稍萎蔫的杂草有极强的趋性，故喜欢在草堆下栖息、活动和产卵。卵散产于表土层，每雌产卵5~70粒。幼虫期全部在土壤中度过，以作物地下部分的根、茎为食，可随季节变化而上下迁移为害。初孵幼虫活泼，有自残习性。幼虫老熟后在土中20~30 cm深处筑土室化蛹。

〔发生规律〕

细胸金针虫生活史较长，1年完成1代至4年完成1代不等，有世代重叠现象，土壤温湿度对金针虫的发生有重要影响，一般越冬幼虫在10 cm深处土温达7~13 ℃时为害最为严重，7月上旬至8月中旬地温达到17 ℃以上时，由于地表干燥，各龄幼虫即下潜到20~25 cm深的土层内活动。地温越高，下潜越深，并停止为害。9月上旬0~10 cm深处土温降到14 ℃左右时，大部分幼虫又上移到地表层为害。金针虫的发生对土壤水分有一定的要求，在干旱平原，如春季雨水较多，土壤墒情较好，为害加重。土壤含水量10%~11%是细胸金针虫成虫产卵的临界土壤湿度，以含水量13%~19%时最适宜产卵。细胸金针虫喜欢微偏酸性的土壤，在黏土地发生较重。另外，耕作栽培制度对金针虫发生程度也有一定的影响，一般精耕细作地区发生为害较轻，初开垦的农田以及荒地、苜蓿地由于耕翻机会少，为害重。在一些间作、套种面积较大的地区，金针虫为害也往往较重。

〔防治方法〕

农业防治：①精耕细作，冬季封冻前对耕地进行深翻，破坏其生存和越冬环境；春季播种前进行深耕细耙，也可将土中越冬幼虫及成虫翻至土表，使其遭受不良天气和天敌捕食而死亡；②春季适时灌水，迫使在根部为害的金针虫幼虫下潜或死亡；（3）及时清除田间杂草，减少金针虫的野生寄主，可压低金针虫的虫口基数。

化学防治：①种子处理，用15%福·克悬浮种衣剂按药种比1：（40～50），600 g/L吡虫啉悬浮种衣剂或40%噻虫嗪悬浮种衣剂按药种比1：（150～250）进行种子包衣；②土壤处理，可选用15%毒死蜱颗粒剂15～22.5 kg/hm²拌细土375～450 kg制成毒土、3%辛硫磷颗粒剂60～90 kg/hm²，在播种时撒施在播种沟内；③灌根，苗期如发现幼虫为害，可选用48%毒死蜱乳油2 000倍液、50%辛硫磷乳油1 000倍液灌根1次。

## 15. 沟金针虫［*Pleonomus canaliculatus*（**Faldermann**）］

〔分布与为害〕

沟金针虫属鞘翅目叩头甲科，其成虫称为沟线角叩甲或沟叩头虫，在我国分布范围南至长江流域沿岸，北至山西、河北、北京、辽宁丹东，西至甘肃东南部，东至东部沿海广大地区均有分布。沟金针虫为多食性昆虫，以幼虫为主要为害虫态，可为害麦类、玉米、高粱、谷子、大麻、菜豆、蚕豆、大豆、甘薯、马铃薯、甜菜、向日葵、苜蓿等多种作物，还可以取食多种杂草和苗木的根部。对小麦、玉米、谷子等禾本科作物为害较重。

〔形态特征〕

成虫：雌虫体长14.0～17.0 mm，体宽4.0～5.0 mm，体形较扁；雄虫体长14.0～18.0 mm，体宽约3.5 mm，体形较细长。雌虫体深褐色，体及鞘翅密生金黄色细毛。头部扁平，头顶呈三角形洼凹，密生明显刻点；触角深褐色，雌虫略呈锯齿状，11节，长约为前胸的2倍。雌虫前胸背板发达，前窄后宽，宽大于长，向背面呈半球形隆起，密布刻点，后缘角稍向后方突出；鞘翅长为前胸的4倍，其上纵沟不明显，后翅退化。雄虫体细长，触角12节，丝状，长可达鞘翅末端；鞘翅长约为前胸的5倍，其上纵沟较明显，有后翅；足细长（图3-14）。

卵：椭圆形，长约0.7 mm，宽约0.6 mm，乳白色。

图3-14　沟金针虫（云晓鹏　拍摄）

幼虫：老熟幼虫体长20.0～30.0 mm，宽约4.0 mm，金黄色，宽而略扁平。体节宽大于长，从头部至第九腹节渐宽，胸背至第十腹节背面中央有1条细纵沟。体表被有黄色细毛。头部黄褐色扁平，上唇退化，其前缘呈锯齿状突起；尾节黄褐色分叉，背面有暗色近圆形的凹入，其上密生刻点，两侧缘隆起，每侧具3个齿状突起，尾端分为尖锐而向上弯曲的二叉，每叉内侧各有1个小齿。

蛹：纺锤形，雌蛹长16.0～22.0 mm，宽约4.5 mm；雄蛹长15.0～19.0 mm，宽约3.5 mm。前胸背板隆起，呈半圆形。中胸较后胸宽、背面中央隆起并有横皱纹，翅端达于第三腹节。腿节与胫节并叠，后足位于翅芽之下。腹部细长，尾端自中间裂开，有刺状突起。化蛹初期体淡绿色，后渐变为深色。

〔生活习性〕

沟金针虫一般3年完成1代。以成虫和幼虫在15～40 cm深的土中越冬，最深可达100 cm。越冬成虫在春季10 cm深处土温升至10 ℃左右时开始出土活动，10 cm深处土温稳定在10～15 ℃时达到活动高峰。在华北地区越冬成虫于3月上旬开始活动，4月上旬为活动盛期，活动期的成虫昼伏夜出，白天潜伏在麦田或田边杂草中和土块下，傍晚爬出土面交配、产卵、黎明前潜回土中。雄虫出土迅速活跃，有趋光性，飞翔力较强；雌虫行动迟缓，不能飞翔，只在地面或麦苗上爬行。有假死性，无趋光性。雄虫交配后3～5天即死亡。雌虫产卵后死亡，成虫寿命约220天。产卵期为4月中旬至6月上旬，卵散产，产在土下3～7 cm深处。单雌平均产卵200余粒，最多可达400多粒，卵期35～42天。5月上中旬为卵孵化盛期，孵化幼虫为害至6月底，土温超过24 ℃时潜入土中越夏。9月中下旬上升至土表层为害秋播作物，至11月上中旬潜入土壤深层越冬。翌年3月初，越冬幼虫出土活动，3月下旬至5月上旬为害最重。7—8月越夏，秋季上升至表土层继续为害，11月越冬。幼虫发育历期长达1 150天左右，直至第三年8月上旬至9月上旬，先后在土中化蛹，化蛹深度一般以13～20 cm的土中最多、蛹期16～20天。9月初成虫开始羽化，随即在土中越冬，至第四年春季才出土交配、产卵。

〔发生规律〕

影响沟金针虫发生程度的因素包括土壤温湿度、质地等。其中温度主要影响沟金针虫在土壤中的上升和下潜活动，从而影响沟金针虫在一年中的为害时间。10～20 ℃是沟金针虫生长和活动的适宜温度范围。当5～10 cm深处地温稳定在5～7 ℃时为害进入始盛期，5～10 cm深处地温稳定在9～12 ℃时达到为害高峰期。如早春气温回升慢，为害期推迟，如冬春季气温升高，则春季为害时期延长。当6月土温上升至20 ℃以上时，则幼虫开始向土层深处迁移，一旦温度稍低而表土湿，仍能上移为害。当土温达22 ℃以上时，幼虫即深入土中越夏，到9月下旬至10月上旬，土温下降后，幼虫又回升到13 cm以上土层活动为害，但秋季为害较轻。沟金针虫适宜生活于旱地，但对水分也有一定的要求，其适宜的土壤湿度为15%～18%。如春季雨水较多，土壤墒情较好，为害加重，3—4月表土过湿，幼虫也向深处移动，在春季金针虫为害时浇水，能迫使幼虫下移。另外，结构疏松、透气性好的壤土地和沙壤土地发生较重，黏土地上发生较轻；保护性耕作作物收获后不及时对耕地耕翻，会加重沟金针虫翌年的发生和为害。

〔防治方法〕

参见细胸金针虫防治方法。

# 四、蝼蛄

## 16. 华北蝼蛄（*Gryllotalpa unispina* Saussure）

〔分布与为害〕

华北蝼蛄属直翅目蝼蛄科蝼蛄属，国内主要分布在北纬32°以北的东北、华北和西北，南限在长江附近。主要为害麦类、棉花、豆类、花生、向日葵等多种旱地作物和林果苗木，成虫、若虫均为害严重。咬食各种作物种子和幼苗，喜欢取食刚发芽的种子。取食幼根和嫩茎，使幼苗生长不良甚至死亡，造成严重缺苗断垄。另外，蝼蛄在土壤表层窜行为害，造成种子架空漏风、幼苗吊根，导致大面积种子不能发芽，幼苗失水而死。

〔形态特征〕

成虫：雌虫体长45.0～66.0 mm，头宽约9.0 mm，雄虫体长39.0～45.0 mm，头宽约5.5 mm。体黄褐色，全身密被黄褐色细毛。头部暗褐色，头中央有3个单眼，触角鞭状。前胸背板盾形，背中央有1个心脏形、凹陷、不明显的暗红色斑。前翅黄褐色，长14.0～16.0 mm，覆盖腹部不到1/2；后翅长远超越腹部，达尾须末端。足黄褐色，前足发达；其腿节下缘不平直，中部向外突，弯曲成"S"形；后足胫节内侧仅有1个背刺（故又称为背刺蝼蛄）。雄性生殖器粗壮，后角长，端部尖舌状；阳茎腹片向阳茎侧突囊下方延伸弯折，末端分叉，整体呈"W"状（图3-15）。

卵：椭圆形，孵化前长2.4～3.0 mm，宽1.5～1.7 mm。初产时为黄白色，后变为黄褐色，孵化前呈深灰色。

图3-15 华北蝼蛄（白全江 拍摄）

若虫：若虫共有13龄，初孵若虫体长约3.5 mm，末龄若虫体长约41.2 mm。初孵时体乳白色，以后体色逐渐加深，复眼淡红色，头部淡黑色；前胸背板黄白色，腹部浅黄色，2龄以后体黄褐色5龄后基本与成虫同色，体形与成虫相仿，仅有翅芽。

〔生活习性〕

华北蝼蛄属于不完全变态昆虫，具有卵、若虫、成虫3个虫态。卵期平均为17天；若虫共有12龄或13龄，平均历期为736天，成虫寿命变化较大，其中最长的为451天，最短的为278天，平均为378天。华北蝼蛄一般3年完成1个世代，在华北地区雌、雄蝼蛄交配大多开始于5月上旬，6月为盛期。越冬成虫产卵盛期在6—7月；1头雌虫一生产卵量几十粒至上千粒不等。成虫交配产卵后，大部分当年死亡，少数能越冬。卵孵化盛期在6月上旬至8月下旬，秋季若虫达8～9龄时，深入土中越冬。越冬若虫翌年4月上中旬开始活动为害，当年蜕皮3～4次，至秋季以12～13龄若虫越冬，第三年越冬后春季又开始活动，8月上中旬若虫老熟，最后一次蜕皮羽化为成虫，为害一段时间后即以成虫越冬，至第四年5月成虫开始交配产卵。华北蝼蛄成虫昼伏夜出，具有强烈的趋光性，且对香甜的物质气味及马粪、未腐熟的有机肥等也有较强趋性，雌虫有护卵哺幼习性，低龄若虫有聚集为害的特点，3龄后分散为害。

〔发生规律〕

华北蝼蛄的活动规律与土壤温湿度关系密切。土深10～20 cm处，土温为16～20 ℃、土壤含水量22%～27%，有利于蝼蛄活动，土壤含水量小于15%时，其活动减弱；在雨后和灌溉后常使蝼蛄为害加重。另外，华北蝼蛄栖息于平原、轻盐碱地以及沿河、近湖等低湿地带，特别是沙壤土和大量施用未腐熟的厩肥、堆肥的地块，均易导致蝼蛄发生，受害相对较重。

〔防治方法〕

农业防治：深耕翻地、中耕细耙，秋翻冬灌，可破坏蝼蛄栖息和繁殖场所，压低虫口基数，也可采用水旱轮作。

毒饵诱杀：用90%敌百虫可溶粉剂1 kg加水30 kg，与100 kg炒香后的麦麸或磨碎的豆饼拌匀，稍闷片刻即成毒饵，30～45 kg/hm²顺垄均匀撒施在作物根部附近；或用50%辛硫磷乳油1 000 mL兑水稀释5倍，与30～50 kg炒香的麦麸、豆饼、碎玉米粒拌匀，傍晚将22.5～45.0 kg/hm²的毒饵撒施于田间；也可在田中均匀挖坑，使坑在田间交错排列，坑长30～40 cm，宽20 cm，深6 cm。将适量马粪放入坑内，与湿土拌匀摊平后，在上面撒37.5 kg/hm²左右的毒饵。

化学防治：①种子处理，使用15%福·克悬浮种衣剂，按药种比1∶（40～50）进行拌种包衣；②土壤处理，播种时，用5%丁硫克百威颗粒剂45 kg/hm²、10%毒死蜱颗粒剂

18.0 ~ 22.5 kg/hm²随种肥条施；③灌根，用20%毒死蜱微囊悬浮剂1 000倍液在被害苗根部浇灌。

物理防治：利用蝼蛄强趋光性，可使用杀虫灯诱杀。

# 17. 东方蝼蛄（*Gryllotalpa orientalis* Burmeister）

〔分布为害〕

东方蝼蛄属直翅目蝼蛄科蝼蛄属，国内除新疆未见外，其余各省（自治区、直辖市）均有分布，在长江以北常与华北蝼蛄混合发生，国外分布在亚洲、欧洲南部、非洲北部以及大洋洲。为害多种旱地作物及果木幼苗。食性广而杂，成虫、若虫均为害严重。为害特点与华北蝼蛄相似，咬食各种作物的种子和幼苗，喜欢取食刚发芽的种子。取食幼根和嫩茎，可咬食成乱麻状或丝状，使幼苗生长不良甚至死亡，造成严重缺苗断垄。

〔形态特征〕

成虫：雌虫体长31.0 ~ 35.0 mm，雄虫体长30.0 ~ 32.0 mm。体淡灰褐色或淡灰黄色，全身密被细毛。头圆锥形，暗褐色。触角丝状，黄褐色。复眼红褐色，单眼3个。前胸背板从上面看呈卵形，背中央凹陷长约5.0 mm。前翅灰褐色，长约12 mm，覆盖腹部达1/2；后翅卷缩如尾状，长25.0 ~ 28.0 mm，超越腹部末端。前足发达，其腿节下缘正常，较平直；后足胫节内侧具3枚背刺。雄性生殖器粗壮，侧面观有折形，后角短，端部平凹，位于腹突之上；阳茎腹片向两侧延伸成"M"状。

卵：椭圆形，初产时长约2.8 mm，宽1.5 mm，孵化前长约4.0 mm，宽约2.3 mm。初产时乳白色，渐变为黄褐色，孵化前暗紫色。

若虫：若虫有8 ~ 9龄。初孵若虫体长约4.0 mm，末龄若虫体长约25.0 mm。若虫初孵化时体乳白色，复眼淡红色，数小时后头、胸、足渐变为暗褐色，并逐步加深；腹部浅黄色。3龄若虫初见翅芽，4龄时翅芽长达第一腹节，末龄若虫翅芽长达第三、第四腹节。

〔生活习性〕

东方蝼蛄属不完全变态昆虫，有成虫、卵、若虫3个虫态。卵期平均为15 ~ 17天。若虫不同个体龄期数7 ~ 10龄不等，8 ~ 9龄最多。其活动规律与华北蝼蛄相似，成虫、若虫均是昼伏夜出，有强烈的趋光性。且对香甜的物质气味及未腐熟有机肥有趋性，初孵若虫有群集特点，东方蝼蛄孵化后3 ~ 6天群集在一起，以后分散为害；东方蝼蛄1 ~ 2龄若虫仍为群居，3龄后才分散为害。在黄淮地区，越冬成虫5月开始产卵，盛期为6—7月；卵经13 ~ 28天孵化。当年孵化的若虫发育到4 ~ 7龄后，在40 ~ 60 cm深的土中越冬。翌年春季恢复活动，为害至8月开始羽化为成虫。当年羽化的时间在9—10月，翌年羽化的始于4月，盛期在8—9月；当年羽化的成虫少数可产卵，大部分越冬后，至第三年才产卵。

〔发生规律〕

在华中、长江流域及其以南各省1年完成1代；华北、东北、西北2年左右完成1代；陕西南部约1年完成1代，陕西关中1～2年完成1代。影响其发生为害的因素与华北蝼蛄相似。

〔防治方法〕

参见华北蝼蛄防治方法。

# 第二节 苗 期 害 虫

## 18. 甜菜象甲（*Bothynoderes punctiventris* Germar）

〔分布与为害〕

甜菜象甲属鞘翅目象甲科，别名甜菜象鼻虫，分布在黑龙江、吉林、辽宁、内蒙古、河北、山西、宁夏、甘肃和新疆等地。甜菜象甲除为害甜菜外，还为害菠菜、棉花、玉米、向日葵等作物。主要以成虫、幼虫为害，成虫取食刚出土的幼苗，致使子叶、子叶下面的嫩茎和真叶缺刻，严重时把叶片吃光或咬断幼茎，造成缺苗断垄；幼虫为害作物的主根，影响作物正常生长，严重时整株枯死。

〔形态特征〕

成虫：体椭圆形，体长12.0～16.0 mm，宽4.0～6.0 mm，虫体黑色，密被灰白色或褐色鳞片及细毛。喙突出且较短，末端稍膨大，喙的背面中央有明显的纵脊，其两侧有沟。触角膝状着生于喙的中部，其柄节可向后置于一槽内。前胸背板中央有一隆脊，其后缘下陷处较深。每鞘翅上有10条纵行刻点，翅上有纵列刻点，黑斑3个，斜分布于前、中、后3处，后部黑斑的前侧有1小白斑隆起（图3-16）。

图3-16　甜菜象甲（云晓鹏　拍摄）

卵：长1.3~1.5 mm，初产时乳白色，有光泽，以后变为淡黄色，长椭圆形。

幼虫：老熟幼虫体长10.0~15.0 mm，宽5.0~6.0 mm，头褐色，体乳白色，无足，常弯曲成"C"形。

蛹：长11.0~14.5 mm，淡黄色，每腹节后缘有横列的背刺。

〔生活习性〕

甜菜象甲喜欢在比较干旱的荒地周边沙性土壤田块为害。主要以成虫在15~30 cm土壤中越冬，少数以幼虫和蛹越冬，越冬成虫4月中旬温度升高至10~12 ℃时开始大量出土，5月上中旬为出土盛期。甜菜象甲出土后在地面爬行觅食，为害刚刚出土的幼苗。每天活动时间多在9—12时和16—17时这2个时间段。遇风雨天气或气温低时，则蛰伏土块下不动。5月中旬开始产卵，5月下旬、6月上旬为产卵盛期，卵期8~17天，自始至终都有交尾现象。卵散产，每头雌成虫产卵70~200粒。幼虫期45~60天，6月中下旬化蛹，蛹期15~20天，6月下旬至7月初开始羽化，成虫当年一般不出土，秋末在土中筑室越冬。成虫有迁移性和趋向性，出土的越冬成虫，一昼夜可以爬行150~200 m，也会顺着风向每次大概飞200 m的距离。成虫还有假死习性，外界环境稍有惊动，即作假死状，不久又开始活动。

〔发生规律〕

甜菜象甲在内蒙古等地1年发生1代，主要以成虫（占80%）越冬，在生长茂密的苋科杂草的主根际土中15~30 cm处越冬。7月下旬至8月中旬为羽化盛期，羽化成虫一般不再出土，直到秋末进入越冬。寄主植物、气象及土壤条件是影响甜菜象甲发生的重要因素，甜菜象甲以多种苋科和菊科的植物为食，因此田间的杂草可为其提供丰富的食物来源，有利其发生。甜菜象甲适于在温热干燥的环境中生活，7—9月多雨的情况下幼虫容易死亡。另外，土质疏松，排水通气性良好，盐碱性大，温度容易升高的沙壤土，适宜于甜菜象甲的发生。

〔防治方法〕

农业防治：①轮作倒茬，适期播种，秋翻冬灌，清除田间杂草；②精耕细作，深翻整地、合理灌水施肥等；③挖沟隔离，在受害重的田块四周挖防虫沟，沟宽、深各40 cm，沟内放置腐败的杂草诱集成虫集中烧死。

人工防治：利用其假死性，进行人工捕杀。

化学防治：①药剂拌种，用25%丁硫克百威种衣剂按药种比1∶40拌种包衣；②喷雾处理，在成虫为害盛期用5%氯虫苯甲酰胺悬浮剂1 000倍液、48%毒死蜱乳油600倍液、300 g/L氯虫·噻虫嗪悬浮剂1 500倍液、9%噻虫·高氯氟悬浮剂2 000倍液喷雾防治。

## 19. 蒙古土象（*Xylinophorus mongolicus* Faust）

〔分布与为害〕

蒙古土象属鞘翅目象甲科，别名蒙古灰象甲，俗名象鼻虫，分布在我国东北、华北、西北等地。主要为害甜菜、瓜类、玉米、大豆、向日葵、烟草、果树幼苗等，是向日葵主要苗期害虫之一。成虫有群集性，常常数头群集为害向日葵子叶、嫩芽及生长点。严重时将叶片吃光，甚至咬断幼茎造成缺苗断垄。

〔形态特征〕

成虫：体长4.4~6.0 mm，宽2.3~3.1 mm，卵圆形，体灰色，密被灰黑褐色鳞片，鳞片在前胸形成相间的3条褐色、2条白色纵带，内肩和翅面上有白斑，头部呈光亮的铜色，鞘翅上生10个纵列刻点。头喙短扁，中间细，触角红褐色膝状，棒状部长卵形，末端尖，前胸长大于宽，后缘有边，两侧圆鼓，鞘翅明显宽于前胸（图3-17）。

图3-17 蒙古土象（云晓鹏 拍摄）

卵：长0.9 mm，宽0.5 mm，长椭圆形，初产时乳白色，24小时后变为暗黑色。

幼虫：体长6.0~9.0 mm，体乳白色无足。

蛹：裸蛹，长5.5 mm，椭圆形，乳黄色，复眼灰色。

〔生活习性〕

春天平均气温在10℃左右时成虫开始活动，以成虫或幼虫在土中越冬，翌春初期低温时潜伏于土块下面或苗眼周围的土块缝隙中食害刚萌发的幼苗，随温度升高，成虫白天活动，以10时前后和16时前后活动最为旺盛，在苗眼中取食幼苗。夜晚和阴雨天很少活动，多潜伏在枝叶间和作物根际土缝中，5—6月为害最重。成虫取食一段时间后开始交尾、产卵，一般在成虫交尾后10天左右产卵，卵多半在傍晚或午前产于土中，散产，产卵期长达40天，平均产卵量每雌虫200粒左右。幼虫孵化后在土中取食腐殖质及植物地下部分。该虫为杂食性害虫，无飞行能力，均在地面爬行，成虫活动隐蔽，有群集性和假死性，寿命较长。

〔发生规律〕

东北、华北每2年发生1代，黄海地区1~1.5年发生1代，以成虫及幼虫在土层中越冬。越冬成虫于翌年4月平均气温10℃以上时开始出土活动。5月上旬成虫产卵于表土中，5月下旬至6月开始出现新一代幼虫，幼虫在地下表土中取食植物根系。9月末幼虫逐渐向30 cm以下土层处转移，固定周围泥土做成土窝越冬。翌年6月下旬至7月上旬在30～40 cm深处土层中化蛹，7月上旬开始羽化成虫，新羽化的成虫不出土，在原土室内越冬，直到第三年4月出土交尾、产卵。

〔防治方法〕

参见甜菜象甲防治方法。

## 20. 甜菜毛足象（*Phacephorus umbratus* Faldermann）

〔分布与为害〕

甜菜毛足象属鞘翅目象甲科。分布在北京、河北、山西、宁夏、内蒙古、甘肃等地。主要以成虫为害，待幼苗出土以后，便迁入田地，咬食作物子叶和幼嫩的真叶，使植株枯萎甚至死亡。

〔形态特征〕

成虫：体长6.7～7.6 mm，宽2.6～2.9 mm，体型细长而扁，黑褐色，被覆灰色、褐色鳞片，小盾片近于白色。喙基宽大于长，中沟缩短，宽而深。触角柄节弯，长达前胸前缘，触角棒状细长而尖。额宽而扁平，眼突出，背面有1排近于直立的毛。前胸长宽约相等，鞘翅奇数行间散布黑色方格形斑点，斑点密布黑或黑褐色成束的毛，行间4、7相连处突出成翅瘤（图3-18）。

图3-18　甜菜毛足象（白全江　拍摄）

〔生活习性〕

4月中旬，当气温上升至9～10 ℃，土层10 cm地温达9.4 ℃以上时，越冬成虫移到土表面活动，并取食野生植物。4月下旬，个别成虫开始交尾。5月中旬至6月上旬是为害盛期。6月上中旬，成虫产卵后死亡，同时卵开始孵化，6月下旬为卵孵化盛期，并为害甜菜块根，7月中旬开始化蛹，8月中旬为化蛹盛期，最后羽化成成虫。少部分产卵迟的孵化出的幼虫和蛹，便原地越冬，一般不能越冬即死亡，越冬成虫一般不出土。

〔发生规律〕

甜菜毛足象在内蒙古地区1年发生1代，以成虫在15～30 cm土层越冬，成虫量占96%左右，幼虫和蛹仅占4%以下，且成活率低。

〔防治方法〕

参见甜菜象甲防治方法。

## 21. 大灰象 [*Sympiezomias velatus*（Chevrolat）]

〔分布与为害〕

大灰象属鞘翅目象甲科，别称大灰象甲，俗名尖嘴猴、灰老道、白老头，国内分布在东北、华北和西北等地。该虫食性杂，为害玉米、向日葵、花生、马铃薯、瓜类、豆类、烟草、苹果、梨、杨树等百余种植物。大灰象甲幼虫能钻入植物的根、茎、叶或谷粒、豆类中蛀食，其幼虫将叶片卷合取食，为害一段时间后再入地下为害植物根系。成虫取食农作物的嫩尖及叶片，受害叶片轻者出现小孔洞和缺刻，重者叶片被吃光，造成缺苗断垄。个别年份不得不毁种，造成严重损失。

〔形态特征〕

成虫：体长9.5～12 mm，宽3.2～5.2 mm，体黑灰色或淡褐色，密被灰白、灰黄或黄褐色鳞毛。眼大，头部粗短而宽，背面中央纵列一条凹沟，复眼近椭圆形，黑色隆起。胸部粗糙圆点遍布，前胸背板中央黑褐色。鞘翅宽卵形或椭圆形，各有1个近环状的褐色短纵斑纹和10行刻点列。后翅退化，腿节膨大，前胫节内缘1列齿突。雌虫腹部末端较尖削，末节腹面具2个灰白色斑，雄虫腹部较钝圆，末节腹面有白色横带状纹（图3-19）。

卵：长椭圆形，长1.0 mm，宽0.4 mm；初产时乳白色，两端半透明，近孵化时乳黄色。

幼虫：体长11.0～15.0 mm，初产乳白色，头部米黄色。上颚褐色，先端具2尖齿，后方有1个钝齿，下颚须和下唇须均2节，第九腹节末端稍扁。肛门孔暗色。

蛹：椭圆形，体长9.0～10.0 mm。乳黄色，复眼黑褐色。头顶及腹背疏生刺毛。喙下垂达于前胸，触角向后斜伸至前足腿节基部，其末端两侧各具1刺。

图3-19　大灰象（白全江　拍摄）

〔生活习性〕

该虫昼出夜伏，植食性，幼虫喜在温暖、湿润的土壤中生活。一般在地下5～15 cm的土层分布最多。成虫不能飞翔，只能爬行，且行动迟缓，有群居性，具有假死性或喜光性。成虫出现后经过14天左右，即行交尾。于5月下旬开始产卵，产卵时雌虫将叶片折合，然后将产卵器插在折合的叶片内进行产卵，并分泌黏液将叶片黏合在一起，雌虫也可以将卵产于杂草或植物根部周围。

〔发生规律〕

大灰象在东北地区2年发生1代，浙江1年发生1代。2年发生1代的地区，第一年以幼虫越冬，第二年以成虫越冬，均在土壤中越冬。越冬成虫于翌年4月下旬开始出现，6月上旬为出土盛期，对作物的幼苗造成为害。雌虫于5月下旬开始产卵，产卵期可延至8月。6月上旬开始出现幼虫，幼虫在土里取食有机质及作物须根，对作物为害不大。9月中下旬幼虫在地下做土室越冬。一般在干旱年份成虫发生量较少，春夏多雨有利于成虫发生；沙土地和撂荒地上发生量较多，黑土地、过水地以及土壤质地黏重的土地上发生量较轻。

〔防治方法〕

参见甜菜象甲防治方法。

## 22. 黄曲条跳甲 [ *Phyllotreta striolata*（**F.**）]

〔分布与为害〕

黄曲条跳甲属鞘翅目叶甲科，别名土跳蚤，简称跳甲，是世界性害虫，在我国各地均有发生。黄曲条跳甲以为害十字花科蔬菜（如白菜、甘蓝等）为主，也为害瓜果类和向日葵等作物。黄曲条跳甲在作物苗期为害最重，植株受害后无法正常生长，严重时全田毁种。该种害虫成虫喜食植物生长点、幼嫩部分子叶，为害后植株叶片表面形成密布的椭圆形小孔洞，无法正常进行光合作用，最终枯萎死亡。成虫也可为害花蕾、豆荚等。幼虫生活在土中，蛀食作物根部皮层形成弯曲虫道，使作物根部表面形成不规则的条状疤痕，甚至会咬断作物须根，致使寄主叶片发黄至枯萎死亡。

〔形态特征〕

成虫：体长1.8～2.4 mm，椭圆形，黑色有光泽，前胸背板及鞘翅上有许多刻点，排列成纵行。鞘翅上各有1条黄色纵斑，中部窄而弯曲。胫节、跗节黄褐色，后足腿节膨大，善于跳跃，遇到惊吓，四处逃窜（图3-20）。

卵：长0.3 mm，椭圆形，初产时淡黄色，后变乳白色，半透明。

幼虫：体长3.0～4.0 mm，稍呈长圆筒形，头部淡褐色，胸腹部淡黄白色，各节有不明显的肉瘤，生有细毛，尾部稍细。

蛹：长约2.0 mm，椭圆形，乳白

图3-20 黄曲条跳甲及为害状（白全江 拍摄）

色，后变为淡黄色，初蛹复眼呈鲜黄色后逐渐呈黑色。腹末有1对叉状突起物。

〔生活习性〕

成虫善跳跃，能飞，中午前后活动最盛，略有趋光性，有明显的趋黄、趋白、趋绿性，对黑光灯敏感。成虫寿命长，平均寿命30～80天，最长可达1年多。产卵期长达1个月以上，致使世代重叠，发生不整齐。成虫喜产卵于根部周围土壤空隙处，平均每雌虫产卵200粒左右。卵需高湿条件下才能孵化。孵化后的幼虫潜入土中，在表土层沿须根向主根啃食根的表皮。幼虫在土内栖息深度与作物根系有关。幼虫发育历期11～16天，共3龄。老熟幼虫在3～7 cm的土中作土茧化蛹，蛹期20天左右，羽化后的成虫爬出土表继续为害。

〔发生规律〕

黄曲条跳甲发生代数因地而异，我国由北向南逐渐增加，总体趋势为东北地区1年发生2～3代，华北地区1年发生4～5代，华东4～6代，华中5～7代，华南7～8代；长江以北地区，成虫在枯枝落叶、杂草丛或土缝里越冬；长江以南地区，无越冬现象，冬季各种虫态都可见。其适温范围为21～30 ℃，低于20 ℃或高于30 ℃，成虫活动明显减少。发生为害每年有春夏和秋季2个高峰期，第一个高峰期发生在4月上旬至5月下旬，因6月至8月下旬多雨和温度高，种群数量迅速减少，9月中旬以后种群数量再次升高，成为第二个发生高峰期，12月下旬到翌年3月下旬，种群数量维持在较低的水平。

〔防治方法〕

农业防治：①抗性品种，植物的叶片表面是否具有蜡质是影响黄曲条跳甲取食的重要因素，另外，叶片表面有绒毛的作物对该害虫有显著抗性；②合理轮作、套种，应与非十字花科作物进行轮作，此外还可将嗜食性与非嗜食性寄主进行套种；③清洁田园，黄曲条跳甲以成虫在落叶和杂草中越冬，冬季清除田地残株落叶，铲除田间沟边杂草，消灭其越冬场所，减少越冬虫源。作物播种前对土壤进行深翻晒土，压低虫口基数。

物理防治：①黄曲条跳甲成虫具有趋光性及对黑光灯敏感的特点，可在寄主作物种植区内间隔70～80 m的距离安装频振式杀虫灯，装灯高度高于植株高度，具有一定的防效；②利用黄色粘虫板诱杀成虫，粘虫板安装高度高于植株高度，具有较好的引诱效果，可以有效降低虫口基数。

生物防治：采用生物农药2.5%鱼藤酮乳油500倍液、0.3%印楝素乳油800～1 000倍液或1%苦参·印楝乳油800～1 000倍液进行喷雾防治成虫。

化学防治：①药剂拌种，可选用70%噻虫嗪种子处理可分散粉剂按药种比1：100进行种子拌种处理；②药剂防治，可选用36%阿维·吡虫啉水分散粒剂1 000倍液、2.5%溴氰菊酯乳油3 000倍液、25%噻虫嗪水分散粒剂2 000倍液、22%氰氟虫腙悬浮剂500～600倍液、1%甲氨基阿维菌素苯甲酸盐微乳剂1 500～2 000倍液，在黄曲条跳甲成虫发生盛期进行喷雾防治。

### 23. 黄宽条跳甲（*Phyllotreta humilis* Weise）

〔分布与为害〕

黄宽条跳甲属鞘翅目叶甲科，别名黄宽条菜跳甲、伪黄条跳甲、菜蚤子、土跳蚤、土圪蚤、黄跳蚤，主要分布在黑龙江、内蒙古、河北、甘肃、山东、山西、江苏等地区。寄主以甘蓝、花椰菜、白菜、萝卜等十字花科蔬菜为主，同时也为害向日葵。黄宽条跳甲成虫食叶成孔洞而致叶片枯萎，幼虫啃食根部，可使幼苗枯死。

〔形态特征〕

成虫：体长1.8~2.2 mm，头、胸部黑色，光亮。鞘翅中缝和周缘黑色，每翅具1个极宽大的黄色纵条斑，中央无弓形弯曲，其最狭处也在翅宽的1/2以上。触角基部6节黄色或赤褐色（图3-21）。

〔生活习性〕

在我国北方，常与其他黄条跳甲混杂发生，以成虫在枯叶或杂草丛中越冬，春季开始活动，为害向日葵幼苗。

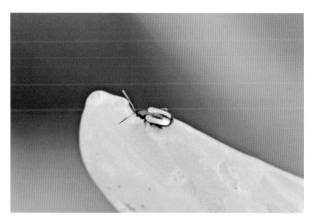

图3-21 黄宽条跳甲及为害状（白全江 拍摄）

〔防治方法〕

参见黄曲条跳甲防治方法。

### 24. 网目拟地甲（*Opatrum sabulosum* L.）

〔分布与为害〕

网目拟地甲属于鞘翅目拟步甲科，别名网目沙潜，国内分布在甘肃、内蒙古、陕西、山西、河北、山东、安徽等地。该虫食性杂，可取食100多种植物，主食玉米、大豆、谷子和蔬菜幼苗等。其中成虫和幼虫都为害向日葵，其幼虫在土内食害种子和将要出土的嫩芽，造成幼苗枯萎，影响出苗，成虫主要为害地上部的幼苗，取食嫩茎。5月上中旬为成虫为害盛期。

〔形态特征〕

成虫：雌成虫体长7.0~8.8 mm，宽3.6~4.8 mm，雄成虫体长6.5~8.6 mm，宽3.2~4.6 mm，成虫羽化初期乳白色，逐渐加深，全体呈黑色略带褐色，因鞘翅上常附有泥土，外观呈灰色。虫体椭圆形，头部较扁，背面似铲状，复眼黑色在头下方。触角棍棒状11节，第一、第三节较长，其余各节呈球形。前胸发达，前缘呈半月形，其上密生点刻如细沙状，鞘翅近长方形，前缘向下弯曲将腹部包住，故有翅不能飞翔（图3-22）。

图3-22　网目拟地甲成虫（白全江　拍摄）

卵：椭圆形，表面光滑，乳白色，长1.2～1.5 mm，宽0.7～0.9 mm。

幼虫：初孵幼虫体长2.6～3.8 mm，乳白色，老熟幼虫体长15.0～18.0 mm，体细长，深灰黄色，背板深色，足3对，前足发达，腹部末节小，纺锤形，边缘共有刚毛12根，末端中央有4根，两侧各排列4根。

蛹：长6.6～8.8 mm，宽3.1～4.2 mm，乳白色并略带灰白，羽化前深黄褐色，腹部末端有两钩刺。

〔生活习性〕

成虫食性杂，性喜干燥，耐高温，多分布在干旱的草荒地及田埂、道旁等处。成虫出蛰后潜伏在作物根际隐蔽处，早晚活动。成虫不能飞翔，只能爬行，假死性强，成虫寿命较长，最长能跨越4个年度。网目拟地甲一般行两性生殖，也能孤雌生殖，且孤雌后代成虫仍能进行孤雌生殖。雌虫产卵量一般4～221粒，连续3年都能产卵，幼虫为害幼苗地下部分。成虫羽化后多集中在幼苗根部较凉爽处越夏，至9月间又开始出土活动，10月下旬开始越冬。

〔发生规律〕

在内蒙古1年发生1代，以成虫在5～7 cm土壤或枯草、落叶下越冬。翌年4月下旬至5月上旬成虫活动最盛，4月下旬至5月末为产卵期，4月中旬成虫开始交尾产卵，5—6月为幼虫期，6—7月老熟幼虫在地下6～15 cm处作室化蛹，7月下旬至8月上旬为成虫羽化盛期，9月下旬成虫开始活动，10月下旬成虫开始越冬。

〔防治方法〕

农业防治：①清洁田园，播种前或收获后，清除田间及四周杂草，集中烧毁或沤肥；②深翻土壤，秋冬季深翻土壤，机械损伤和冻害会降低越冬虫量，压低翌年的虫口基数，减轻为害。

生物防治：网目拟地甲幼虫和蛹期的主要天敌是中华婪步甲（*Harpalus sinicus* Hope），中华婪步甲能很好地抑制网目拟地甲的发生，因而要加以保护和利用。

化学防治：①播种前土壤处理，用40%毒死蜱乳油1 000倍液或20%氰戊菊酯乳油1 500倍液进行地面喷雾处理；②为害严重的地块选用25%喹硫磷乳油1 000倍液、4.5%高效氯氰菊酯乳油1 500倍液进行灌根处理。

## 25. 黑绒鳃金龟（*Serica orientalis* Motschulsky）

〔分布与为害〕

黑绒鳃金龟属鞘翅目鳃金龟科，别名东方金龟子、天鹅绒金龟子，幼虫称蛴螬，在我国各地分布十分广泛，其中东北、西北和华北各省区均有分布，国外分布在朝鲜、日本、俄罗斯、蒙古国等国家。黑绒鳃金龟食性杂，可食149种植物。成虫最喜食杨、柳、榆、向日葵、甜菜等植物的叶片，为害叶片及嫩芽，常将生长点咬断，严重时可将幼苗地上部吃光，仅留根部，导致毁种；幼虫在地下取食萌发的种子，咬食幼苗的根或根茎部，轻者造成地上部叶片萎蔫，影响幼苗生长，重者将根茎处皮层环食，使植株死亡，造成缺苗断垄。

〔形态特征〕

成虫：体长7.0～8.0 mm，宽4.5～5.0 mm。卵圆形，前狭后宽，雄虫比雌虫略小。初羽化为黄褐色，后逐渐转黑褐色或黑紫色，体上密被天鹅绒状的黑灰色绒毛，有光泽。头黑色。触角赤褐色，共10节，鳃片部3节。前胸背板宽为长的2倍。鞘翅比前胸背板略宽，每侧有明显的纵肋10条，纵肋间具细刻点，侧缘有一列刺毛。腹面赭黑色，有黄白色短毛。前足胫节外侧有2个较大的齿，后足胫节下方无成列的刺（图3-23）。

卵：长约1.0 mm，椭圆形，初产时呈乳白色，后变为淡黄色。

幼虫：体长14.0～18.0 mm。头部淡黄褐色，有光泽，头部前顶毛每侧1根，额中毛每侧1根。体呈乳白色，多皱褶，体表生有黄褐色细长毛，全体呈弯曲的弓形。肛门前方有1排整齐呈弧形的刚毛，14～21根，中间有明显断开。

蛹：体长8.0～10.0 mm，宽3.5～4.0 mm，黄褐色，复眼朱红色。

（a）黑绒鳃金龟（顾耘 拍摄）　　　（b）黑绒鳃金龟为害状（王予达 拍摄）

图3-23 黑绒鳃金龟及为害状

〔生活习性〕

黑绒鳃金龟喜在干旱地块生活，喜欢沙土或沙荒地。成虫有假死性、略有趋光性，飞翔力强，昼伏夜出，成虫喜欢在寄主多的地方群居为害。成虫活动适宜温度为20～25 ℃。日均温度10 ℃以上。降雨有利于出土，出土后，首先为害返青早的杂草，待喜食植物（向日葵）出土后，开始取食幼苗叶片，使叶片边缘形成缺刻，甚至全部吃光。为害盛期在5月初至6月中旬。成虫出土初期雄多于雌，一出土即进行取食、飞翔、交尾。飞翔高度可达10 m，个别可达300 m，雌虫一般跳飞或不飞。雌虫边取食边交尾，雄虫不食不动。6月为产卵期，卵期9天左右，雌虫一般产卵于被害植株根际附近5～15 cm土中，每雌虫可产卵29～100粒。6月中旬开始出现新一代幼虫，8—9月，3龄老熟幼虫作土室化蛹，蛹期10天左右，羽化出来的成虫不再出土而进入越冬状态。

〔发生规律〕

黑绒鳃金龟在内蒙古地区1年发生1代，以老熟幼虫在35～40 cm的土层中化蛹，以成虫在浅土层或落叶层下越冬。翌年4月中旬，平均气温达10 ℃以上后越冬成虫出土活动，在晴暖无风的10时左右与傍晚活动为害最盛，遇风则潜伏土中。5月上旬左右成虫开始为害榆树、蒲公英等植物，向日葵出苗后转移到田间为害。6月中旬左右为成虫盛发期，一般在靠近沙丘、草甸子、榆树附近的向日葵地块受害较重。

〔防治方法〕

农业防治：①灌溉，秋末冬初对旱地灌水，可使大量蛴螬死亡，翌年作物受害将明显减轻；②搞好田间管理，及时清除田间及地边杂草、土堆、肥堆等以减少虫口密度；成虫产卵期及时中耕，可消灭部分卵和初孵幼虫；秋冬翻地时人工捉虫，同样可减少越冬虫口基数。

物理防治：①黑光灯诱杀，利用成虫的趋光性于成虫盛发期在田间地头安装黑光灯，可诱杀大量成虫；②利用成虫早期群集觅食和假死习性，于清晨或傍晚人工振落捕杀农作物上的成虫。

化学防治：①撒施毒土，用40%辛硫磷乳油、48%毒死蜱乳油0.5 kg，加细沙土15～20 kg兑水喷雾制成毒土，在苗期撒施田间防治成虫；②药剂拌种，用50%辛硫磷乳油按药：水：种比（0.3～0.5）：3：100进行拌种，拌均匀后堆闷4小时，摊开晾干即可播种；③毒饵诱杀，用48%毒死蜱乳油、50%辛硫磷乳油750 mL/hm²拌新鲜的榆、杨等树叶75 kg，拌均匀后于傍晚均匀堆放在田间15.0～22.5 kg/hm²诱杀成虫；④喷雾防治成虫，成虫发生为害盛期用2.5%溴氰菊酯乳油、2.5%高效氯氟氰菊酯乳油2 000～3 000倍液喷雾防治。

## 26. 斑鞘豆叶甲 [ *Colposcelis signata*（Motschulsky）]

〔分布与为害〕

斑鞘豆叶甲属鞘翅目叶甲科，别名小翅黄猿叶虫，国内主要分布在辽宁、黑龙江、吉林、河北、陕西、江苏、安徽、浙江等地。主要为害大豆、向日葵等作物，啃食幼苗的子叶，叶肉，不形成孔洞。幼虫为害根部表皮和须根，影响幼苗的生长，甚至造成幼苗枯萎。

〔形态特征〕

成虫：体长1.6~3.0 mm，宽1.0~1.5 mm，卵形或长方圆形，体色以前胸颜色分棕色型和黑色型2种，棕色型触角黄色，足黄或黄褐色，头顶后方、胸部、鞘翅中缝和基部横凹上的1个斑均为黑色；黑色型虫体整体呈黑色，只有触角、上唇、足为黄色，肩胛内侧有1个黄斑。头部刻点粗大而密，头顶中部隆高，复眼内侧和上方有一条宽且深的纵沟。触角丝状，达到或超过体长之半，第一节膨大，第三、第四两节最短。前胸背板宽稍大于长，侧缘中部稍突成一小尖角。小盾片三角形，光亮。鞘翅基部稍宽于前胸，刻点排列成规则的纵列，基半部刻点大而清楚，端半部刻点细而小。

卵：长椭圆形，0.4~0.5 mm，宽0.2 mm，白色至淡黄色。

幼虫：体长约3.6 mm，常弯曲成"C"形，身体乳白色，头、前胸背板黄褐色，体表有许多白色刚毛。

蛹：为裸蛹，体长2.0~2.5 mm，宽1.3~2.0 mm。初乳白色，后淡黄色。复眼黑色。后足腿节膨大，端部有一长刺。腹部末节有弯曲的褐色刺突1对。

〔生活习性〕

成虫极活跃，善跳，稍受惊动即跳的无影无踪。白天在叶上部活动、取食，夜间潜伏于土块下和根际土缝内。主要在10时和16时前后活动。6月上中旬成虫开始交尾，产卵。每头雌虫平均产卵量40粒左右，卵期8~11天。幼虫在土中取食须根和根部表皮，老熟幼虫在土中做土室化蛹，成虫羽化后直接在土中越冬。

〔发生规律〕

斑鞘豆叶甲1年发生1代。以成虫在土中越冬。翌年5月中旬始见，盛期在6月上中旬，末期为7月上旬。卵始见于5月下旬，盛期在6月中下旬，末期在7月初。幼虫始见于6月上旬，一直为害到8月中旬。蛹始见于7月下旬，盛期在8月中旬，末期为9月上旬。第一代成虫始见于8月上旬。大部分成虫羽化后在土中直接越冬，早期有少量成虫出土为害叶片。

〔防治方法〕

农业防治：加强田间管理，精耕细作，发现少量幼虫及卵块应及时清除。消灭田间杂草减少落卵量，减少越冬虫量。

化学防治：①药剂拌种，用35%多·福·克悬浮种衣剂按药种比2∶100比例进行拌种包衣；②药剂防治，在成虫为害盛期喷施5%高效氯氰菊酯乳油1 500~3 000倍液、2.5%溴氰菊酯乳油3 000倍液等；在低龄幼虫期选用90%敌百虫可溶粉剂1 500倍液或50%辛硫磷乳油2 000倍液进行灌根。

# 第三节　刺吸性害虫

## 27. 桃蚜 [*Myzus persicae*（Sulzer）]

〔分布与为害〕

　　桃蚜属半翅目蚜科瘤蚜属，别名腻虫、烟蚜、桃赤蚜、菜蚜、油汉。桃蚜是广食性害虫，寄主植物约有74科285种，属于世界性害虫，我国南北各地普遍分布。桃蚜营转主寄生生活周期，其中冬寄主（原生寄主）植物主要有梨、桃、李、樱桃等果树，夏寄主（次生寄主）作物主要有白菜、甘蓝、萝卜、芥菜、甜椒、辣椒、菠菜和向日葵等多种作物。成蚜和若蚜以群集方式在植株嫩茎上刺吸汁液，使叶片卷缩变形，植株生长不良，分泌的蜜露还会影响植物光合作用，引起煤污病（图3-24）。桃蚜还能传播农作物多种病毒病。

（a）低密度为害叶片　　　　　　　　　　（b）蚜虫为害葵盘正面

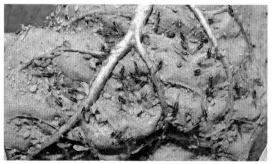

（c）高密度为害叶片　　　　　　　　　　（d）有翅蚜若蚜混合为害

图3-24　桃蚜为害状（杜磊　拍摄）

〔形态特征〕

　　有翅胎生雌蚜：体长2.0 mm左右，头、胸部黑色，额瘤显著，向内倾斜，中额瘤微隆起，眼瘤也显著。触角6节。腹部绿色、黄绿、褐色或赤褐色，背面有浅黑色斑纹。腹管细长，尾片中央稍凹，着生3对弯曲的侧毛。

无翅胎生雌蚜：体长约2.0 mm，有黄绿和红褐色2种体色。头部额瘤与眼瘤均同有翅胎生雌蚜。触角6节，体较长。腹管淡黑色，细长，圆筒形，向端部渐细，具瓦纹。尾片圆锥形，近端2/3收缩，两侧各有曲毛3根。

无翅有性雌蚜：体长1.5～2.0 mm。肉色或橘红色。头部额瘤显著，外倾。触角6节，较短。腹管圆筒形，稍弯曲。

有翅雄蚜：体长1.5～1.8 mm，基本特征同有翅雌蚜，主要区别是腹背黑斑较大，在触角第三、第五节上的感觉孔数目很多。

卵：长椭圆形，长约0.5 mm，初产时淡黄色，后变黑褐色，有光泽。

〔生活习性〕

桃蚜一般营全周期生活，以卵越冬，春季越冬卵孵化为干母，进行孤雌胎生，随气温上升，产生有翅胎生雌蚜，迁飞到新的寄主植株上为害并进行多代的孤雌生殖，产生大量无翅胎生雌蚜。秋季随气温降低，产生有翅有性雌蚜，迁飞到冬寄主上繁殖，产生无翅卵生雌蚜和有翅雄蚜，交配后在冬寄主植物上产卵越冬。桃蚜繁殖力强。有翅胎生雌蚜胎生蚜量16～18头，无翅胎生雌蚜胎生蚜量13～15头。每头雌蚜可产卵10粒。桃蚜对黄色和橙色有强烈趋性，对银灰色有负趋性，且具有较强的迁飞和扩散能力。在适宜条件下，其寿命可长达10天以上。

〔发生规律〕

桃蚜在华北地区1年发生20代左右，在南方最高可达40代。桃蚜以卵在桃树枝条腋芽处越冬，翌年花芽膨大露红时开始孵化，最初在芽上为害，展叶后转移到叶片背面为害，4月下旬至5月上中旬是为害盛期。夏季有翅蚜转移到杂草、蔬菜以及向日葵上为害，7—8月是为害向日葵的重要时期，可在花盘、叶片等部位大量滋生为害。到9月底左右有翅蚜又飞回果树和园林植物上交尾后产卵越冬。

〔防治方法〕

农业防治：在冬季和春季彻底清洁田园，清除田地附近的杂草和蔬菜收获后的残株病叶，减少虫源。

物理防治：①有翅成蚜对黄色、橙黄色有较强的趋性，可用黄色诱虫板进行诱杀，诱满蚜虫后需及时更换；②桃蚜对银灰色有较强的趋避性，可在田间挂银灰塑料条或用银灰地膜覆盖，对桃蚜迁入有积极的预防作用。

生物防治：需充分利用自然天敌的控蚜作用，桃蚜的天敌主要有食蚜瘿蚊、狼蛛、异色瓢虫、七星瓢虫、中华草蛉、食蚜蝇等，这些天敌对桃蚜均有一定的控制作用。

化学防治：可在蚜虫发生盛期选用1%苦参碱可溶液剂800～1 000倍液、10%吡虫啉可湿性粉剂3 000倍液、3%啶虫脒乳油2 000～2 500倍液喷雾处理。

## 28. 朱砂叶螨［*Tetranychus cinnabarinus*（Boisduval）］

〔分布与为害〕

朱砂叶螨属蛛形纲叶螨科，又称棉红蜘蛛，在我国各地均有分布，寄主植物范围广，可为害棉花、花生、玉米、高粱、向日葵、豆类、瓜类、蔬菜及杂草等43科146种植物，是一种对农业为害程度高且难于防治的害虫。成螨、若螨和幼螨在叶背面吐丝结网，刺吸植株汁液，叶正面出现白色或黄白色斑点。随着数量的增加，为害范围不断扩大，密度大时全叶干枯脱落，导致植株早衰，严重影响农作物的产量和品质（图3-25）。

〔形态特征〕

朱砂叶螨的个体发育包括卵、幼螨、第一若螨、第二若螨和成螨5个时期。

卵：单产，多产于叶背主脉两侧，为害严重时也可产在叶表、叶柄等处。圆球形，直径0.10～0.12 mm，有光泽，初产时透明无色，后渐变为深暗色，孵化前卵壳可见2个红色眼点。

图3-25 朱砂叶螨为害状
（云晓鹏 拍摄）

幼螨：体半球形，长约0.15 mm，浅黄色或黄绿色，体背有染色块状斑纹，足3对。

若螨：体椭圆形，长约0.2 mm，足4对，体色变深，体侧出现深色斑点，分为第一若螨和第二若螨2个时期。

雌成螨：体长0.5 mm左右，椭圆形，体色常随寄主而异，多为朱红色或锈红色，肤纹呈突三角形至半圆形，体背两侧各有一对黑褐色斑纹。背毛12对，刚毛状。腹面有腹毛16对，气门沟不分支，顶端向后内方弯曲呈膝状。

雄成螨：比雌成螨小，体长0.4 mm左右，背面观呈菱形，红色或淡绿色。背毛13对，体末端稍尖。阳具端锤较小，背缘突起，两角皆尖，长度约等。

各若螨期和成螨期开始之前，均经过一个静止期，此时螨体固定于叶片或丝网上，不食不动，后足卷曲，准备蜕皮。也有人分别称该虫态为第一若蛹、第二若蛹和第三若蛹。

〔生活习性〕

朱砂叶螨生命力很强，能忍受一定范围的温湿度变化，在喜欢的寄主上其繁殖更快、产卵量更高，寿命也长。生殖方式为两性生殖为主，在无雄螨时亦可孤雌生殖，其后代多为雄性。朱砂叶螨成虫可以在杂草、落叶或土块中越冬，翌年春天从杂草中陆续转移到田间为害。朱砂叶螨主要将卵产在叶背、叶面、叶柄上。卵孵化时，卵壳裂开，幼螨爬出，先静伏于叶背上，雌雄螨需经过3次蜕皮方变为成螨，每次蜕皮前要经16~19小时的静伏，不食不动，蜕皮后即可活动和取食。该螨喜欢群集在叶背为害，且多集中在上部嫩叶和中部健叶。幼螨和前期若螨不喜活动，后期若螨行动敏捷，有向上爬行的习性。为害时先在下部的叶片、根茎处为害，然后逐渐向整棵植株蔓延。朱砂叶螨扩散的主要途径为爬行扩散和吐丝垂飘，也可以通过动物活动、农事操作或风雨传播。高温低湿是朱砂叶螨的最佳发育条件。在适宜的温度范围内，随着温度升高，该螨发育速率加快，历期缩短。高湿环境对该螨的生命活动极为不利，可导致卵和幼螨的发育历期延长，成螨寿命缩短。

〔发生规律〕

朱砂叶螨发生代数因地而异，在北方1年发生12~15代，长江流域18~20代，华南地区1年发生20代以上，世代历期的长短也因环境不同而不同，长则29天，短则9天，且各代常重叠发生。每年春季气温达10℃以上时开始为害与繁殖，6月出现螨量高峰，如遇7—8月高温干旱少雨时繁殖迅速，易暴发成灾，9月中旬后开始越冬。朱砂叶螨在北方多以受精雌成螨在土缝、草根、枯叶及树皮缝等处吐丝结网群集越冬。越冬雌螨能生存5~7个月，非越冬型的雌螨一般仅能存活14~35天。成螨平均寿命为15~30天。朱砂叶螨可营两性生殖和孤雌生殖。每头雌螨平均产卵量为120粒，最少55粒，最多达255粒。

〔防治方法〕

农业防治：①加强田间管理，保持田园清洁，及时铲除田边杂草及枯枝老叶，冬季及时清除田间植株残体，减少虫源；②进行冬季深翻，把在地面的枯枝、落叶、杂草上的越冬虫源翻到土壤深层，可压低虫源基数；③及时灌溉，干旱时应注意灌水，增加田间湿度，并合理施肥，以恶化害螨的生存条件。

生物防治：瓢虫、草蛉和植绥螨等都是朱砂叶螨的天敌生物，注意保护天敌，发挥天敌生物的自然控制作用，有利于降低虫口密度，减轻叶螨为害。

化学防治：在朱砂叶螨为害期喷施1.8%阿维菌素乳油5 000倍液，或在夏季炎热天气下喷施15%哒螨灵乳油3 000~4 000倍液、10%四螨嗪可湿性粉剂2 000倍液、15%联苯·噻螨酮乳油2 000倍液，施药时要对叶片正背面及茎部均匀喷雾，可有效控制朱砂叶螨的为害。

## 29. 花蓟马 [ *Frankliniella intonsa* ( Trybom ) ]

〔分布与为害〕

花蓟马属缨翅目蓟马亚科，又称台湾蓟马。在我国及世界大部分地区均有分布，有很强的趋花性，各种植物花部均被为害，国内主要分布在东北、西北、华北和华南等地。花蓟马在向日葵开花后以成虫、若虫群集于花内取食为害，花器、花瓣受害后呈白化，经日晒后变为黑褐色，为害严重的导致花器萎蔫。叶片、舌状花受害后呈现银白色条斑，严重的枯焦萎缩。近年在内蒙古、新疆等向日葵主产区调查发现蓟马严重为害向日葵，用锉吸式口器取食桶状花和刚形成的籽粒表皮，使向日葵籽粒产生锈斑，有时还会造成籽粒霉变，严重影响向日葵籽粒的外观商品性和籽粒的收购价，是当前生产上亟待解决的问题（图3-26）。

〔形态特征〕

成虫：雌虫体长1.4 mm，体色浅黄棕至深棕色。头部和胸部黄棕色；触角棕色，但第三至第四节及第五节基部黄色；前翅淡黄色，基部颜色淡；足黄色；腹部第二至第八节背片前缘脊线褐色。头长小于宽，头前缘不凸出；单眼间鬃较长，位于前后单眼中心连线上，眼后鬃6对，紧紧围绕复眼后缘排列；触角8节，第三节、第四节感觉锥叉状；口锥伸至前胸腹片2/3处；下颚须3节，下唇须1节。前胸长大于宽，背板横纹模糊；前角鬃有1对长鬃，前缘鬃4对，亚中对鬃最长，但小于前角鬃，后角鬃2对，近等长，后缘鬃5对；后胸背片前中部为横纹，其后为网纹，两侧为纵线纹，前中鬃在前缘上，其间距离大于与前缘鬃的距离，其后无鬃孔；中胸腹片和后胸腹片分离，仅中胸腹片叉骨有刺；翅短，前翅前缘鬃24根，前脉鬃19～20根，大致连续排列，后脉鬃13～15根，翅瓣鬃5根；跗节2节。腹部第一节背片布满横纹，第二至第八节背片仅两侧有横纹；第五至第八背片微弯梳存在，第八节背片后缘梳完整，但短小；腹片布满横纹，无附属鬃；第二节腹片后缘鬃2对，第三至第七节腹片后缘鬃3对，全在后缘上。雄虫相似于雌虫，但体较小，体色较淡，一般触角节1灰白，浅于节2，节8后缘多数缺，仅留痕迹，少数完整，但较稀疏分散。腹节3～7腹面有腺域，横带形较宽，两端钝圆，少数呈哑铃状，腹节6背板7对鬃，第一至第四对位于一条直线上，第六至第七对位于侧缘上。阳茎端部尖细，阳茎侧突端部钝圆（图3-27）。

卵：肾形，长0.3 mm，宽0.1 mm。孵化前显现出2个红色眼点。

若虫：1龄若虫体长0.3～0.6 mm，触角7节，第四节膨大呈锤状。2龄若虫体长0.6～0.8 mm，橘黄色，触角7节，第三节有覆瓦状环纹，第四节有环状排列的微鬃，腹侧边缘有隐约可见的锯齿。前蛹（3龄若虫）体长1.2～1.4 mm，翅芽伸达腹部第三节。蛹（4龄若虫）体长1.2～1.6 mm，触角分节不明显，并折向头胸部背面。

〔生活习性〕

花蓟马体形小，活动敏捷，喜荫蔽环境，成虫喜在傍晚和清晨取食，食性杂。除棉花、豆类作物外，还可为害黄瓜、葱、蒜、豆角等多种蔬菜，主要活动在各种作物的花内。在内蒙古，花蓟马以成虫在枯枝落叶层及土壤表层中越冬，每年4月中旬气温回升后出土活动，由于花蓟马具有趋花性，因此，春季花蓟马主要栖息在田边杂草中，在显花植物的花器中聚集繁殖，在田间随着花期的不同在不同作物间迁移，6月下旬开始，蓟马迁

（a）受害叶片形成的银色斑点

（b）成虫为害舌状花

（c）蓟马为害幼嫩的籽粒

（d）成虫为害苞叶

（e）籽粒受害状

图3-26 花蓟马为害状（云晓鹏 拍摄）

图3-27 成虫玻片标本（苏雅杰 拍摄）

入向日葵田，在向日葵叶片及花蕾上为害，为害程度相对较轻，至7月中下旬，随着向日葵花期的到来，花蓟马进入为害盛期，首先为害向日葵舌状花及花丝花药部分，随着葵盘增大，进而进入筒状花以及刚刚形成的幼嫩籽粒间为害，雌虫将卵产于花器组织及幼嫩籽粒的表皮下，孵化后的若虫取食花器和种子的表皮部分，花蓟马在向日葵花盘上的为害可持续数代，在此期间，种群规模迅速扩大，至8月中下旬达到数量高峰。9月上旬开始，随着向日葵种壳木质化程度增加以及气温的下降，向日葵田内种群数量下降，蓟马大量死亡，少数迁移到其他显花植物或温室内继续为害，另有一部分进入越冬状态，此时随着种壳颜色的加深，在种子表面蓟马取食过的部位会呈现不规则锈色斑块，导致籽粒外观变差，商品性极大降低，严重影响葵农的经济收入。

〔发生规律〕

在南方各城市1年发生11～14代，在华北、西北地区1年发生6～8代。内蒙古地区1年发生6～8代。在20℃恒温条件下完成1代需20～25天。以成虫在枯枝落叶层、土壤表层中越冬。翌年4月中下旬出现第一代。10月下旬、11月上旬进入越冬代。10月中旬成虫数量明显减少。世代重叠严重，成虫羽化后2～3天开始交配产卵，全天均进行。卵单产于花组织表皮下，每雌可产卵77～248粒，产卵历期长达20～50天。每年6—7月、8月至9月下旬是花蓟马的为害高峰期。温度对花蓟马的发生有重要的影响，16℃条件下，花蓟马完成1代需要37天左右，在32℃条件下，完成1代仅需10天左右。另外，夏季向日葵花盘大，花期长，花粉及幼嫩籽粒数量大，为蓟马提供了丰富的食物来源，这也是夏季蓟马种群迅速增长的原因。

〔防治方法〕

农业防治：春季彻底清除田边杂草，减少越冬虫口基数，加强田间管理，减轻为害。

物理防治：利用花蓟马趋蓝、黄色的习性，田间设置蓝、黄色粘虫板，诱杀成虫。蓝板诱杀既生态环保，同时效果又好。

生物防治：花蝽、姬蝽、草蛉、瓢虫、蜘蛛等都可捕食花蓟马，因此，注意保护天敌昆虫有利于减轻花蓟马的发生和为害。

化学防治：①种子包衣，选用30%噻虫嗪种子处理悬浮剂按400～700 mL/100 kg进行种子包衣处理；②苗期防治，早春清除田间地埂的杂草，尤其是甘草、苦豆子、苦荬菜等显花杂草；或使用杀虫剂灭杀田埂杂草上的蓟马，降低蓟马种群数量。宜选择对蓟马类害虫兼具杀虫杀卵作用的杀虫剂；③花期防治，选择60 g/L乙基多杀菌素悬浮剂20～40 mL/亩或50 g/L双丙环虫酯可分散液剂10～20 mL/亩兑水均匀喷雾，禁止使用对蜜蜂不安全的杀虫剂。苗期在晴天无风的上午9时之前或下午5时之后施药，花期在黄昏蜜蜂归巢后施药，施药机械宜使用高架植保机，用水量20～30 L/亩，规模种植向日葵在播种时留出作业道，便于施药机械进入。使用植保无人机施药时，用水量3 L/亩并添加飞防助剂。

## 30. 菜蝽 [*Eurydema dominulus*（Scopoli）]

〔分布与为害〕

菜蝽属半翅目蝽科，在我国各地均有分布，是十字花科蔬菜、菊科及豆科植物的重要害虫。成虫和若虫刺吸作物的嫩芽、嫩茎、嫩叶、花蕾和幼果汁液，唾液对植物组织有破坏作用，阻止糖类代谢和同化作用的正常进行。向日葵受害影响其产量和品质。

〔形态特征〕

成虫：体长6.0~9.0 mm，宽3.2~5.0 mm，椭圆形。越冬代成虫底色橘红，夏、秋季成虫为橙黄色。头黑色，侧缘上卷，头前端圆，侧叶长于中叶，在中叶前方相接触，侧叶侧缘呈脊状，中部凹；复眼外突，但不呈柄状；触角黑色，被短细毛，第二节明显长于第三节，略短于第五节；喙黑，基部常浅色，伸达中足基节处。前胸背板有6块黑斑，前2块为横斑，后4块斜长；小盾片基部中央有1个大三角形黑斑，近端部两侧各有1个小黑斑；翅革片红色、橙黄色或橙红色，爪片及革片内侧黑色，中部有宽横黑带，近端角处有1个小黑斑。侧接缘红色、黄色或橙色与黑色相间。最明显的特征就是背面底色是橙黄或橙红色，上具黑斑，比较鲜艳（图3-28）。

卵：高0.8~1.0 mm，直径0.6~0.7 mm，鼓形。初产时乳白色，渐变灰白色，后变黑色。顶端假卵盖周缘有一宽的灰白环纹，在环纹上有32~35枚白色短棒状精孔突，中央为不规则的白色花纹，侧面近两端处有黑色环带，基部黑色。

若虫：1龄体长1.2~1.5 mm，宽1.0~1.2 mm，近圆形，橙黄色。头、触角及胸部背面黑色，腹部第四至第七节节间背面有3块黑色横斑，足黑色。2龄体长2.0~2.2 mm，宽1.5~1.8 mm，体形椭圆，其他同1龄。3龄体长2.5~3.0 mm，宽2.0~2.3 mm。头部黑色，侧叶中央具界线模糊的淡色斑，复眼、触角、喙均为黑色。前胸背板两侧和中央各显现橙黄斑，翅芽及小盾片向上突起，腹部第八节背面有一黑斑。4龄体长3.5~4.5 mm，宽2.5~3.0 mm。小盾片两侧各呈现卵形橙黄色区域，小盾片和翅芽伸长，腹部第四至第六节背面黑斑上的臭腺孔显著。5龄体长5.0~6.0 mm，宽4.0~4.5 mm。翅芽伸达腹部第四节，其他同4龄。

图3-28 菜蝽（白全江 拍摄）

〔生活习性〕

成虫喜光，趋嫩，多栖息在植株顶端嫩叶或顶尖上，成虫中午活跃，善飞，早晚不太活动，一般早晨露水未干时，多集中在植株上部交配。成虫有假死性，受惊后缩足坠地，有时也振翅飞离。成虫羽化后停息1天左右即开始取食，多栖身在叶柄、果梗及花穗上。一般每雌产卵100~300粒，多在夜间产于叶背，单层成块。若虫共5龄，初孵若虫群集，随着龄期增大逐渐分散，高龄若虫适应性、耐饥力都较强。初孵若虫停息于卵壳上约1天后即开始在卵壳附近的寄主上吸食，食毕仍返回卵壳上栖息。2龄后即可离开卵壳，逐渐分散为害，当十字花科植物衰老或缺少时，也转移为害菊科植物。

〔发生规律〕

北方1年发生2～3代，南方5～6代，有明显的的世代重叠现象。各地均以成虫在石块下、土缝、落叶、枯草中越冬。翌春3月下旬开始活动，4月下旬开始交配产卵，6月初出现成虫。越冬成虫历期很长，可延续到8月中旬，产卵末期延至8月上旬者，仅能发育完成1代。早期产的卵至6月中下旬发育为第一代成虫，7月下旬前后出现第二代成虫，大部分为越冬个体；少数可发育至第三代，但难于越冬。5—9月为成虫、若虫的主要为害时期。

〔防治方法〕

农业防治：①清洁田园，秋冬季及时耕翻和清除枯枝落叶，可消灭部分越冬成虫；早春清除田边、沟渠边野生的十字花科杂草；②人工除卵，5月中旬至9月下旬，田间农事操作时，如发现成虫为害，及时检查叶背是否有卵块，发现卵块应及时人工摘除；③浸水除卵，第一代成虫主要产卵于地面，通过田间浇水并保持浸水8小时以上可有效淹死卵块。

化学防治：在菜蝽低龄若虫未分散之前选择3%啶虫脒乳油或10%吡虫啉可湿性粉剂1 000～1 500倍液，4.5%高效氯氰菊酯乳油或2.5%高效氯氟氰菊酯水乳剂2 000～3 000倍液进行喷雾防治。

## 31. 横纹菜蝽（*Eurydema gebleri* Kolenati）

〔分布与为害〕

横纹菜蝽属半翅目蝽科，在我国的东北、华北、西北以及西南地区广泛分布。寄主包括十字花科蔬菜、油菜、向日葵和杂草等。成虫和若虫均以刺吸式口器吸食寄主植物的汁液，其唾液对寄主组织有破坏作用，并能阻碍糖类等代谢过程，被刺吸处留下黄白色或微黑色斑点。

〔形态特征〕

成虫：体长7.0～8.0 mm，宽3.5～5.0 mm，椭圆形，黄色或红色，具黑斑，密布刻点。头蓝黑色，略带闪光，前端圆形，两侧稍凹陷，侧缘上卷，边缘红黄色。复眼前方有1块红黄色斑，复眼、触角、喙均为黑色，单眼红色。前胸背板红黄色，有4块大黑斑，前列2块三角形，后列2块横长，其端部1/3处缢缩或缢缩处断裂而成2块斑；中央有1条隆起的"十"字形黄纹，纹的中央呈光滑的红色隆起；前缘和前侧缘为黄色卷边；侧角圆，有小突起。小盾片蓝黑色，上有黄色"Y"形纹，其末端两侧各有1块黑斑。前翅革质部蓝黑色，闪光，末端有1块横长的红黄斑，前缘有红黄宽边，但不及翅尖，膜质部棕黑色，边缘白色。腿节端部背面、胫节两端及跗节均为黑色。胸、腹部腹面各有4块纵裂黑斑，腹末节前缘处有1块横长大黑斑或黄色的纵列斑块，中间2行为长方形，两侧的近半圆形（图3-29）。

卵：圆桶形，高1.0 mm，直径0.7 mm左右，初产时白色，渐变灰白，孵化前为粉红色，表面密被细颗粒，上、下两端各具1圈黑色带纹，假卵盖周缘具细刺，表面突起，纽扣状，突起中心光滑、下陷。

若虫：1龄体长1.0～1.3 mm，宽0.8～1.0 mm，初孵时橘红色，约30分钟后颜色变深，触角第一至第三节顶端浅黄，复眼棕黑色。腹背黄色，中央有7个大小不等的黑色斑块，第一块斑的上侧角向外伸，末端钝圆，第三至第五块斑上各有1对臭腺孔，各黑斑周围橘红色，胸足间及腹部腹面黄色，腹末数节具黑斑。2龄体长1.3～1.7 mm，宽1.0～1.5 mm，橘黄至橘红色，胸部侧缘具白色狭边，腹部具黑色点刻，第一腹节背面两侧各有1褐色至黑色短纹，腹背有1个明显的白色圈环，黑斑5个。3龄体长2.0～3.0 mm，宽1.5～2.0 mm，头基半部及中叶、触角、复眼、喙均为黑色，侧叶橘黄色，边缘黑色。胸部黑色，前胸侧缘为白色宽边，胸背有3个呈三角形排列的橘红色斑，中央的斑大，其上有小黑斑。4龄体长3.5～4.0 mm，宽3.0～3.5 mm，胸部背面中央的黄斑呈蘑菇状，两侧黄斑略呈三角形，翅芽伸达腹部第一节，胸腹两侧各节有一黄斑，各足腿节基半段及端部腹侧面、胫节中段白色；其余各部均为黑色。腹背第一个大黑斑与第二个大黑斑几乎相等，弧形，前后缘呈波浪形。5龄体长5.0～5.5 mm，宽3.5～4.0 mm，头、触角、胸部均为黑色，头部有三角形黄斑，前胸背板前缘及前角白色，侧区及后角橘黄色，胸背3个橘红色斑，小盾片端部有横皱，其尖端隐约可见黄色小点，翅芽伸达第三腹节，其外侧有一大黄斑。

图3-29 横纹菜蝽（白全江 拍摄）

〔生活习性〕

横纹菜蝽在6—7月盛发，直至秋末，以成虫田间石块下和土洞中越冬。成虫具多次交配和产卵的习性，卵多成块竖立产于作物叶片背面，双行排列，每块卵4～13粒不等。初孵若虫群集在卵壳附近吸食。高龄若虫及成虫亦略具群集为害的习性。作物的叶片、茎秆、花、荚等器官均可受害，受害部位常出现枯白色圆斑，中央有黑色小点，严重为害时可使植株枯萎死亡。

〔发生规律〕

在内蒙古1年发生1～2代，在新疆部分地区每年约发生1代，以成虫在石块下、地边杂草丛中越冬。翌年4月下旬左右出蛰，5月中下旬至6月上旬交配产卵。7—8月为若虫期，若虫共5龄。9月逐渐羽化为成虫，10月成虫陆续转入越冬。

〔防治方法〕

参见菜蝽防治方法。

## 32. 斑须蝽（*Dolycoris baccarum* L.）

〔分布与为害〕

斑须蝽属半翅目蝽科，又称细毛蝽、斑角蝽、臭大姐等，国内主要分布在河北、内蒙古、山西、黑龙江、辽宁、江苏、浙江等地，是蝽类昆虫中分布最广的种类之一。斑须蝽是多种农作物和苗木的重要害虫，主要为害玉米、小麦、大豆、马铃薯、向日葵、烟草、桃和梨等作物及果树。成虫和若虫主要喜刺吸嫩叶、嫩茎及苞叶、花萼和嫩果汁液，使苞叶变黄或皱缩。茎叶被害后，出现黄褐色斑点，严重时叶片卷曲，嫩茎凋萎，影响生长，减产减收。

〔形态特征〕

成虫：体长8.0～13.5 mm，宽6.0 mm左右。体长椭圆形，黄褐色至紫褐色，全身密布黑色粗刻点及白色细茸毛，以前胸背板、中胸小盾片及头部茸毛最多。复眼红褐色，触角5节，黑色，第一节短而粗，第二至第五节基部黄白色，因而形成黄黑相间的触角，故名斑须蝽。前胸背板前侧缘稍向上卷，浅黄色，后部常带暗红色。小盾片三角形，末端钝而光（图3-30-a）。

卵：长圆筒形，长约1.00 mm，宽约0.75 mm，初产时浅黄色，后变赭灰黄色，卵壳有网状纹，密被白色绒毛。卵粒整齐排列成卵块（图3-30-b）。

若虫：共5龄，略呈椭圆形。体暗灰褐或黄色，全身被有白色绒毛和黑色刻点。触角4节，黄黑相间。腹部黄色，背面中央自第二节向后均有一黑色纵斑，各节侧缘均有一黑斑（图3-30-c）。

　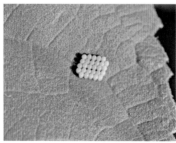　

（a）成虫　　　　　　　（b）卵　　　　　　　（c）若虫

图3-30　斑须蝽（白全江　拍摄）

〔生活习性〕

成虫行动敏捷，能飞善爬，有群聚性和弱趋光性，有假死性。早晨或傍晚即潜藏在植株下部。成虫需吸食补充营养才能产卵，卵多产在植株上部叶片正面或花蕾、果实的苞叶上，多行整齐排列，产卵多在白天，以上午产卵较多。卵块产，每块卵10~20粒，最多40余粒，每雌卵量26~112粒。卵历期17~20℃时5~6天，21~26℃时3~4天。初孵若虫为鲜黄色，5~6小时后变为浅灰褐色。若虫共5龄，1龄若虫群聚性较强，聚集在卵块处不食不动，脱皮后才开始分散取食活动。若虫共5龄，完成1代历时40天左右。因南北方温度和世代的不同，成虫寿命差异较大，其中在南昌第四代成虫最长寿命达180天以上。

〔发生规律〕

该虫在我国从北到南1年发生1~4代，吉林1代，辽宁、内蒙古、宁夏2代，黄淮以南地区3~4代，最适发育气温24~26℃，相对湿度80%~85%。以成虫在枯枝落叶、田间杂草、植物根际、树皮、屋檐下及墙缝中越冬。内蒙古越冬成虫4月初开始活动，4月中旬交尾产卵，4月末5月初孵化。第一代成虫6月初羽化，6月中旬产卵盛期，第二代于6月中下旬至7月上旬孵出，8月中旬开始羽化，10月上中旬陆续越冬。

〔防治技术〕

参见菜蝽防治方法。

## 33. 三点苜蓿盲蝽（*Adelphocoris fasciaticollis* Reuter）

〔分布与为害〕

三点苜蓿盲蝽属半翅目长蝽科，国内分布在辽宁、黑龙江、内蒙古、陕西、北京、天津、山西、山东、河南、江苏等地。主要为害棉花、马铃薯、向日葵、玉米、芝麻、豆类等多种作物。以成、若虫刺吸植株幼茎、幼叶以及幼嫩籽粒的汁液，破坏植物组织，被害部位形成褐色小点。

〔形态特征〕

成虫：体长5.0~7.0 mm，宽2.4~2.7 mm。褐或浅褐色，被白色细毛。头三角形，紫褐色，头顶光滑。复眼较大，突出、暗紫色。触角4节，紫褐色，略短或等于体长，各节端部色较深。喙4节，黄褐色，端部黑，伸达中足基节处。前胸背板梯形，紫褐色，近后端有1黑色横纹，胝区有2个长方形黑斑。小盾片黄绿，与前翅黄绿色三角形楔片合共3个楔形斑点、故称三点盲蝽。小盾片基角处浅褐。前翅革片黄褐，革片端部和爪片、楔片端部褐色。膜片褐色、超过腹部末端。胸部腹板及足黄褐色，腿节布有黑斑、胫节具稀疏黑粗毛，跗节3节，覆瓦状排列，爪黑色。腹部背面褐色、侧缘黄褐色，腹部腹面黄褐或褐色，气门黑色（图3-31）。

卵：长约1.2 mm，宽0.2 mm。淡黄色，口袋形，中间稍弯曲。领状缘有1丝状突起。

若虫：1龄体长0.9~1.2 mm，宽约0.2 mm。黄绿色。2龄体长约2.0 mm，宽0.5 mm。黄绿色后变绿色。3龄体长约2.5 mm，宽0.7 mm。黄绿色，翅芽出现。4龄体长约4.0 mm，宽1.2 mm。翅芽达腹部第一节末端。5龄体长4.5～6.0 mm，宽1.5～2.0 mm。黄绿色被暗色细毛。复眼紫褐色。触角第二节基部和第三、第四节基部淡青色，其余暗赭色。前胸背板淡绿色，后部色较浓。翅芽端部黑色，达腹部第四节。前足与后足胫节中部及各腿节基部为淡青色，其余布有赭红色斑纹。

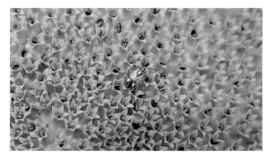

图3-31　三点苜蓿盲蝽（白全江　拍摄）

〔生活习性〕

雌虫多在夜间产卵，单产，有时亦密集而叠置。每雌虫产卵数第一代40～80粒，第二、第三代20～25粒。第一、第二代卵多产在寄主茎叶交叉处，第三代越冬卵则多产在树木的茎皮组织及疤痕处。成虫喜趋向阳开放的花朵，夜间及早晨气温低时潜伏于叶下或植株下部不太活动，10—16时较活跃。

〔发生规律〕

在河北1年发生3～5代，2～3代为害重，5月上旬进入田间，6月上旬至7月下旬达到为害盛期。河南1年约发生3代，陕西关中2～3代，以卵在杨柳、槐等树木的茎皮组织疤痕处越冬。越冬卵4月下旬5月初（平均气温一般在18 ℃）开始孵化，但如果相对湿度低于55%时，孵化即受到抑制。初孵若虫借风力迁入田间为害幼苗。第一代成虫5月下旬开始羽化，6月上旬进入羽化盛期。6月中旬第二代若虫孵化，7月上旬羽化，并交配产卵。第三代若虫7月中旬始孵化，8月中下旬成虫羽化后陆续产卵越冬。因成虫产卵期较长而又不整齐，故有世代重叠现象。

〔防治方法〕

参见菜蝽防治方法。

## 34. 小长蝽〔*Nysius ericae*（Schilling）〕

〔分布与为害〕

小长蝽属半翅目长蝽科，国内分布在北京、天津、河北、内蒙古、河南、陕西、四川、西藏等地，国外主要分布在欧洲、中东、中亚和非洲等地。小长蝽主要为害高粱、栗、甜瓜和向日葵等，成虫和若虫群集为害向日葵的花器，也可为害叶和嫩枝。以刺吸式口器刺入植物组织，吸食汁液，使之丧失养分和水分。嫩叶被害后开始形成褐色小点，之后呈白色斑块，可造成农作物严重减产。

〔形态特征〕

成虫：雌虫体长3.8～4.1 mm，宽1.8～2.0 mm，雄虫体长2.8～3.0 mm，宽0.9～

1.2 mm。头部红褐至棕褐色，两侧各有一黑色纵带，常与复眼后黑色区相连，头背面中央有"X"形黑色纹。触角4节，褐色，第一、第四节色较深。喙第一节不达前胸，末端伸达后足基节后缘。前胸背板污黄色，有大而密的刻点，中央有一深色纵条纹，近前缘有一黑色横带。小盾片黑色，有时两侧各有一黄斑。前翅革质区淡白半透明，翅脉有褐斑，膜质区透明无斑。胸部腹面黑色，雌虫腹部腹面基半部黑色，后半部两侧黑色，中央淡黄褐色。雄虫腹下大部黑色，边缘黄色。足淡黄褐色，腿节具黑斑点。

卵：长椭圆形，长0.7~0.8 mm，宽0.4~0.5 mm，初产时黄白色，前半部有长短不齐的凹条纹，近孵化时橙红色。

若虫：跟成虫形态类似，虫体较成虫要小，体色较成虫浅，1龄若虫第四、第五节没有椭圆形大斑；而2龄若虫第四、第五节有椭圆形大斑，为若虫的臭腺；而3龄若虫前翅芽隐约可见，中胸小盾片开始出现；4龄若虫前翅芽遮住后翅芽，后翅芽末端外露；而5龄若虫与成虫形态几乎接近，后翅芽末端不外露。

〔生活习性〕

小长蝽成虫和若虫都喜欢在地表活动，出没于土块间、土缝内和地表植物丛中，喜暖喜阳，行动活泼，以晴天无风高温时活动最旺盛。成虫善飞翔，遇惊即逃。下雨天行动不活泼，一动树枝就落下，呈现假死的状态。雌虫产卵常在夜间，卵产于植物基部或地表土壤缝隙中，多散产，少数2~7粒产在一起。1头雌成虫产卵20粒左右，可多次产卵，产卵与交尾交替出现，持续4~5天。卵多在12—15时孵化，高温有利于卵的孵化和若虫的成活，卵的孵化率为90%以上。若虫群集性强，转移迅速，群集为害。

〔发生规律〕

南昌1年发生5代，世代重叠。以成虫和部分4龄、5龄高龄若虫在沙石堆中、石块下、垃圾堆、杂草、枯枝落叶和田边土缝等处越冬。在云南陆良1年发生1代，以成虫于11月底至12月上旬在蛇莓、艾蒿、禾本科杂草等杂草丛中越冬，翌年3月中下旬出现，并交尾产卵，3月下旬出现若虫。4月下旬至6月中旬是若虫大量发生时期，发生高峰期在5月中下旬，雨季田间湿度较大，地面光照不足，不利于成虫取食、交配及产卵繁殖，也不利于若虫的生长发育，因此，虫口数量锐减。

〔防治方法〕

参见菜蝽防治方法。

## 35. 朝鲜果蝽（*Carporis coreanus* Distant）

〔分布与为害〕

朝鲜果蝽属半翅目蝽科，主要分布在内蒙古、陕西、甘肃、青海、宁夏、新疆。该虫食性杂，喜食小麦、青稞、豌豆、马铃薯及杨树、果树等植物。内蒙古主要为害紫花苜蓿、小麦和向日葵等。成虫和若虫喜在花器和嫩茎上吸食汁液，有时也为害叶片，叶片被害时出现黄斑。

〔形态特征〕

成虫：体长12.5～14.5 mm，宽7.0～8.0 mm。长椭圆形，青黄、淡黄褐或污黄褐色。头三角形，侧叶稍长于中叶；侧叶外缘黑，向上稍卷，内缘和中叶一般无黑刻点。头后端及单眼内侧有2条黑纵纹，向后与前胸背板中央的2条黑纵纹相连。复眼紫红色，半球状。单眼紫红，位于复眼内侧。触角5节，第一节最短，黄褐色，不超过头的前端；第二节最长，约为第一节的1.5倍。喙青黄或黄褐色，端部黑色，伸达后足基节处。前胸背板侧缘无黑刻点，前侧缘向内略凹，侧角较尖，边缘直，不向后指也不翘起，角端黑斑常靠后，前胸背板前端有4条黑色纵纹。前翅革片橙褐或淡紫色，膜片烟褐，稍超过腹部末端。小盾片三角形，基部常有不清晰的黑色纵纹，但无横陷。体下方黄褐或青黄色，一般无黑刻点。臭腺沟缘狭长，足黄褐色，有短黄色细毛。跗节3节，第二节小，爪黑色。腹部侧接缘黄黑相间，但色较淡。雄虫抱握器明显向外扭曲，后面观时，端半部与基半部基本等长，雌虫第八腹节左右两生殖肢的内缘约平行，不会合（图3-32）。

卵：呈圆柱形，初产卵乳白色，逐渐变成土色。

若虫：5龄若虫体长10.0～12.0 mm，宽7.0～7.5 mm。椭圆形，头呈三角形，褐绿色，渐变黄褐，侧叶稍长于中叶，侧叶外缘黑色，中叶后端有2条黑纵纹。复眼紫红色。触角4节，第一节短，黄褐色，第二至第四节黑褐，第四节纺锤形。前胸背板黄褐色，有4条黑色纵纹，中间2条位于前端。小盾片中部有不规则的黑斑，基角处各有1个圆形小黑斑。翅芽黄褐色，伸达第三腹节中央。足黄褐，胫节有黑色小刻点，跗节末端黑。腹部背面青黄，渐变紫绿。第三至第五腹节各有1对臭腺孔，周围黑色。腹部侧接缘黄黑相间，体下方黄褐色。

图3-32　朝鲜果蝽（白全江　拍摄）

〔生活习性〕

该虫以成虫或末龄若虫在田埂或林带杂草堆下群聚越冬。翌年4月中下旬陆续出蛰，出蛰的越冬虫首先在田埂或林带杂草上取食，5月中旬大量迁入农田，6月中下旬交尾产卵，7月上旬第一代若虫出现，中旬卵块大多孵化出若虫。此后第二代又交叉发生，代与代之间没有明显的时间界限。9月中下旬迁至田边或林带杂草为害，至10月中下旬开始越冬。一般8时左右开始活动取食，晚上躲到农作物根部或田间裂缝中。有假死性。每头雌虫一次产卵12~14粒，以3~4粒为一行排列成较整齐的卵块，也有不规则的卵块。卵多产于叶表面。若虫共有5龄，龄与龄之间也没有明显的时间界限。但形态特征上有明显的区别。1龄若虫群聚生活，7天后开始分散取食。

〔发生规律〕

朝鲜果蝽在内蒙古地区1年发生1代，在青海诺木洪地区1年发生1~2代，一般在田埂和农田杂草多、灌水后易裂口的土壤以及重茬地虫口密度较大，为害严重。另外，该虫飞翔力弱，只在短距离内迁飞，但由于该虫食性杂，防治时应大面积统防统治，包括林带及田埂。

〔防治方法〕

参见菜蝽防治方法。

## 36. 茶翅蝽［*Halyomorpha halys*（Stål）］

〔分布与为害〕

茶翅蝽属半翅目蝽科，别名臭木蝽象、臭木蝽、茶色蝽，该虫在20世纪90年代后相继传入美国、加拿大、欧洲等地，并迅速演变成为主要害虫，在我国南北方均有分布，其中在东北、西北、华北和华南等多地发生和为害。该虫食性较杂，可寄生300多种植物，是梨、桃、苹果、李、杏等果树的主要害虫之一，也可为害大豆、甜菜、番茄、黄瓜、辣椒和向日葵等多种农作物。成虫和若虫以其刺吸式口器刺入果实、植物枝条和嫩叶吸取汁液进行为害。

〔形态特征〕

成虫：体长一般在12.0~16.0 mm，宽6.5~9.0 mm，身体扁平略呈椭圆形，前胸背板前缘具有4个黄褐色小斑点，呈一横列排列，小盾片基部大部分个体均具有5个淡黄色斑点，其中位于两端角处的2个较大。淡黄褐至茶褐色，略带紫红色，前胸背板、小盾片和前翅革质部有黑褐色刻点，前胸背板前缘横列4个黄褐色小点。腹部侧接缘为黑黄相间。

卵：短圆筒形，顶端平坦，中央略鼓，周缘生短小刺毛，初产时乳白色，近孵化时黑褐色。卵0.9~1.2 mm，横径约0.45 mm，通常28粒卵并列为不规则三角形的卵块，隐蔽于叶背面。

若虫：初孵体长1.5 mm左右，近圆形。2龄后胸部及腹部第一至第二节两侧有刺状突起，腹部各节中央有黑斑，黑斑中央两侧各有一黄褐色小点，各腹节两侧节间有一小黑斑。腹部淡橙黄色，各腹节两侧节间各有1长方形黑斑，共8对。腹部第三、第五、第七节背面中部各有1个较大的长方形黑斑。老熟若虫与成虫相似，无翅。

〔生活习性〕

茶翅蝽越冬具有群居性，常见多头成虫聚集在一起，少则几头，多则数百头。越冬与气温有一定的关系，中午气温升高后在越冬场所附近可见大量蝽在阳光下活动，气温下降后则躲到室外隐蔽处或钻到屋里的缝隙中。越冬开始后，受到外界环境变化或其他因素的影响，不断有成虫死亡，到4月上旬仍有大量成虫死亡。翌年3月上旬开始陆续出蛰活动，在屋外的台阶、墙壁等处爬行，晚上重新回到越冬场所避寒，在4月上中旬茶翅蝽开始取食越冬场所附近的植物，可见少量成虫交尾。4月下旬，茶翅蝽取食足够的营养后，飞离越冬场所到比较喜好的植物上补充营养、交尾、产卵。成虫补充营养后的迁飞能力较强，具弱趋光性、假死性。

〔发生规律〕

茶翅蝽在我国南方地区1年发生5～6代，北方则1年发生1～2代。从5月上旬开始有成虫交尾，5月中下旬为交尾盛期，5月中旬开始有成虫产卵，卵多块状产于叶片背面，每雌产卵量140～300粒。日均气温25℃条件下，卵期5～6天。卵孵化较为整齐，若虫共5龄，初孵若虫有较强聚集性，在卵壳周围刺吸取食，3龄以后若虫分散并大量取食，若虫历期与营养条件关系密切，平均为58天，6月中下旬孵化第一代若虫，刚孵化的若虫围聚在空卵壳旁。在6月上旬前产的卵，可于8月以前羽化为第一代成虫，第一代成虫很快产卵，并孵化出第二代若虫。而在6月中旬以后产的卵，只能完成1代。在8月中旬以后羽化的成虫均为越冬代成虫，8月下旬开始寻找越冬场所，到10月上旬成虫陆续潜藏越冬。越冬代成虫平均寿命为301天，最长可达349天。成虫几乎全年可见，但冬季数量较少。

另外，夏秋季高温干旱有利于茶翅蝽的发生，如夏秋季遇多雨低温天气，则为害减轻。

〔防治方法〕

参见菜蝽防治方法。

## 37. 赤条蝽［*Graphosoma rubrolineata*（Westwood）］

〔分布与为害〕

赤条蝽属半翅目蝽科，国内除西藏外，各省区市均有分布；国外主要分布在俄罗斯东部、朝鲜和日本。主要为害胡萝卜、茴香、北柴胡等伞形科植物及白菜、洋葱、葱等蔬菜，也可为害栎、榆、黄檗等。以成虫、若虫为害，常栖息在寄主植物的叶片和花蕾上吸取汁液，使植株生长衰弱，花蕾败育，造成种子畸形、种子减产。

〔形态特征〕

成虫：长椭圆形，体长8.0～12.0mm，宽6.5～7.5mm，体背有明显的橙红色纵条纹或浅橙红色与黑色相间的纵条纹。头部小，两侧及中央基部为红色，复眼红色，其他部位为黑色。触角5节，较细，为棕黑色，基部两节红黄色。喙黑，基节黄褐色。前胸背板宽，有5条橙红色纵纹。小盾片大，直至腹部末端，其中部有5条橙红色纵纹。前翅由爪片、革片与膜片3部分组成，后翅均为膜质，除前翅革片、后翅基部为橙红色外，其余为黑色。在第三至第六结合板处各有1个红色三角形斑纹。足为棕黑色，腿节有红色斑纹。每个腿节上都有红黄相间的斑点。侧接缘明显外露，其上有黑橙相间的点纹。虫体腹面为红黄色，其上散生许多大的黑色斑点。臭腺孔无沟，其外壁翘起。

卵：为水桶形，竖直，长约1.0 mm，宽0.9~1.0 mm，初期为乳白色，后变为浅黄褐色，卵壳上密布白色的短绒毛。

若虫：初孵若虫圆形，体长约1.5 mm，淡黄色，后变橙红色，具黑色纵纹，数目与排列和成虫相同。末龄若虫体长8.0~10.0 mm，体红褐色，其上有纵条纹，外形似成虫，无翅仅有翅芽，翅芽达腹部第三节，侧缘黑色，各节有橙红色斑。成虫及若虫的臭腺发达。

〔生活习性〕

赤条蝽爬行迟缓，不善飞行，在早晨有露水时基本不活动，怕阳光，太阳出来后，大部分隐蔽在叶片背面。成虫交配时间在9时前及傍晚，此时也是该虫为害高峰期。卵多产在寄主植物的叶片、花梗、花蕾或嫩荚上，块状聚生，成双行整齐排列，每块一般10粒。若虫顶开卵盖后爬出，卵壳仍久留原地，低龄若虫在卵壳附近聚集为害，2龄以后开始分散为害，成虫及高龄若虫常栖息于枝条、叶片、花蕾和嫩荚上吸取汁液，致使植株生长衰弱、花枯萎、种荚畸形、种子干瘪，严重影响籽粒的质量与产量。

〔发生规律〕

赤条蝽在我国各地均有发生，各地均1年发生1代，以成虫在田间枯枝落叶、杂草丛中、石块下、土缝里越冬。在河南，翌年4月下旬越冬成虫开始活动取食，5月上旬开始产卵，6月上旬至8月中旬越冬成虫相继死亡。卵期9~13天。若虫于5月中旬至8月上旬孵出，若虫共5龄，若虫期约40天；成虫期约300天，10月中旬以后陆续蛰伏越冬。

〔防治方法〕

参见菜蝽防治方法。

# 38. 巨膜长蝽 [*Jakowleffia setulosa*（**Jakovlev**）]

〔分布与为害〕

巨膜长蝽属半翅目长蝽科，国外分布在中亚，国内分布在内蒙古、新疆、宁夏、河北及北京，主要在荒漠草原和草原荒漠化区域为害。常在宁夏以及内蒙古西部盟市暴发成灾。2008年被农业部列为局部性重大害虫。巨膜长蝽以各种荒漠杂草为食。食性杂，喜食白茎盐生草、刺蓬、沙蒿等沙生草本植物的种子，也为害白茨、梭梭、锁阳等沙生植物。当生存环境受到破坏，食物缺乏的情况下会迁移至周边农田作物上为害，如瓜苗、玉米及向日葵等。尤其是在干旱条件下，通常以群集方式吸食作物茎秆，致使作物短期内失水枯萎死亡。该虫常在向日葵花器大量聚集，刺吸为害花盘苞叶、籽粒等器官，也可为害向日葵叶片（图3-33-a）。

〔形态特征〕

成虫：长2.7～3.0 mm，雌虫较大，长圆形，黄褐色，前翅革质。触角4节，第一节较粗，长微超头端，第二节最长，约等于第三和第四节之和，末端黑褐色，基部淡色。复眼黑色，两眼距宽于前胸前缘，头胸小盾片背面及腹面密附白色鳞毛。前胸背板侧缘中略缢缩，胝区暗褐色，前胸背板前区靠后方有2个隆起，淡黄褐色，4条纵脉呈棱状突起，各脉上有黑色条点，脉间散布淡灰褐色斑纹；内侧二脉于近末端处汇合。前翅爪片狭尖，几于末端平齐，革片形状与爪片相似，表面及后缘均列有白色鳞毛。雌虫腹面淡黄色，雄虫为黑褐色（图3-33-b）。

卵：初产乳白色，椭圆形，长约0.3 mm，卵面有微细网纹，产后3天呈淡黄色至红色，近孵化时，在卵的一端出现深红色2个眼点。

若虫：共3龄。1龄若虫红色，体长约1.2 mm，头呈尖形，胸部较细，腹部宽圆，无翅芽。2龄若虫红色，体长约2.0 mm，中后胸背板两侧后角白色，明显后突，翅芽明显。3龄若虫体淡红色，体长约2.5 mm，足和翅芽呈灰黑色，翅芽长达腹部第三、第四节后缘。

（a）巨膜长蝽聚集为害状

（b）巨膜长蝽成虫

图3-33　巨膜长蝽（白全江　拍摄）

〔生活习性〕

巨膜长蝽成虫产卵喜产于寄主种子颖壳内、枝梗、土缝中、石块下，卵散产，常数10粒在一起，排列无序。在田间自然条件下，巨膜长蝽的产卵期10～30天，卵孵化期2～7

天，若虫期4~11天，完成1个世代需36天左右。卵、若虫和成虫，各虫态重叠。当春季地表温度达到8℃以上时，成虫开始四处爬行，活动时间一般在10—16时。雨后2~3天，地表湿度增加，天气晴好，虫口活动数量增加，成虫有短距离迁飞的习性。

〔发生规律〕

巨膜长蝽在宁夏1年发生2代，在内蒙古阿拉善地区1年发生1.5代，以成虫在土缝中、石块下越冬，越冬位置多位于阳坡，保暖性强且不易破坏，越冬成虫的体色偏深、体型偏小一些。翌年4月初越冬成虫开始活动，交尾产卵，产卵持续到5月下旬。第一代成虫始见于5月上旬，5月中旬达到高峰期。6—8月成虫进入滞育状态，8月下旬至9月上旬成虫开始交尾产卵，10月出现第二个发生高峰期，11月下旬第二代成虫开始越冬。

〔防治方法〕

参见菜蝽防治方法。

## 39. 大青叶蝉 [ *Cicadella viridis*（L.）]

〔分布与为害〕

大青叶蝉属半翅目同翅亚目叶蝉总科，别名大绿浮尘子、青叶跳蝉、大浮尘子、小叶蝉，该虫在全国各地均有发生，以华北、东北为害较为严重。寄主食性很杂，寄主植物主要涉及裸子植物、双子叶植物、单子叶植物和多种木本植物，是农业、林业的一大害虫。大青叶蝉成虫和若虫刺吸植物汁液、茎秆等器官的表皮，从组织内吸食汁液，同时传播病毒，受害叶片褪绿变黄，有时溢出液体。在向日葵上刺吸为害花蕾、舌状花和苞叶，形成白色斑点，严重时受害叶片畸形、卷缩、枯死（图3-34）。

（a）大青叶蝉为害花蕾　　　　（b）若虫为害舌状花　　　　（c）成虫为害叶片

图3-34　大青叶蝉（白全江　拍摄）

〔形态特征〕

成虫：雌成虫体长9.4~10.1 mm，头宽2.4~2.7 mm；雄成虫体长7.2~8.3 mm，头宽

2.3～2.5 mm。头部正面淡褐色，两颊微青，在颊区近唇基缝处左右各有1个小黑斑；触角窝上方、两单眼之间有1对黑斑。复眼绿色。前胸背板淡黄绿色，后半部深青绿色。小盾片淡黄绿色，中间横刻痕较短，不伸达边缘。前翅绿色，带有青蓝色泽；前缘淡白，端部透明，翅脉为青黄色，具有狭窄的淡黑色边缘。后翅烟黑色、半透明。腹部背面蓝黑色，两侧及末节为橙黄带有烟黑色，胸、腹部腹面及足为橙黄色。

卵：为白色微黄，长卵圆形，长1.6 mm、宽0.4 mm，中间微弯曲，一端稍细，表面光滑。

若虫：与成虫相似，共5龄，老熟若虫体长6.0～8.0 mm，头大腹小，胸腹背面有不显著的条纹。初孵幼虫灰白色，2龄淡灰微带黄绿色，3龄以后体色转为黄绿，胸、腹背面具明显的4条褐色纵列条纹，并出现翅芽。4龄若虫出现生殖节片，头冠前部两侧各有一组淡褐色弯曲的横纹，足乳黄色。5龄若虫在足的第二跗节中间显出缺纹。

〔生活习性〕

成虫喜潮湿背风处，多集中在生长茂密，嫩绿多汁的农作物与杂草上，昼夜刺吸植物。成虫具较强趋光性，夏季高温夜晚上灯量大。成虫、若虫均善跳。成虫喜聚集在矮生植物上，羽化后约需20天交配，交配后1天即开始产卵。卵多块产于寄主植物叶背主脉、叶柄、茎秆、枝条等组织内，最喜欢在刚定植的幼树和2～3年生枝条上以产卵器刺破表皮成月牙形伤口，每块含卵3～15粒，排列整齐，每雌可产卵30～70粒。产卵处的植物表皮成肾形凸起。若虫共5龄，一般早晨孵化，初孵若虫喜群集在寄主枝叶上，随龄期增长，逐渐分散为害。若虫受惊后即斜行或横行，向背阴处逃避或四处跳动，此虫早晚潜伏不动，午间高温时比较活跃。

〔发生规律〕

大青叶蝉发生不整齐，世代重叠，在甘肃、新疆、内蒙古1年发生2代，河北以南各省份1年发生3代。在北方以卵在果树、柳树、白杨等树木枝条表皮内越冬。北京地区越冬卵4月孵化，在杂草、蔬菜上为害，若虫期30～50天，第一代成虫发生期为5月中下旬，第二代6月末至7月末，第三代8月中旬至9月中旬。

〔防治方法〕

农业防治：清除田间杂草，减少虫源。

物理防治：①利用成虫趋光性，用黑光灯进行成虫诱杀；②成虫早晨不活跃，在露水未干时，进行网捕。

化学防治：在若虫盛期可选用20%吡虫啉悬浮剂3 000倍液或20%噻嗪酮可湿性粉剂1 000倍液等喷雾防治。

# 第四节 食叶害虫

## 40. 草地螟（*Loxostege sticticalis* L.）

〔分布与为害〕

草地螟属鳞翅目螟蛾科野螟亚科锥额野螟属，别名黄绿条螟、甜菜网螟、网锥额野螟等，俗名罗网虫、吊吊虫，主要分布在黑龙江、吉林、内蒙古、宁夏、甘肃、青海、河北、山西、陕西和江苏等地。草地螟食性极杂，可为害50科300余种植物，喜食甜菜、大豆、向日葵和麻类等作物。食物缺乏时，也可取食玉米、高粱、小麦、瓜类、甘蓝、马铃薯、胡萝卜、葱、洋葱、幼树和牧草等。

初孵幼虫取食叶肉，残留表皮，3龄以后食量激增，可将叶片吃成缺刻或仅留叶脉，使叶片呈网状，影响植株生长发育，严重时造成整株枯死，也可为害植物的花和幼茎。草地螟成虫能远距离高空迁飞，属于迁飞性害虫，大发生年份虫源不是以当地越冬虫源为主，成虫从远距离迁飞，造成突然暴发；幼虫发育快，具暴食性，群集迁移为害幼苗，来势凶猛，如果防治不及时，在短时间内可造成毁灭性灾害（图3-35）。

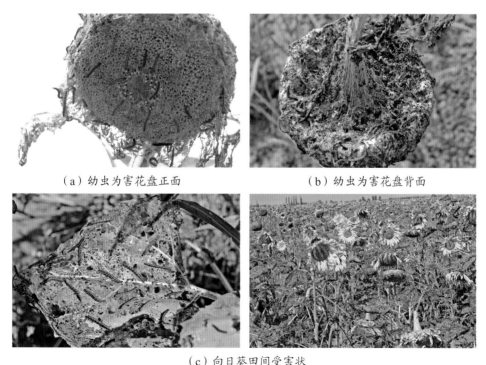

（a）幼虫为害花盘正面　　　　　　（b）幼虫为害花盘背面

（c）向日葵田间受害状

图3-35　草地螟为害向日葵（白全江　拍摄）

〔形态特征〕

成虫：体长8.0～12.0 mm，翅展24.0～26.0 mm。灰褐色，前翅灰褐色，有暗褐色斑，翅外缘有淡黄色条纹，接近翅中央中室内有一个较大的长方形黄白色斑；后翅灰色，靠近翅基部较淡，沿外缘有两条黑色平行的波纹。静止时双翅折合成三角形（图3-36-a）。

卵：椭圆形，长0.8～1.0 mm，宽0.4～0.5 mm，初产时乳白色，有光泽，后变黄色，近孵化时为黑色（图3-36-b）。

幼虫：共5龄，1龄头宽0.25～0.3 mm，体长1.5～2.5 mm，身体亮绿色；2龄头宽0.3～0.5 mm，体长3.0～5.5 mm，身体污绿色，并具多行黑色刺瘤；3龄头宽0.55～0.75 mm，体长8.0～10.0 mm，身体暗褐色或深灰色；4龄头宽约1.0 mm，体长10.0～12.0 mm，体暗黑或暗绿色；末龄头宽1.25～1.50 mm，体长19.0～25.0 mm，体暗黑或暗绿色；头部黑色有白斑，体背及体侧有明显暗色纵带，带间有黄绿色波状细纵纹。腹部各节有明显刚毛肉瘤，毛瘤部黑色，有2层同心的黄白色圆环（图3-36-c）。

蛹：长15.0 mm，黄褐色，腹末有8根刚毛，蛹外包被泥沙及丝质口袋形的茧，茧长20.0～40.0 mm，宽3.0～4.0 mm（图3-36-d）。

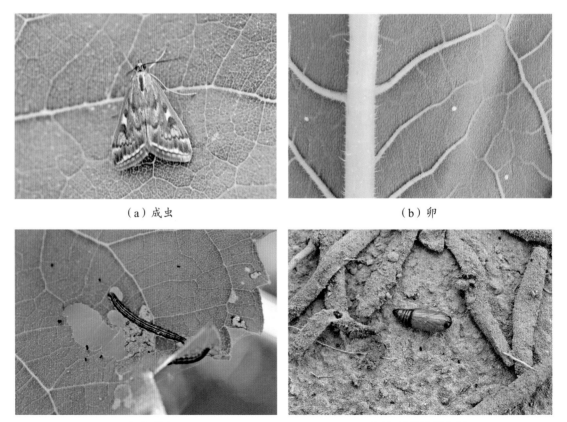

（a）成虫　　　　　　　　　　（b）卵

（c）幼虫　　　　　　　　　（d）田间的茧和蛹

图3-36　草地螟（白全江　拍摄）

〔生活习性〕

草地螟以滞育幼虫越冬，越冬代幼虫在翌年春天化蛹羽化，在环境条件适宜的情况下，越冬代成虫直接产卵并形成为害，而在条件不适宜的情况下，则迁往其他地方繁殖。越冬代成虫在大田中从4月底至7月初均可见，羽化盛期及迁飞行为发生在6月。第一代幼虫在6月下旬到7月上旬为害苋科、蒿类杂草。以后迁移为害向日葵、甜菜、玉米、大豆等作物。8月上旬出现第二代成虫并有第二代幼虫开始为害。田间第一代幼虫发生期大概持续1个月，最迟于7月中旬入土做茧，部分幼虫迅速化蛹并于7月底羽化。在条件适宜的情况下，在当地开始繁殖并导致第二代幼虫发生，在条件不适宜的情况下，则迁往其他地方繁殖。在内蒙古、山西、河北、吉林、青海等地，第一代幼虫为害最严重。但是，2008年8月草地螟从蒙古国大量迁飞至内蒙古，导致第二代幼虫给当地农作物造成有史以来最为严重的侵害。

草地螟是迁飞性害虫，成虫具有很强的飞行能力和较强的趋光性，有多次交尾的习性，交尾后1天之内即可产卵，卵散产，每头雌蛾平均产卵量为300粒左右，雌蛾喜将卵产在田间苋科杂草上。幼虫共5龄，初孵幼虫在卵壳附近的幼嫩叶片背面取食，尤其喜食苋科杂草，3龄后，幼虫从产卵寄主扩散到邻近的寄主植物上继续为害，4龄和5龄为草地螟幼虫的暴食期，在种群密度很高的情况下，5龄幼虫会出现向田外迁移扩散的现象。

〔发生规律〕

草地螟1年发生2~4代，内蒙古、山西、河北、吉林等地主要发生2代，有部分地区发生3代；青海1年发生2代，陕西武功县1年发生3~4代，发生的世代数在不同年份间也有差异。温湿度是影响草地螟为害严重程度的关键因素，草地螟各个虫态的存活率随着温度的升高会出现先升后降的现象，适宜温度为21~30 ℃，温度过高时，雌雄交配率降低，雌蛾产卵量下降。高湿环境可以提高卵和低龄幼虫的存活率，但是会降低老熟幼虫的存活率，在温度偏低时，高湿还会抑制成虫的产卵。

〔防治方法〕

农业防治：①秋耕冬灌，对草地螟越冬场所及发生重地块进行秋季耕翻灭茧，减少虫源；②除草灭卵，在草地螟成虫开始突增后，对农田及周边进行除草，减少草地螟在田间落卵与为害；③挖沟封锁，在草地螟发生密度很高时，幼虫会迁移为害，因此，可在受害田块周围挖沟封锁并喷施药剂，阻止其扩散蔓延。

物理防治：利用草地螟成虫对光具有较强趋性的特点，在田间安装频振式杀虫灯诱杀成虫，降低成虫基数。杀虫灯密度为每3 hm²安装1盏。

生物防治：①喷施生物农药，在草地螟卵孵化盛期，用20亿PIB/mL甘蓝夜蛾核型多角体病毒悬浮剂50~60 mL/亩、16 000 IU/mg苏云金杆菌可湿性粉剂500~700倍液、400亿孢子/g球孢白僵菌可湿性粉剂300~400倍液、1.3%苦参碱水剂800~1 000倍液等生物农药喷雾防治幼虫；②保护利用天敌，保护利用草地螟寄生性昆虫（寄生蝇、寄生蜂等）、捕食性昆虫（步甲、蚂蚁等）和鸟类等天敌资源。

化学防治：在幼虫3龄前选用2.5%高效氯氟氰菊酯乳油2 500～3 000倍液、2.5%溴氰菊酯乳油2 500～3 000倍液、5%高效氯氰菊酯乳油1 500～2 000倍液或25%氰戊·辛硫磷乳油1 500倍液进行叶面喷雾，由于幼虫具有迁移为害的特点，最好进行统防统治。

## 41. 斜纹夜蛾 [*Spodoptera litura*（**F.**）]

〔分布与为害〕

斜纹夜蛾属鳞翅目夜蛾科斜纹夜蛾属，俗称莲纹夜蛾、莲纹夜盗蛾、夜盗蛾、乌头虫。国外分布在日本、韩国、朝鲜、印度、澳大利亚等国，国内广泛分布在全国各地。斜纹夜蛾是一种杂食性、暴食性害虫，以幼虫为害，对向日葵、马铃薯、棉花、甘蓝、芥菜、茄子、辣椒等多种作物、蔬菜，对一些林果和野生植物也有为害，国内有记载的寄主有109科389种植物。

〔形态特征〕

成虫：体长14.0～20.0 mm、翅展35.0～46.0 mm，头、胸、腹均为暗褐色。胸部背面有白色的丛毛，腹部前数节中央有暗褐色丛毛。前翅斑纹复杂、灰褐色，内横线及外横线灰白色，波浪形，有白色的条纹；环形纹和肾形纹中间，自前缘到后缘外方有3条斜伸的白色条纹，故名斜纹夜蛾。后翅白色没有条纹，外缘暗褐色（图3-37）。

卵：扁平、半球状，直径0.4～0.5 mm，表面有纵横脊纹，初产黄白色，后变为暗灰色，块状粘合在一起，上覆黄褐色绒毛，每块3～4层不规则重叠排列，从数十粒到几百粒不等。

幼虫：共6龄，体色变化很大，随着龄期增加、虫口密度增大，体色加深，从灰绿色至暗褐色。头部黑褐色，胸部多变，因寄主和虫口密度不同，从土黄色到黑绿色都有。3龄以后体线逐渐明显，从中胸至第九腹节背面各具1对三角形黑斑，其中以第一、第七、第八节体最大，中后胸的黑斑外侧有黄白色小圆点。

蛹：长15.0～20.0 mm，圆筒形，红褐色。腹部背面第四至第七节近前缘处各有1个小刻点，尾部有一对短刺。

〔生活习性〕

成虫喜夜晚活动，有趋光性，飞行能力强，对糖、醋、酒等发酵物趋性强。产卵量大，卵堆产，多产于叶背的叶脉分叉处，卵块上覆盖鳞毛。初孵幼虫有群集性，3龄以后开始分散。低龄幼虫食量小，仅取食叶肉，留下叶脉和表皮，形成半透明的"天窗"，叶片呈网状；3龄后食量增大进入暴食期，5～6龄幼虫为害最重，把叶片吃成缺刻状，严重

（a）成虫雌蛾　　　　　　　　　　　　（b）成虫雄蛾

图3-37　斜纹夜蛾（白全江　拍摄）

时叶片被吃光，可在短时间内对被害作物造成巨大损失。老龄幼虫有昼伏性和假死性，食物不足时或不适口时，幼虫可成群迁移到附近地块为害。老熟幼虫入土1.0～3.0 cm吐丝筑室化蛹，如果地表坚硬，也可在表土化蛹（图3-38）。

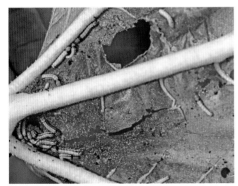

（a）低龄幼虫集中为害状

（b）幼虫为害状

（c）田间受害状

图3-38　斜纹夜蛾（白全江　拍摄）

〔发生规律〕

斜纹夜蛾在向日葵主产区华北北部、东北和西北地区1年发生1～2代，7—8月发生为害严重。具喜温性，温度在28～30 ℃，相对湿度75%～85%，土壤持水量20%～30%时最适宜生长。在夏、秋气候暖和干燥、少暴雨的条件下，常严重发生为害。土壤含水量20%以下时，对幼虫化蛹、成虫羽化不利；1龄幼虫、2龄幼虫遇暴风雨则大量死亡；蛹期田间积水对羽化不利。

〔防治方法〕

农业防治：①清除田间杂草，及时清除田间地头杂草，收获后翻耕晒土或灌水，以破坏其越冬场所；②人工摘除，发生初期卵块少时，人工摘除卵块和群集为害的初孵幼虫，以减少虫源。

生物防治：①性信息素防治，利用性信息素诱捕器诱捕雄蛾，降低雌雄交配，从而降低后代种群数量，或利用性信息素的迷向作用，干扰雌雄蛾的正常交配；②应用天敌昆虫、生防菌，利用赤眼蜂、姬蜂、核型多角体病毒、苏云金杆菌等生物制品进行防治。

理化诱控：利用成虫趋光性，于成虫发生期使用频振式杀虫灯诱杀；也可使用糖醋液（糖：醋：酒：水=1：4：1：10）加少量敌百虫诱杀成虫。

化学防治：幼虫3龄前可选择4.2%高氯·甲维盐微乳剂1 000倍液、10%吡虫啉可湿性粉剂或2.5%溴氰菊酯乳油2 500倍液在早晚进行叶面喷雾防治，隔7～10天喷施1次，喷施2～3次。

## 42. 甘蓝夜蛾 [*Mamestra brassicae*（L.）]

〔分布与为害〕

甘蓝夜蛾属鳞翅目夜蛾科，又名甘蓝夜盗虫、菜夜蛾等，广泛分布在亚洲和欧洲各国，非洲部分地区也有分布。国内各省区均有分布，以黑龙江、吉林、辽宁、内蒙古、河北等地发生为害最严重，是一种间歇性大发生的杂食性害虫，已知寄主涉及45个科120余种，但以甘蓝、白菜为主。

〔形态特征〕

成虫：体长15.0～25.0 mm、翅展40.0～50.0 mm，灰褐色，复眼黑紫色。前翅前缘内侧中央有1个灰白色肾形纹，内方还有1个灰黑色环形纹；外横线、内横线和亚基线黑色波浪形，沿外缘有7个黑点，下方有2个白点，前缘近端部有等距离的3个白点；亚外缘线为白色且细，外方稍显淡黑色。缘毛黄色。后翅灰色，翅脉及缘线黑褐色（图3-39-a）。

卵：半球状，底径0.6～0.7 mm，初产时为黄白色，后来顶端中央出现褐斑纹、四周上部出现褐环纹，孵化前变紫黑色。卵上有放射状的三序纵棱，棱间有一对下陷的横道，隔成一行方格（图3-39-b）。

幼虫：体色随龄期不同而异，初孵时，体色稍黑，全体有粗毛，头壳宽约0.45 mm。2龄头壳宽约0.90 mm，全体绿色。1～2龄幼虫仅有2对腹足（不包括臀足）。3龄头壳宽约1.30 mm，全体呈绿黑色，具明显的黑色气门线。3龄后具腹足4对。4龄头壳宽约1.78 mm，体色灰黑色，各体节线纹明显。5龄头壳宽约2.30 mm，老熟幼虫头壳宽约3.40 mm，头部黄褐色，胸、腹部背面黑褐色，散布灰黄色细点，腹面淡灰褐色，前胸背板黄褐色，近似梯形，背线和亚背线为白色点状细线，各节背面中央两侧沿亚背线内侧有黑色条纹，似倒"八"字形。气门线黑色，气门下线为一条白色宽带。臀板黄褐色椭圆形，腹足趾钩单行单序中带。

蛹：赤褐色，长约20.0 mm，蛹背面由腹部第一节起到体末止，中央具有深褐色纵行暗纹1条。腹部第五至第七节近前缘处刻点较密而粗，每刻点的前半部凹陷较深，后半部较浅。臀刺较长，深褐色，末端着生2根长刺，刺从基部到中部逐渐变细，到末端膨大呈球状，似大头钉。

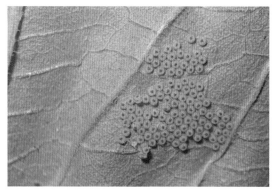

（a）甘蓝夜蛾成虫交配　　　　　　　　　　　（b）卵

图3-39　甘蓝夜蛾（徐文静　拍摄）

〔生活习性〕

甘蓝夜蛾以蛹在寄主根部土壤深度7～10 cm处滞育越冬，也可在田边杂草、土埂下越冬。越冬蛹一般在翌年春季气温稳定在15～16 ℃时羽化出土，越冬代成虫一般在4—5月出现，由北往南发生期逐渐提早。第一代幼虫不同地区发生也不同，在东北、西北以及内蒙古等向日葵种植地区，一般在6—7月。成虫昼伏夜出，一般在21—23时活动最旺盛。具有趋化性和趋光性，对糖醋液有较强趋性，羽化后次日即可交配产卵，交配后2～3天开始产卵，雌虫寿命14～21天。卵多成块产于寄主叶背面，卵粒不重叠，每块卵150粒左右。单雌产卵量一般在500～1 000粒，最多可达3 000粒左右。初孵幼虫主要在卵壳周围取食叶肉，残留上表皮。2龄后开始扩散到其他叶片为害，在叶片上咬出孔洞。4龄后食量大增，取食叶片后仅留叶脉。高龄幼虫昼伏夜出，白天多在寄主叶心、叶背或根部表土中，夜晚为害。5～6龄食量最大，占幼虫取食量的90%以上，常暴食成灾，食物缺乏时可成群迁移为害。老熟幼虫在6～7 cm土壤中吐丝结茧化蛹（图3-40）。

（a）老熟幼虫　　　　　　　　　　（b）田间被害状

图3-40　甘蓝夜蛾为害状（白全江　拍摄）

〔发生规律〕

甘蓝夜蛾是一种间歇性局部大发生的害虫，发生程度与环境条件密切相关。东北地区、西北的新疆、宁夏等地一般1年发生2代，华北地区1年发生2～3代。温湿度是甘蓝夜蛾发生轻重的重要影响因子，日平均温度18～25 ℃、空气相对湿度70%～80%最适宜该虫发生为害，高温下蛹会发生滞育。

〔防治方法〕

农业防治：①清除杂草，及时清除田间地头杂草，消灭部分低龄幼虫；②人工摘除，结合农事操作，及时摘取卵块、捕杀低龄幼虫，减少虫源；③秋季深耕，秋耕灭蛹可减少来年虫口基数。

理化诱控：利用成虫趋光性、趋花性，使用频振式杀虫灯、黑光灯或糖醋诱杀液（糖∶醋∶酒∶水=1∶4∶1∶10）诱杀成虫。

生物防治：使用16 000 IU/mg苏云金杆菌可湿性粉剂750～1 125 g/hm²或20亿PIB/mL甘蓝夜蛾核型多角体病毒悬浮剂1 350～1 800 mL/hm²喷雾防治初孵幼虫。

化学防治：幼虫1～3龄盛发期，在早晚幼虫活跃时，选择5%高效氯氰菊酯乳油、15%茚虫威乳油或25%乙基多杀菌素水分散粒剂1 000～1 500倍液进行叶面喷雾处理。

## 43. 甜菜夜蛾 [*Spodoptera exigua*（**Hübner**）]

〔分布与为害〕

甜菜夜蛾属鳞翅目夜蛾科，又名玉米夜蛾、贪夜蛾、白菜褐夜蛾，该虫在国内外广泛分布，是以为害蔬菜为主的间歇性、大发生的杂食性害虫，已知寄主涉及35个科108个属

170种植物。在我国各省份均有分布，以长江以北地区发生严重。

〔形态特征〕

成虫：体长10.0～12.0 mm、翅展19.0～25.0 mm，身体灰褐色，头、胸有黑点。前翅灰褐色，基线仅前段可见双黑纹；内横线双线黑色，波浪形外斜；剑纹为黑条；环纹粉黄色，黑边；肾纹粉黄色，中央褐色，黑边；中横线黑色，波浪形；外横线双线黑色，锯齿形，前、后端的线间白色；亚缘线白色，锯齿形，两侧有黑点，外侧在中脉M1处有一个较大的黑点；缘线为一列黑点，各点内侧均衬白色。后翅白色，翅脉及缘线黑褐色（图3-41-a）。

卵：圆球状，白色，成块产于叶面或叶背，8～100粒不等，排列为1～3层，上覆雌蛾脱落的白色绒毛，不能直接看到卵粒（图3-41-b）。

幼虫：老熟幼虫体长22.0～27.0 mm，体色从绿色至黑褐色变化很大，背线或有或无，颜色也各异。腹部气门下线有明显的黄白色纵带，有时为粉红色，次带直达腹部末端，不弯到臀足上，各节气门后上方处有一白点，是其明显特征，也是区别于甘蓝夜蛾的重要特征（图3-41-c）。

蛹：长约10.0 mm，黄褐色，中胸气门外突。腹面基部有2根极短的刚毛，臀刺上也有2根刚毛（图3-41-d）。

（a）成虫　　　　　　　　　　（b）卵

（c）幼虫　　　　　　　　　　（d）蛹

图3-41　甜菜夜蛾（徐文静　拍摄）

〔生活习性〕

甜菜夜蛾成虫白天躲在杂草及植物茎叶的浓荫处，受惊时作短距离飞行后，又很快落于地面。夜间活动，有趋光性。在气温20～23 ℃、相对湿度50%～75%、风力在4级以下、无月光时最适宜成虫活动。趋化性弱。甜菜夜蛾有较强的飞行能力，在我国华北地区存在大规模迁飞现象。在向日葵主产区的西北、华北北部和东北地区该虫不能越冬，在长江以南的温带地区以蛹越冬。成虫羽化当晚即可进行交配，交配后很快即可产卵，雌蛾产卵历期5～7天，平均每雌产卵400～600粒，最高超过1 000粒，卵块产，多产于寄主叶片背面，27 ℃时卵期2天。低龄幼虫群集于产卵的向日葵叶背吐丝结网，取食叶肉，残留下白色表皮；3龄后分散为害，4～5龄进入暴食期，为害最重，把叶片吃成缺刻、穿孔状，严重时叶片被吃光，可在短时间内造成巨大损失；大龄幼虫白天潜伏于植株根基、土缝间或草丛内，傍晚开始转移到植株上取食为害直至次日早晨，阴雨天可全天为害。虫口密度大时，有自相残杀的现象。老熟幼虫在土表0.5～3.0 cm处做椭圆形土室化蛹，也可在植株基部隐蔽处化蛹。甜菜夜蛾的幼虫和蛹耐湿性差，土壤湿度过大，影响蛹的成活和正常羽化；幼虫取食带水叶片后，成活率低。对高温有较强的适应能力，不同龄期的幼虫对光的趋性有变化。

〔发生规律〕

我国甜菜夜蛾随纬度的升高而世代数递减，最多1年可发生11代，在我国北方向日葵产区内1年发生3～4代，7—8月发生为害严重，夏秋季高温干旱是有利于甜菜夜蛾发生的气象条件。

〔防治方法〕

农业防治：①清除杂草。及时清除田间地头杂草，消灭部分低龄幼虫；②人工摘除。甜菜夜蛾多在向日葵叶背产卵，其上覆有雌蛾脱落的白色绒毛，易于发现，且1龄、2龄幼虫多群集于产卵叶及附近叶片为害，结合农事操作，及时摘取卵块、捕杀低龄幼虫，以减少虫源。

物理防治：利用成虫趋光性，于成虫发生期使用频振式杀虫灯、黑光灯诱杀成虫。

生物防治：①性信息素防治，利用人工合成性信息素诱捕雄蛾，或利用性信息素迷向作用，干扰并减少雌雄交配，从而降低后代种群数量；②生防制剂防治，利用16 000 IU/mg苏云金杆菌可湿性粉剂750～1 125 g/hm²或20亿PIB/mL甘蓝夜蛾核型多角体病毒悬浮剂1 350～1 800 mL/hm²喷雾防治，也可在低龄幼虫时期，喷施2.5%多杀霉素悬浮剂800～1 000倍液或20%除虫脲悬浮剂1 000倍液进行防治。

化学防治：幼虫3龄前，选择5%高效氯氰菊酯乳油或50 g/L氟虫脲可分散液剂1 500～2 000倍液，15%茚虫威乳油、25%乙基多杀菌素水分散粒剂或10%虫螨腈悬浮剂1 000～1 500倍液进行叶面喷雾处理。3龄以上幼虫使用20%虫酰肼悬浮剂1 000～1 500倍液进行喷雾防治。

## 44. 小菜蛾［*Plutella xylostella*（L.）］

〔分布与为害〕

小菜蛾属鳞翅目菜蛾科菜蛾属，又名菜蛾、方块蛾、小青虫，在我国各地均有分布，主要为害甘蓝、芥菜、花椰菜和油菜等十字花科植物，也为害马铃薯、番茄、洋葱等作物。向日葵周边有十字花科蔬菜或油菜种植时，向日葵也受其为害。小菜蛾以幼虫取食寄主叶片造成为害，初孵幼虫可钻入叶片组织内取食叶肉；2龄幼虫仅取食叶肉，留下表皮，在叶片上形成透明的斑点，即"开天窗"；3～4龄幼虫可将叶片食成孔洞和缺刻，严重时全叶被吃成网状。

〔形态特征〕

成虫：体长6.0～7.0 mm，翅展12.0～16.0 mm。头部黄白色，胸、腹部灰褐色。触角丝状，褐色有白纹，静止时向前伸。前后翅细长，缘毛很长，翘起如鸡尾；前后翅缘有黄白色三度曲折的波浪纹，两翅合拢时呈3个接连的菱形斑；静止时，两翅覆盖于体背呈屋脊状。雌蛾较雄蛾肥大，腹部末端圆筒状，雄蛾腹末圆锥形，抱握器微张开（图3-42-a）。

卵：椭圆形，稍扁平，长约0.5 mm，宽约0.3 mm，初产时乳白色、后为淡黄色，有光泽，卵壳表面光滑（图3-42-b）。

幼虫：共4龄，初孵幼虫深褐色，后变为绿色。末龄幼虫体长10.0～12.0 mm，纺锤形，体节明显，两头尖细，腹部第四至第五节膨大，体上生稀疏长而黑的刚毛。头部黄褐色，前胸背板上有淡褐色无毛的小点组成两个"U"字形纹。臀足向后伸超过腹部末端，腹足趾钩单序缺环（图3-42-c）。

蛹：长5.0～8.0 mm，黄绿至灰褐色，外被丝茧，纺锤形，极薄如网，两端通透（图3-42-d）。

（a）成虫

（b）卵

图3-42　小菜蛾（徐文静　拍摄）

（c）幼虫　　　　　　　　　　　　　　（d）蛹

图3-42　（续）

〔生活习性〕

成虫白天栖息在植株隐蔽处，夜间活动，有趋光性。成虫羽化后当天即可交尾产卵，产卵期约10天，卵多散产于寄主叶背面近叶脉处。越冬代成虫寿命长，产卵期长，有明显的世代重叠现象。幼虫对食物质量要求低，可昼夜取食，一般不转株为害。幼虫活跃，遇惊扰即扭动、倒退或吐丝翻滚落下。老熟幼虫在原地吐丝结茧化蛹。

〔发生规律〕

在东北、华北、西北等地1年发生3～4代。各虫态均可越冬、越夏，无滞育现象。小菜蛾发生为害受温度和降水影响大，高温对其存活和繁殖有明显的抑制作用，雨天多、降雨量大，机械冲刷作用对小菜蛾幼虫的发生为害有显著的抑制作用。

〔防治方法〕

小菜蛾发生世代多，世代重叠严重，繁殖速度快，不合理使用农药，易产生抗药性，防治难度大。

农业防治：合理布局作物，向日葵种植时，尽量与油菜、十字花科蔬菜种植区隔离，避免相邻作物混合为害。

生物防治：用100亿活芽孢/mL苏云金杆菌可湿性粉剂、300亿OB/mL小菜蛾颗粒体病毒悬浮剂800～1 000倍液喷雾防治；也可用性诱剂诱捕雄蛾或迷向作用，从而降低后代种群数量。

化学防治：用5%甲氨基阿维菌素苯甲酸盐水分散粒剂2～4 g/亩、60 g/L乙基多杀菌素悬浮剂20～40 mL/亩、50 g/L氟啶脲乳油40～80 mL/亩、5%氟铃脲乳油50～70 mL/亩、5%氯虫苯甲酰胺悬浮剂30～60 mL/亩等药剂进行叶面喷雾处理，不同类型药剂交替使用。

## 45. 旋幽夜蛾 [*Scotogramma trifolii*（Rottemberg）]

〔分布与为害〕

旋幽夜蛾属鳞翅目夜蛾科，又名甜菜藜夜蛾、三叶草夜蛾，车轴草夜蛾。该虫是一种间歇性局部发生的杂食性害虫，食性与草地螟相似。幼虫具有隐蔽性、暴发性、迁移性等为害特点。在我国辽宁、内蒙古、河北、陕西、甘肃、宁夏、新疆等地均有分布。主要以幼虫为害玉米、甜菜、向日葵、棉花、亚麻、蚕豆、马铃薯、蔬菜等多种作物。2005年6月上旬，在白城市通榆县和大安市部分乡镇的向日葵、蓖麻等作物大面积遭受该虫的为害，受害重的地块全田被吃成光秆，造成毁种。

〔形态特征〕

成虫：体长15.0～19.0 mm，翅展34.0～40.0 mm，身体和前翅暗灰色或淡褐色。前翅外缘线有7个近三角形黑斑，亚缘线为波浪形、黄白色，肾行斑较大、深灰色，环形斑较小、黄白色，楔形斑灰黑色。后翅淡灰色，后翅外缘有较宽的暗褐色条带（图3-43-a）。

卵：扁平、半球状，直径0.5～0.7 mm，表面有放射状纵脊纹15条，2条长脊间有1条短脊。卵初产时乳白色，后逐渐变深，近孵化时为灰黑色（图3-43-b）。

幼虫：老熟幼虫体长31.0～35.0 mm，头褐色或褐绿色；体色变化较大，有黄绿、绿、褐绿等色。背线不明显，亚背线及气门线呈不连续黑褐色长形斑点，气门下缘有浅黄绿色宽边。背上各节有倒八字形深纹。

蛹：长13.0～15.0 mm，红褐色，头部略带绿色。腹部末端有2根臀刺，相距较远，短刺6根，第五至第七节腹节背面前缘有密集的刻点，第七节以下分节不显著。

（a）成虫

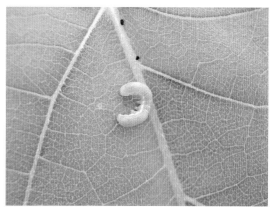
（b）幼虫及为害状

图3-43 旋幽夜蛾（杜磊 拍摄）

〔生活习性〕

成虫白天喜欢隐藏在杂草丛、土缝等背光处；夜间开始活动，取食花蜜和露水、交尾、产卵；卵散产，对寄主植物及植物组织有较强选择性，喜欢在苋科杂草、十字花科植物上产卵，多产于寄主植物叶背；趋光性强、趋化性不强。卵期5～16天，幼虫4龄，幼虫期17～32天，幼虫具有隐蔽性、暴发性、转移为害等特点。幼虫多在叶背取食，低龄幼虫常取食叶片背面的叶肉，仅留窗膜状的上表皮，2~3龄幼虫可将叶片咬成缺刻，随着龄期增大食量加大，常食尽整片叶的叶肉，仅剩叶柄和网状叶脉。低龄幼虫较活泼，有吐丝下垂逃逸和假死习性；腹足发育不全，行走时似弓形。高龄幼虫受惊吓后将身体蜷缩成"C"形。5龄幼虫进入暴食期，是为害作物最严重的时期，并能迅速转移为害。老熟幼虫在土壤10~20 cm深度做土室化蛹、越冬。

〔发生规律〕

该虫在北方地区1年发生2~4代，其中在内蒙古西部1年发生2~3代，以蛹在土中越冬。不同地区为害时间略有不同。一般为害虫源来自当地越冬虫源。研究表明一些寒冷地区如吉林省白城市，该虫无法越冬，为害虫源为外地迁飞而来。内蒙古越冬代成虫一般4月中下旬出现，5月上中旬盛发，5月中下旬为幼虫孵化盛期。第二代卵6月中下旬出现，第二代幼虫6月下旬至7月发生，第三代幼虫7月下旬至8月初出现。

旋幽夜蛾在干旱燥热的气候条件下发生为害严重，温润冷凉的气候条件为害较轻。通常沙土地上的作物受害轻，黏壤土、黑土地上受害较重。一般向日葵田周边种植苜蓿、甜菜或者田间及周边苋科杂草多时，发生为害严重。

〔防治方法〕

农业防治：加强田间管理，及时清除田间地头杂草，尤其是苋科杂草。收获后翻耕或灌水，破坏其越冬场所；发生初期人工摘除卵块和群集为害的初孵幼虫，以减少虫口数量。

物理防治：利用成虫趋光性，于盛发期使用频振式杀虫灯诱杀成虫，每3~4 hm$^2$设置一盏。

化学防治：在卵孵化盛期、幼虫1~2龄盛期，可选择4.2%高氯·甲维盐微乳剂或2%甲氨基阿维菌素苯甲酸盐水乳剂1 000倍液，25%灭幼脲悬浮剂1 200倍液，进行叶面喷雾防治。

## 46. 苜蓿夜蛾 [ *Heliothis viriplaca* ( Hüfnagel ) ]

〔分布为害〕

苜蓿夜蛾属鳞翅目夜蛾科实夜蛾属，在我国分布在黑龙江、吉林、辽宁、内蒙古、新疆、青海、甘肃、宁夏、陕西、河北、河南、江苏等地。寄主包括大豆、苜蓿、豌豆、花生、甜菜、胡麻、向日葵、烟草、马铃薯、玉米等70多种植物，豆科作物是其主要寄主。幼虫是苜蓿夜蛾为害的主要虫态，幼虫取食寄主作物叶片，被取食叶片形成大的孔洞或残缺不全，严重时可将叶片食光。在东北向日葵产区，苜蓿夜蛾主要发生在苗期阶段，因此，严重时可对向日葵植株生长造成较大的影响。

〔形态特征〕

成虫：体长14.0~17.0 mm，翅展28.0~36.0 mm，头、胸灰褐色。前翅黄褐色带青绿色，内横线棕褐色，中横线较宽、棕色，外横线棕褐色。环纹由中央1个棕色点与外围3个棕色小点组成；肾纹棕色，不十分清楚，位于中横线上，上有许多不规则的小黑点；缘毛灰白色，沿外缘有7个新月形黑点。后翅淡黄褐色，中部有1个大型弯曲黑斑，外缘有黑色宽带，带的中央有1个白色至淡褐色斑。雌蛾翅正面斑纹颜色较深，后翅反面斑纹为红褐色，腹部粗大；雄蛾翅正面斑纹颜色较浅，后翅反面斑纹为枯黄色，腹部细长（图3-44）。

卵：半球形，直径0.54 mm，高约1.00 mm，底部较平，卵壳表面有33~36条纵棱。出产时白色，后变为黄绿色。

幼虫：末龄幼虫体长31.0~37.0 mm。体色变化较大，有浅绿色、黄绿色、灰绿色和棕绿色等。头部淡黄褐色，上有许多黑褐色小斑点。体背有淡色纵带，纵带下侧有暗褐色宽带，下方有黄绿色带，背线及亚背线浓绿色至黑褐色、气门线和足黄绿色。前胸盾黄褐色、散布有黑小点，臀板黄绿至深绿色，上面有黑褐色斑点。

图3-44 苜蓿夜蛾成虫（白全江 拍摄）

蛹：体长15.0~20.0 mm，体宽4.0~5.0 mm，黄褐色，体末端生有尖而略弯的刺1对。

〔生活习性〕

苜蓿夜蛾以蛹在土中结茧越冬，5月中上旬越冬蛹开始羽化，5月下旬至6月上中旬为成虫盛期，羽化后的成虫昼伏夜出，有较强的飞行能力和趋光性。6月上中旬成虫开始在寄主植物上交配产卵，卵散产于叶背，每雌产卵量为600~700粒，幼虫6月中旬出现，共5龄，沿叶脉取食叶肉，有假死性。3龄后进入暴食期，对作物为害最重。6月下旬至7月上旬幼虫老熟入土化蛹。7月中下旬至8月上旬第二代成虫出现。8月中下旬第二代幼虫开始入土化蛹越冬。在北方大豆产区，苜蓿夜蛾以第一代幼虫为害最重。在向日葵上，苜蓿夜蛾并非主要害虫，在集中连片的向日葵种植区也较为少见。但在与大豆等豆科作物混作、轮作地区，豆田的苜蓿夜蛾极易扩散至向日葵田间为害，在6月中下旬为害向日葵幼苗。

〔发生规律〕

苜蓿夜蛾在东北、内蒙古、河北等地1年发生2代，中等温度和湿度有利于苜蓿夜蛾的发生，化蛹和成虫羽化期间土壤干燥或较多的降水会导致蛹的死亡率高、不利于成虫出土。另外，大豆重茬连作会导致为害加重，而大豆与向日葵的混作则会造成对向日葵的为害上升。

〔防治方法〕

农业防治：清除田间杂草，进行秋翻冬灌，减少越冬虫源。

物理防治：可利用成虫的趋光性，在田间悬挂频振式杀虫灯或黑光灯进行诱杀。

生物防治：选用8 000 IU/mg 苏云金杆菌可湿性粉剂100 ~ 200倍液喷雾。

化学防治：在苜蓿夜蛾3龄幼虫以前可选择5%甲氨基阿维菌素苯甲酸盐水分散粒剂4 ~ 5 mL/亩，2.5%溴氰菊酯乳油20 ~ 40 mL/亩或5%氯虫苯甲酰胺悬浮剂30 ~ 50 mL/亩进行叶面喷雾，每隔7天喷施1次，连续喷施2 ~ 3次。

## 47. 银纹夜蛾 [*Argyrogramma agnata* (Staudinger)]

〔分布与为害〕

银纹夜蛾属鳞翅目夜蛾科，别名豆银纹夜蛾等，全国各地均有分布，主要分布在黄河、淮河、长江流域等大豆和蔬菜产区，是豆类和十字花科蔬菜重要的害虫之一，其寄主植物多样，除为害大豆和十字花科蔬菜外，也可为害多种花卉和林木。幼虫是主要为害的虫态，其咬食叶片，形成缺刻、孔洞，甚至只剩叶脉。受栽培区域气候条件的限制，目前，银纹夜蛾在我国向日葵主产区内仍属偶发性害虫，仅在生长季中后期对向日葵叶片和花盘造成一定程度为害，一般对产量影响不大。

〔形态特征〕

成虫：体长12.0 ~ 15.0 mm，翅展32.0 ~ 35.0 mm，体灰褐色，具2条银色横纹，翅中有1显著的马蹄形银纹和1个近三角形的银斑，二者靠近但不相连。后翅暗褐色，有金属光泽（图3-45-a）。

卵：半球形，直径0.4 ~ 1.0 mm，出产时为乳白色，后变为淡黄绿色，表面具网纹。

幼虫：老熟幼虫体长25.0 ~ 32.0 mm，淡黄绿色，虫体前端较细，向尾部渐宽。头部绿色，两侧有黑斑；胸足及腹足均为绿色，腹足4对，第一和第二腹足退化，行走时体背拱曲，受惊扰时，体呈"C"形或"O"形。有尾足一对。亚背线白色，气门黄色，体节分界线黄色（图3-45-b）。

蛹：体长13.0 ~ 18.0 mm，初期背面褐色，腹面绿色，末期体背呈黑褐色。第一和第二节气门孔突出，颜色深且较明显。蛹外被有薄茧。

（a）成虫　　　　　　　　　　　　　　　　（b）幼虫

图3-45　银纹夜蛾（白全江　拍摄）

〔生活习性〕

银纹夜蛾以蛹在土缝和枯枝落叶中越冬。在湖北越冬代成虫于4月出现，甘肃定西越冬代成虫出现时间为5月底至6月初，在河北衡水6月下旬始见成虫。幼虫出现时间也是从4月下旬至6月中旬不等。成虫昼夜可活动，夜间交尾，有弱趋光性。卵单产，常产于叶背，每雌产卵量在300～700粒。初孵幼虫在叶背取食叶肉，1～2龄幼虫有聚集性，3龄后分散为害，取食全叶、嫩芽及花蕾，老熟幼虫多在叶背、土表吐丝结茧化蛹。幼虫有假死性，有转株为害的习性。经过数代发生繁衍后，在秋季由每年最后一代的老熟幼虫入土或在枯枝落叶上化蛹越冬。

〔发生规律〕

银纹夜蛾在我国由北向南1年发生2～7代不等，在河北衡水1年发生1～2代，在湖北、湖南、江西1年发生5～6代，在华南地区1年发生6～7代。有明显的世代重叠现象。温湿度对银纹夜蛾的发生世代数及发生程度有明显的影响。银纹夜蛾的最适温度范围为22～25 ℃，温度低于20 ℃时成虫多不产卵。温度过高，则存活率和繁殖力下降，低温高湿以及低温干燥均不利于卵的孵化和低龄幼虫的存活。成虫喜在较湿的环境中进行产卵，当相对湿度低于45%时，成虫不能交尾，可产少量未受精的卵。湿度高于90%时，产卵量增加。另外，银纹夜蛾的发生程度与上一年秋季发生量有密切关系。与豆类轮作会增加虫源基数。

〔防治方法〕

农业防治：银纹夜蛾为害重的田块，收获后进行深翻细耙，秋冬灌溉，压低越冬虫口基数，避免将向日葵与大豆、十字花科蔬菜进行轮作和混种。

物理防治：利用成虫趋光性，在其盛发期用频振式杀虫灯或黑光灯进行诱杀。

生物防治：在3龄幼虫前选用8 000 IU/mg苏云金杆菌可湿性粉剂100～200 g/亩或20亿

PIB/g苜蓿银纹夜蛾核型多角体病毒悬浮剂100～130 g/亩进行喷雾；或在成虫产卵盛期释放螟黄赤眼蜂1.5万头/亩。

化学防治：在3龄幼虫前可选择20%氰戊菊酯乳油30～40 mL/亩，2.5%高效氯氟氰菊酯乳油40～60 mL/亩，2.5%溴氰菊酯乳油20～40 mL/亩或5%氯虫苯甲酰胺悬浮剂30～50 mL/亩进行喷雾，施药时间选择在清晨或傍晚前后进行。

## 48. Y纹夜蛾（*Autographa gamma* L.）

〔分布与为害〕

Y纹夜蛾属鳞翅目夜蛾科Y纹夜蛾属，又称丫纹夜蛾、伽纹夜蛾、伽马蛾等，是一种广泛分布在欧亚大陆以及西非的害虫，在我国分布在东北、新疆、陕西等地。Y纹夜蛾是一种广食性害虫，幼虫为其主要的为害虫态，其取食作物叶片，严重时可将叶片吃光，该虫可为害几乎所有已知的大田栽培作物与温室作物，同时也可取食多种阔叶野生草本植物，其中对甜菜、马铃薯、番茄、烟草、卷心菜、生菜、豆类等低矮的阔叶作物为害较重。Y纹夜蛾在向日葵上属于偶发性害虫，其为害常出现在向日葵生长季后期，有少量幼虫取食向日葵的叶片和花盘，形成较大的孔洞或缺刻，一般对产量不产生影响。

〔形态特征〕

成虫：体长16.0 mm，翅展36.0～40.0 mm。头部黑褐色，触角暗黄褐色，胸部黑褐色，背毛簇末端黄褐色；前翅褐色，基线银白色，后半段内侧有2个黑点，内横线银白色；环形纹黄褐色，边缘线银白色；肾形纹黄褐色，边缘线外侧黑褐色；楔形纹为一横"Y"字形银斑；外横线银白色，中部弧形内凹；亚缘线褐色，波浪形；缘线黄褐色。后翅褐色，外缘褐色加深，缘线褐色，缘毛褐色。腹部褐色，末端黑褐色，背毛簇暗褐色（图3-46-a）。

卵：直径0.6 mm左右，半球形，表面有28～29条纵棱，出产时为黄白色，后发育为橘黄色至褐色。

幼虫：老熟幼虫体长20.0～40.0 mm，体色绿色或墨绿色，气门线白色或黄色，背线暗绿色镶暗白边色，伴有数条浅色的波浪线。胸足3对，腹足2对（分别位于第五、第六腹节），臀足1对（位于第十腹节）（图3-46-b）。

蛹：在疏松的丝质茧中，体长20.0 mm，黑色有光泽。臀棘发达，有2条外弯的刮刀装刺毛和6根末端卷曲的刚毛。

〔生活习性〕

Y纹夜蛾每年发生2～3代，以3～4龄幼虫或蛹在枯枝落叶或表土层越冬，成虫发生期可从4月持续至11月，成虫有迁飞习性，一般羽化后的成虫取食植物的花蜜补充营养，

（a）成虫　　　　　　　　　　　　　　　（b）幼虫

图3-46　Y纹夜蛾（白全江　拍摄）

雌虫在叶片背面产卵，卵单产或少量聚集，每次产卵量500~1 000粒。在温带地区，卵孵化需要10~12天，在25 ℃条件下孵化只需要3天。幼虫咬食叶片或花盘，造成刻点样咬痕，2~4龄幼虫取食叶片造成孔洞，5龄时取食叶片至仅剩叶脉。幼虫有假死性。老熟幼虫一般在叶片背面或表土中结茧化蛹。在13 ℃条件下，幼虫发育需经历51天，蛹发育需经历32天。而在25 ℃条件下，幼虫发育需要15~16天，蛹发育需要6~8天。

〔发生规律〕

Y纹夜蛾是一种偶发性的害虫，在其越冬区内偶然会造成较为严重的为害，气象因素、产卵潜力以及迁飞是影响其为害程度的主要因素，一般在4—6月，空气湿度低或过高均可提高卵和低龄幼虫的死亡率，而平均温度在25~29 ℃，且5—6月降水量达到100 mm时，则会给Y纹夜蛾的发生创造良好的条件。另外，冬季湿润也是有利于其发生的气象条件。

〔防治方法〕

农业防治：收获后进行深翻细耙，秋冬灌溉，可压低越冬虫口基数。另外，对田间杂草的有效控制也可减轻Y纹夜蛾的发生。

物理防治：利用成虫趋光性，在其成虫发生期用频振式杀虫灯或黑光灯进行诱杀。

生物防治：在3龄幼虫前用选用8 000 IU/mg苏云金杆菌可湿性粉剂100~200 g/亩进行喷雾。

化学防治：在邻近其他作物上（如甜菜、番茄等）Y纹夜蛾发生较为严重时，需要密切关注向日葵上的发生虫量，如发现有大量卵或低龄幼虫存在，则应在3龄幼虫前进行化学防治，可选择20%氰戊菊酯乳油30~40 mL/亩，25 g/L高效氯氟氰菊酯乳油40~60 mL/亩，25 g/L溴氰菊酯乳油20~40 mL/亩或5%氯虫苯甲酰胺悬浮剂30~50 mL/亩进行喷雾，施药时间选择在清晨或傍晚前后进行。如发生在蜜蜂授粉关键时期，则应避免进行化学防治。

## 49. 大造桥虫（*Ascotis selenaria* Denis et Schaffmüller）

〔分布与为害〕

大造桥虫属鳞翅目尺蛾科，别名尺蠖、步曲、棉大造桥虫，该虫在我国各地均有分布。主要为害桑树、苹果、荔枝、茶树等林木，还为害棉花、豆类、花生、大白菜等作物。向日葵田也可见其为害，一般年份为害较轻，以幼虫取食向日葵叶片、花蕾，低龄幼虫取食叶肉，留下表皮，3龄后沿叶脉、叶缘取食，将叶片咬成孔洞、缺刻，4龄后进入暴食期，具有间歇性暴发的特点。

〔形态特征〕

成虫：体长15.0～20.0 mm，翅展38.0～45.0 mm，体色变异很大，一般为浅灰褐色，也有黄白、淡黄、淡褐、浅灰褐色；翅上的横线和斑纹均为暗褐色，前后翅中室端各具1个星状斑纹。前翅亚基线和外横线锯齿状，其间为灰黄色，有的个体可见中横线及亚缘线；后翅外横线锯齿状，其内侧灰黄色，有的个体可见中横线和亚缘线（图3-47-a）。

卵：长椭圆形，初产青绿色，近孵化时灰白色。

幼虫：幼虫共6龄，末龄幼虫体长38.0～49.0 mm，黄绿色。头黄褐至褐绿色，头顶两侧各具1个黑点。背线宽，淡青至青绿色，亚背线灰绿至黑色，气门上线深绿色，气门线黄色杂有细黑纵线，气门下线至腹部末端，淡黄绿色。腹部第二节背中央近前缘处有1对黄褐色毛疣；第三、第四腹节上具黑褐色斑，气门黑色，围气门片淡黄色。胸足褐色，腹足2对生于第六、第十腹节，黄绿色，端部黑色（图3-47-b）。

蛹：长14.0 mm左右，深褐色有光泽，尾端尖，臀棘2根。

（a）成虫　　　　　　　　　　　　（b）幼虫

图3-47　大造桥虫（顾耘　拍摄）

〔生活习性〕

大造桥虫成虫多于傍晚羽化，羽化后当天即可交尾，夜间产卵，卵多产于地面、土缝、草秆上，卵块上覆盖有雌蛾尾端绒毛。成虫趋光性弱，昼伏夜出。飞行能力弱，受惊时作短距离飞行。幼虫孵化后即开始取食，低龄幼虫活动能力强，行走时曲腹如拱桥，也可吐丝随风漂移传播扩散。不活动时，常拟态头朝下以腹足固定，如嫩枝条栖息。低龄幼虫只取食叶肉，留下叶脉。3~4龄后取食形成缺刻状。5龄后食量倍增，取食量占幼虫期的90%以上。老熟幼虫多在白天吐丝下垂或直接掉在地面，进入松土内化蛹。

〔发生规律〕

黄河流域1年发生3~4代，长江流域4~5代，降水和土壤湿度对大造桥虫存活和发育影响较大，成虫期降水充足利于发生，但连续降雨会导致卵块减少、孵化率降低。土壤含水量太低、太高，都不利于羽化。一般土壤含水量在60%~70%时羽化正常。向日葵与豆田邻种时，易造成为害。

〔防治方法〕

农业防治：冬耕灭蛹，减少翌年的虫源基数。一般成熟较晚的农作物是大造桥虫末代幼虫的主要发生地块，也是蛹越冬的主要场所。对其越冬场所于深秋深耕冬灌，可消灭大部分越冬蛹。

物理防治：利用频振式杀虫灯、黑光灯诱杀成虫；或在田间插杨树枝把诱蛾，把成虫消灭在产卵之前，每亩插10枝，诱集成虫后统一灭杀，降低田间虫口基数。

生物防治：用100亿活芽孢/mL苏云金杆菌可湿性粉剂800~1 000倍液、300亿OB/mL小菜蛾颗粒体病毒悬浮剂800~1 000倍液喷雾防治；也可用性诱剂诱杀雄蛾。

化学防治：用2.5%高效氯氟氰菊酯乳油或2.5%溴氰菊酯乳油2 000~3 000倍液，1.8%阿维菌素乳油1 500~2 000倍液，20%氯虫苯甲酰胺悬浮剂或2%甲氨基阿维菌素苯甲酸盐水乳剂2 000~2 500倍液，15%茚虫威悬浮剂2 500倍液、25%乙基多杀菌素水分散粒剂或25%除虫脲可湿性粉剂1 000倍液进行叶片喷雾防治。

## 50. 白星花金龟 [ *Liocola brevitarsis*（Lewis）]

〔分布与为害〕

白星花金龟属鞘翅目金龟科花金龟亚科星花金龟属，在国外分布在蒙古国、俄罗斯、日本、韩国和朝鲜等国；国内在西北、东北和华北等地均有分布。2001年以后白星花金龟在新疆严重发生，对当地的向日葵、玉米、番茄、苹果、葡萄等农作物造成严重的经济损失。白星花金龟主要为害向日葵的花盘及叶柄，茎秆幼嫩时也可取食，从幼嫩部分向周边扩散，分泌花蜜较多的品种受害严重，受害花盘上形成大面积黑色、坚硬、不规则的坏死斑块。向日葵授粉后，取食幼嫩的果皮及幼胚，受害部位呈黑色乱麻状或呈黑色空洞，最后钻蛀入花盘内取食，破坏花托海绵体组织，在花盘横切面上可以看到黑色硬斑块，维管束受到破坏，使花盘养分供应受阻，花盘枯死。对花盘的为害可持续至向日葵收获时，受害向日葵花器部分占整个花盘的20%～60%，每盘有虫4～9头，严重的达10～16头，最高达32头。受白色糊状粪便污染叶片光合作用受阻，遇阴雨天会导致花盘腐烂变质。受害一般减产20%～40%，严重减产60%以上（图3-48）。

（a）食害桶状花　　　　　　　　　　　　（b）食害幼嫩籽粒

（c）食害茎秆　　　　　　　　　　　　　（d）食害叶脉

（e）食害茎基部　　　　　　　　　　　　（f）西瓜瓤诱集成虫

图3-48　白星花金龟及为害状（白全江　拍摄）

〔形态特征〕

成虫：体长17.0～24.0 mm，宽约9.0～13.0 mm，椭圆形，多为古铜色或青铜色，体表散布众多不规则白绒斑。头部较窄，两侧在复眼突出，中央隆起，唇基前缘向上折翘，中两侧具边框，外侧向下倾斜。前胸背板具不规则白绒斑，后缘中部前凹。前胸背板后角与鞘翅前缘角之间有1个三角形中胸后侧片。鞘翅宽大，近长方形，背面布有粗大刻纹，白绒斑多为横波纹状，多集中在鞘翅的中后部。臀板短宽，每侧有3个白绒斑呈三角形排列。腹部光滑，两侧刻纹较密粗，第一至第五节两侧有白绒斑。后足基节后外端角齿状、尖锐，前胫节外缘有3齿，各足跗节顶端有2个弯曲爪。

卵：初产时椭圆形，孵化时近圆形，长约1.8 mm，乳白色。

幼虫：3龄体长24.0～39.0 mm，体短粗，黄白或乳白色，头较小、褐色，唇基前缘3叶形，胸足3对，短小，无爬行能力，腹部乳白色，臀节腹面有2列呈长椭圆形排列的刺毛，每列刺毛数为14～20根，身体向腹面弯曲呈"C"字形。

蛹：椭圆形，先端钝圆，长20.0～23.0 mm，初期为白色，逐渐加深变为金黄色。

〔生活习性〕

成虫一般于7月中旬开始在粪堆等场所产卵，深度5～10 cm，产卵后很快死亡。雄虫个体略大于雌虫，多次交尾，多次产卵，交尾活动昼夜均可发生，交尾时间可持续1小时，受惊吓即停止。成虫趋光性不强，有假死性，温度高于22 ℃假死性不明显。常喜欢聚集为害，昼夜均可取食，温度高时活动加剧，以9—16时最盛。成虫喜食花蜜，对酒醋味有较强趋性，遇轻震飞走，遇强震有假死性。幼虫多以腐败物为食，具有腐生性、腹面朝上倒行等主要习性。

〔发生规律〕

白星花金龟为害向日葵以新疆最为严重，1年发生1代，以老熟幼虫在粪堆、有机质含量高的土壤下3～10 cm处越冬，翌年4—5月化蛹，7天后羽化，羽化后约7天出土。成虫于5月上旬开始出现，寿命约50天，飞翔力强，6—7月为发生盛期，9月中下旬为害结束。其他向日葵种植区，白星花金龟发生较轻，仅零星发生为害。

〔防治方法〕

农业防治：使用有机粪肥要充分沤制、腐熟，集中堆放，种植前对土壤进行深翻，集中消灭粪土交界处的幼虫和蛹，减少越冬虫源。

人工防治：在零星发生为害的田间，利用其趋腐性及聚集为害的特性，可用糖醋液及腐烂果品诱杀成虫。将糖、醋、酒与水按4∶3∶1∶2的比例配成糖醋液，或将腐烂果品装入大口容器里，或将西瓜瓤切1/2，在田间挖一个与容器或西瓜大小一致的坑，将其置于坑内诱杀成虫。

生物防治：在堆肥时选用生物农药进行处理，如100亿孢子/mL金龟子绿僵菌油悬浮剂、400亿孢子/g球孢白僵菌可湿性粉剂、16 000 IU/mL苏云金杆菌可湿性粉剂等均可感染幼虫，降低蛴螬越冬基数。

化学防治：利用药剂处理粪肥杀死幼虫，必要时在早、晚成虫活动不活跃时直接喷药杀灭成虫。由于白星花金龟成虫甲壳硬、飞翔能力强，药液不易吸收，因此，一般化学药剂喷雾防治效果并不理想，如果大面积发生需要进行化学防治时，建议药剂中加入提高渗透性、展着性的助剂。

## 51. 双斑长跗萤叶甲 [ *Monolepta hieroglyphica*（Motschulsky）]

〔分布与为害〕

双斑长跗萤叶甲属鞘翅目叶甲科萤叶甲亚科，别名双斑萤叶甲，双圈萤叶甲，长跗萤叶甲，在国外主要分布在俄罗斯、朝鲜、日本、越南、印度等国家和地区，国内广泛分布在东北、华北、西北、华东等地。双斑长跗莹叶甲具有环境适应性强、寄主范围广、杂食性、集群性、高温干旱易发生等特点，可为害玉米、高粱、向日葵、棉花、谷子、大豆、花生、马铃薯等作物，甚至一些田间杂草也受其为害。该虫以成虫期为害，玉米、向日葵、大豆和棉花是较理想寄主和优先为害对象。主要为害向日葵的叶片、花蕾，取食叶片和花蕾苞叶叶肉，残留不规则白色、透明薄膜，最后形成网状斑或穿孔，严重影响向日葵光合作用，虫量大时可以造成向日葵全株叶片穿孔（图3-49-a～b）。

〔形态特征〕

成虫：体长3.6～4.8 mm，宽2.0～2.5 mm，长卵形，棕黄色，具光泽，头、前胸背板颜色一般为棕黄色，每个鞘翅基部有1个近圆形的淡色斑，四周黑色，淡色斑后外侧常不完全封闭，后面的黑色带纹向后突出呈角状。触角线状11节，柄节、梗节棕黄色，鞭节黑色，长为体长2/3。复眼大，卵圆形。前胸背板宽大于长，表面隆起，密布细小刻点，四角各具毛1根；小盾片呈三角形；鞘翅布有线状细刻点，侧缘稍微膨大，端部合成圆形，腹部末端外露于鞘翅外。后足胫节端部具1长刺（图3-49-c）。

卵：椭圆形，长0.6 mm，初产多为淡黄色，之后颜色变深，表面具等边六角形的网纹。

幼虫：头和臀板褐色，前胸背板浅褐色。体表具毛瘤和刚毛，有3对胸足，腹末端为黑褐色的铲形骨化板，是区别于其他叶甲幼虫的一个重要特征。幼虫一共有3个龄期，初孵幼虫的头壳宽度0.2 mm左右，虫体为淡黄色，之后慢慢变深。

蛹：长2.8～3.8 mm，宽2.0 mm，白色，表面具整齐的毛瘤和刚毛。

〔生活习性〕

成虫一般于7月中旬开始在土壤表层5～10 cm产卵，越冬卵抗逆性强，卵壳硬，能够抵抗低温和干旱。幼虫在植物根系周围活动，喜在湿度大的土壤中活动，取食量小，地上

（a）成虫为害叶片

（b）成虫为害舌状花

（c）成虫形态

图3-49 双斑长跗萤叶甲及为害状（云晓鹏 拍摄）

部分没有明显症状。老熟幼虫从植物根部钻出，停止取食，在根系土壤中建造土室化蛹。成虫全天都可以交配，雌雄虫一生可多次交配产卵，直至死亡。成虫喜欢取食向日葵叶片和花蕾苞叶叶肉，成虫有群集性、趋嫩性，高温时活跃，早晚气温低时躲在叶背面或植物根部，高温干旱利于该虫为害。

〔发生规律〕

双斑长跗萤叶甲在北方地区1年发生1代，以卵在土壤中越冬，翌年5月下旬开始孵化，幼虫食量很小，在农作物或杂草根部取食为害。6月中旬老熟幼虫开始建造土室化蛹，6月下旬成虫开始羽化出土为害，成虫羽化后先在杂草上栖息为害，约15天后转移到向日葵田取食叶片，7月中旬又开始交配产卵，卵产于杂草丛根际表土中。10月中下旬成虫基本消失，但在田边杂草上还能见到个别的成虫。

〔防治方法〕

农业防治：清除田间、地边杂草，尤其是豆科、十字花科、菊科杂草，秋翻或春耕土地，破坏其栖息、越冬场所，减少虫源。

物理防治：成虫刚发生或点片发生时，早晚成虫不活跃时在地边人工扫网捕杀；也可以采用频振式杀虫灯诱杀。

化学防治：大面积严重发生时，由于向日葵植株较高，可以利用高架喷药器械或植保无人机在10时前或17时后施药。尽量使叶背面着药，同时将田边地头杂草也进行喷施。可选用4.5%高效氯氰菊酯乳油1 000 ~ 1 500倍液，10%吡虫啉可湿性粉剂1 000倍液，2.5%高效氯氟氰菊酯乳油或25%噻虫嗪水分散粒剂3 000倍液进行叶面喷雾防治。

## 52. 亚洲小车蝗（*Oedaleus decorus asiaticus* Bei-Bienko）

〔分布与为害〕

亚洲小车蝗属直翅目斑翅蝗科，在国内主要分布在内蒙古、宁夏、甘肃、青海、河北、陕西、黑龙江、吉林、辽宁等地，是我国农牧交错带的重要害虫。主要为害谷子、玉米、莜麦、高粱等禾本科作物，也为害大豆、马铃薯、亚麻和向日葵等双子叶作物。

〔形态特征〕

成虫：雄虫体长22.0 ~ 25.0 mm，雌虫体长31.0 ~ 37.0 mm，绿色或灰褐色。前胸背板中部明显缢缩，有明显的"X"形纹，"X"形纹在沟前区与沟后区等宽。前翅具有明显的暗色斑纹，后翅基部淡黄色，中部有车轮形褐色带纹。后腿节顶端黑色，上侧和内侧有3个黑斑，胫节红色，基部的淡黄褐色环不明显，上侧常混杂红色（图3-50）。

卵囊：呈无囊壁的土穴，长25.0 ~ 48.0 mm，宽4.0 ~ 6.0 mm。卵粒与卵室之间充满浅粉色泡状物。卵粒淡灰褐色，在卵室中交错排列成3 ~ 4行。每个卵囊有卵8 ~ 33粒。

图3-50　亚洲小车蝗成虫（白全江　拍摄）

〔生活习性〕

亚洲小车蝗在内蒙古1年发生1代，以卵在土中越冬。卵于5月中下旬开始孵化，7月中下旬为成虫盛期，7月下旬至8月上旬开始产卵。亚洲小车蝗适生于板结的砂质土、植被稀疏、地面裸露的向阳坡地、丘陵等地面温度较高的环境，有明显的向热性。每天中午活动最盛，阴雨大风天不活动。成虫有趋光性，产卵时，选择向阳温暖，地面裸露，土壤板结，土壤湿度较大的地方。土壤pH值为7.5 ~ 8.8时都可以产卵。亚洲小车蝗产卵所需的土壤含水量偏高，在土壤含水量7%时产的卵块最多。而且产卵量与土壤硬度成正比，即土壤硬度越高，产卵数量越大，土壤松软产卵块数明显下降。

〔防治方法〕

农业防治：在秋冬或早春深翻耕地，铲除田边、渠边、沟边杂草，破坏其越冬场所，以减少虫源。

生物防治：使用100亿孢子/mL金龟子绿僵菌油悬浮剂、1.2%烟碱·苦参碱乳油、1%苦参碱可溶性液剂500~800倍液进行喷雾处理。

化学防治：选用2.5%高效氯氟氰菊酯乳油、4.5%高效氯氰菊酯乳油、1.8%阿维菌素乳油2 000~3 000倍液等进行喷雾防治。预防时选择初孵蝗蝻在田埂、杂草上为害时进行，此时扩散、移动能力差，易于防治。

## 53. 黄胫小车蝗（*Oedaleus infernalis infernalis* Saussure）

〔分布与为害〕

黄胫小车蝗属直翅目斑翅蝗科，在国内主要分布在内蒙古、黑龙江、吉林、辽宁、陕西、河北、山东、江苏、安徽、福建等地。主要取食羊草、碱蓬、蒲公英等植物，有时为害玉米、高粱、谷子和向日葵等农作物，其中为害向日葵较轻。

〔形态特征〕

成虫：雄虫体长21.0~28.0 mm，雌虫体长30.0~39.0 mm，绿色或黄褐色至暗褐色，有深色斑。前胸背板中部略缢缩；中隆线仅被后横沟线微切断，背板上有淡色的"X"形纹，沟后区"X"形纹比沟前区宽。前后翅发达，长超过后足腿节。后翅基部淡黄色，中部有到达后缘的暗色窄带纹；雄性后翅顶端褐色。后足腿节底侧红色或黄色；后足胫节基部黄色，部分混杂红色，无明显分界（图3-51）。

图3-51 黄胫小车蝗（白全江 拍摄）

卵囊：细长弯曲，长27.0~57.0 mm，无卵囊盖，囊壁泡沫状，卵囊有卵28~95粒，卵粒与卵囊壁纵轴呈倾斜状整齐排列成4行。卵粒中间较粗，肉黄色。

〔生活习性〕

黄胫小车蝗1年发生1代，以卵在土中越冬，深度为4~5 cm。6月开始孵化，6月中旬达到孵化盛期，若虫6龄，若虫期平均84天，7月中旬开始羽化，8月下旬为羽化盛期，8月中旬开始产卵，9月上中旬为产卵盛期。成虫产卵多在田埂、地边的荒地等植被较好的板结地块。产卵深度为4~5 cm，每块有卵粒30~81粒。

〔防治方法〕

参照亚洲小车蝗防治方法。

## 54. 短额负蝗 [*Atractomorpha sinensis*（Bolivar）]

〔分布与为害〕

短额负蝗属直翅目锥头蝗科，在国内的甘肃、宁夏、陕西、内蒙古、山西、河北、黑龙江、吉林、辽宁等向日葵产区均有分布，主要取食向日葵、大豆、棉花、白菜、油菜、花生等双子叶植物，是农作物田间常见的食叶类害虫。

〔形态特征〕

成虫：雄虫体长19.0~23.0 mm，雌虫体长34.0~40.0 mm，绿色或黄褐色（冬型）。头部长锥形，短于前胸背板。颜面斜度大，与头顶呈锐角，触角剑状。前胸背板背面扁平，中隆线较细，侧隆线不明显。从头部到中胸背板两侧缘有一条粉红色线和一列淡黄色疣突。前翅发达，翅端尖削，翅长超过后腿节后端。后翅基本红色，端部淡绿色。后腿节细长，外侧下缘常有1条粉红色线，后端较清楚。雄性肛上板三角形，尾须短于肛上板之长；下生殖板端部为圆弧形。雌虫上、下产卵瓣短粗，顶端较弯，上产卵瓣外缘具钝齿（图3-52）。

卵：长椭圆形，一端较粗钝，长3.0~4.0 mm，黄褐色，表面有鱼鳞状花纹。卵在卵囊内斜排成3~5行，不太规则，每个卵块有几十至上百粒卵。

若虫：也叫蝗蝻，有5龄。1龄体长3.0~5.0 mm，黄绿色，前足、中足褐色，有数个棕色环，翅芽未分化；2龄体色逐渐变绿，前胸背板中间内凹较浅，翅芽开始出现分化；3龄前胸背板稍凹，翅芽肉眼可见，前后翅芽未合拢，翅芽盖住后胸一半至全部；4龄前胸背板中央稍向后突出，后翅芽在外侧盖住前翅芽，开始合拢于背上。5龄前胸背板向后突出明显，翅芽增大盖住腹部第三节或稍超一些。

（a）短额负蝗雌、雄成虫　　　　　　　　（b）不同体色成虫

图3-52　短额负蝗（白全江　拍摄）

〔生活习性〕

　　短额负蝗活动范围小，不能远距离飞翔，善跳跃或近距离飞行。成虫喜欢在植被多、湿度大的环境中栖息。天气炎热或低温时，喜欢在寄主作物根部或杂草丛中栖息。雄成虫在雌虫背上交尾与爬行，故称为"负蝗"。卵多产于草多，且向阳处的土壤中，深度3～5 cm。初孵蝗蝻有避光的习性，喜欢群聚在附近幼嫩的阔叶杂草或作物上取食，3龄前取食少，4龄后食量猛增。3龄后开始迁移到作物田取食为害。

〔发生规律〕

　　短额负蝗在我国东北1年发生1代，华北1年发生1～2代，以卵在荒地或沟侧土壤中越冬。东北8月上中旬可见大量成虫。华北7—8月成虫大量出现，发生为害严重。秋季气温高，有利于成虫为害和繁殖。在多雨的年份，土壤湿度过大，卵和初孵幼蝻死亡率高。干旱年份，利于繁殖，发生量大，为害严重。

〔防治方法〕

　　参照亚洲小车蝗防治方法。

# 第五节　蛀食性害虫

## 55. 向日葵螟 [ *Homoeosoma nebulella*（Denis et Schiffermuller）]

〔分布与为害〕

　　向日葵螟属鳞翅目螟蛾科，又称欧洲向日葵螟，该虫是世界向日葵生产中的重要害虫，在欧亚大陆的各向日葵生产国家均有分布，国内主要分布在内蒙古、新疆、宁夏、黑龙江等北方向日葵产区。主要取食向日葵、茼蒿等作物以及刺儿菜、水飞蓟等菊科杂草，其中以向日葵为其主要为害作物。幼虫为其主要为害虫态，1龄、2龄幼虫取食向日葵筒状花和花粉，3龄开始蛀入向日葵籽粒，在葵花籽的中部或底部穿行蛀食。在被害花盘表面可以见到许多颗粒状虫粪，幼虫将花盘籽粒底部蛀成纵横交错的孔道，并吐丝将虫粪及取食后的碎屑粘连，被害花盘遇雨后易腐烂，从而严重降低向日葵籽粒的产量和品质。60年代初，黑龙江省记录向日葵螟造成的葵盘被害率为26%～50%，最高达66%～100%；1983—1984年吉林省向日葵集中种植地区葵盘被害率达63%～83%。2006—2007年，在内蒙古向日葵主产区的巴彦淖尔市向日葵螟严重为害，大部分地块的葵盘被害率在

30%~50%，籽粒被害率在15%~20%。不少严重发生地块的葵盘被害率达70%以上，籽粒被害率平均超过30%，最高达100%（图3-53）。

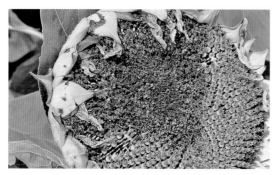
（a）幼虫为害桶状花症状（白全江 拍摄）

（b）葵盘籽粒受害状（白全江 拍摄）

（c）向日葵螟为害花盘及籽粒症状（白全江 拍摄）

（d）受害发霉的花盘局部（云晓鹏 拍摄）

（e）受害后整体花盘（云晓鹏 拍摄）

图3-53 向日葵螟为害状

〔形态特征〕

成虫：体长8.0~12.0 mm，翅展20.0~27.0 mm。体灰色，复眼黑褐色；触角丝状灰褐色，基部的节粗大，较其他节长3~4倍。前翅长形，灰色，近中央处有4个黑斑；外侧翅端1/4处有一与外缘平行的黑色斜条纹。后翅较前翅宽，淡灰色，具暗色的脉纹。静止时前后翅紧紧包贴体躯两侧（图3-54-a）。

卵：长0.8 mm，宽0.4 mm左右。乳白色，长椭圆形，卵壳有光泽，具不规则的浅网状点刻，有的一端尚有一圈立起的褐色胶膜圈（图3-54-b）。

幼虫：具4个龄期，初孵幼虫淡黄褐色，长1.5～2.0 mm，老熟幼虫体长18.0 mm，淡黄灰色，腹面淡黄色，背面有三条暗褐色或淡棕色纵带；头部淡褐色，前胸气门淡黄色，气门黑色，腹足趾钩为双序全环（图3-54-c～d）。

蛹：长8.0～12.0 mm，褐色，羽化前为暗褐色，蛹背第一至十节均有圆刻点，第一节及第八节刻点较少，第二至第七节最多，第九节与第十节背面仅有3～5个刻点；腹面仅第五至第七节有圆刻点。腹部末端有钩毛8根。茧长12.0～17.0 mm，中部宽两端尖，椭圆形，以鲜黄色或灰白色丝织成（图3-54-e～f）。

（a）成虫

（b）筒状花内产的卵

（c）低龄幼虫为害

（d）老熟幼虫为害

（e）蛹

（f）茧

图3-54 向日葵螟（白全江 拍摄）

〔生活习性〕

向日葵螟以老熟幼虫入土做茧越冬，也可在蛀食成空壳的葵花籽中和向日葵舌状花基部做茧越冬。在东北地区，越冬幼虫一般在7月上旬化蛹，蛹期6～7天，7月中下旬成虫羽化，7月下旬至8月上旬为成虫羽化高峰和产卵盛期，幼虫共4龄，8月中旬为幼虫主要为害期，幼虫期18～20天，8月下旬以老熟幼虫入土越冬。少数幼虫可以在9月上旬化蛹和羽化，并产出第二代幼虫，但不能越冬。在内蒙古西部区，越冬幼虫4月下旬开始化蛹，5月中旬开始羽化，但此时羽化的成虫由于缺乏开花寄主而无法产卵为害，越冬代雄蛾峰期出现在6月下旬至7月上旬，7月下旬第一代成虫开始羽化、交配、产卵形成第二代，第一代成虫雄蛾峰期出现在8月中旬左右，第二代幼虫自8月中旬起为害晚开花的向日葵，9月中旬幼虫老熟后陆续入土越冬。但至收获时仍有部分幼虫未老熟而随收获的葵花盘转至筛选出的杂质中越冬。在新疆，越冬代成虫5月中旬开始出现，第一代成虫于7月上旬开始出现，第二代成虫8月中旬开始出现，少部分第二代幼虫直接滞育越冬，第三代幼虫自9月中旬起陆续做茧越冬。

向日葵螟多在黄昏时羽化。成虫昼伏夜出，有趋光性。羽化的向日葵螟在傍晚时较活跃。雌蛾交配当天即可产卵，成虫夜间产卵的数量明显高于白天。成虫产卵时，腹部弯曲伸入筒状花内，多数卵产在花药圈内壁的下方，多为散产。卵经历4～5天即可孵化。向日葵螟幼虫在不同向日葵品种上的为害主要集中在向日葵生殖生长时期的R5.5至R5.9阶段，即筒状花开花率在50%～90%，之前之后都很少为害。幼虫孵化后取食向日葵花粉及筒状花，3龄之后幼虫开始蛀食向日葵籽粒，为害部位主要为籽粒的中部及底部，有些幼虫还会在葵盘内部穿行，形成许多隧道。向日葵螟的成虫和幼虫在田间种群密度较低时呈聚集分布，随密度的升高而趋向均匀分布。其原因是向日葵螟1～2龄幼虫取食向日葵花粉，所以向日葵螟成虫喜欢将卵产在刚开花的向日葵上，以保证幼虫的取食，因此，向日葵螟幼虫的聚集主要是由于田间向日葵开花不一致所引起的。多数老熟幼虫自葵盘表面脱出，寻找结茧场所，入土越冬的深度多在土中0～4 cm处，8 cm以下没有幼虫做茧越冬。另外，过干过湿以及质地过于细密的土壤均不利于幼虫越冬。

〔发生规律〕

在内蒙古东部及黑龙江等地区，1年发生1～2代，在内蒙古中西部、宁夏等地区1年发生2代，在新疆1年可发生2～3代。作物种类、种植模式以及栽培管理水平均可对向日葵螟的为害程度产生影响。向日葵螟对向日葵品种具有一定的选择性，主要表现在油用向日葵上发生程度轻，食用向日葵上发生程度重，在食用向日葵品种中，对RH318、T33、大黑片、S47、RH316等品种的选择性强，对科阳1号、RH118、LD9096等品种选择性较差。向日葵开花盛期与向日葵螟成虫羽化盛期的重合度是其种群发生的最重要的影响因素，向日葵螟低龄幼虫仅能为害幼嫩的向日葵籽粒，随着籽粒的进一步发育，木质素含量增加、皮壳变硬，低龄幼虫蛀入种子内部变的困难，为害程度迅速下降。在内蒙古巴彦淖尔市，向日葵螟有2个蛾峰期，一个是越冬代蛾峰，出现在6月下旬至7月上旬，一个是第一代成虫蛾峰，出现在8月中旬后，世代重叠不明显。如当地向日葵播种时间选择在5月25日至6月5日，则向日葵花盘最易受到侵害的阶段刚好处在两个世代幼虫为害盛期之间的最低点，则发生程度迅速降低；而在宁夏石嘴山地区情况则与之恰好相反，4月底至5月初播种向日葵可以减轻或避免受害，5月中旬后播种的向日葵受害逐渐加重，在5月底至6月初播种的向日葵受害率最高。另外，向日葵螟在不同寄主植物上的发生规律有所差异，在内蒙古巴彦淖尔地区，茼蒿地第一代成虫活动盛期较向日葵地提前约7天，诱蛾量也较向日葵田高，反映了向日葵螟的发生与寄主花期之间的密切关系。

〔防治方法〕

对向日葵螟的防控应以农业防治、物理防治以及生物防治措施为主，多种防治技术协同发挥作用，尽量避免使用化学杀虫剂。

农业防治：①调整播期避害，是控制向日葵螟的重要措施，通过调整播种的时间，避开或缩短向日葵花期与向日葵螟成虫发生期的重叠时间，即可有效降低向日葵螟的为害，如在内蒙古巴彦淖尔市，播种期选择在5月25日至6月5日，在宁夏石嘴山市，播种期选择在5月10日以前，均可有效躲避或减轻向日葵螟的为害；②清洁田园，及时清除田间野生向日葵以及刺儿菜等野生寄主，收获后清理残留的带虫的向日葵植株以及收获时清选出的带虫籽粒，并进行秋翻冬灌消灭部分越冬虫源，降低虫口基数；③种植诱捕植物，可在向日葵田的四周，种植茼蒿诱虫植物，在向日葵开花前将向日葵螟诱集在茼蒿田内统一进行扑杀；④种植抗虫品种，油用向日葵对向日葵螟具有较高的抗性，因此，在向日葵螟发生较为严重的地区也可通过种植油用向日葵避免或减轻向日葵螟的为害。

生物防治：①释放赤眼蜂，在向日葵螟产卵期释放赤眼蜂进行生物防治，在向日葵开花量分别达到20%、50%和80%时分3次放蜂，总释放量为120万头/hm²，每次按总量的30%、40%和30%释放；②性信息素诱捕器诱杀，在向日葵现蕾期后期开始，田间按棋盘式等距离放置25～30个/hm²性信息素诱捕器诱杀雄蛾；③使用生物杀虫剂，在向日葵花期开始时，用16 000 IU/mg苏云金杆菌可湿性粉剂0.75～1.5 kg/hm²喷雾防治幼虫。

物理防治：利用频振式杀虫灯诱杀向日葵螟成虫，杀虫灯密度为每4公顷1盏。

## 56. 桃蛀螟（*Dichocrocis punctiferalis* Guenée）

〔分布与为害〕

桃蛀螟属鳞翅目螟蛾科，又叫桃蛀野螟、蛀心虫、食心虫。桃蛀螟是一种分布范围广的世界性害虫，在我国东北、西北、华北等地均有发生，是向日葵的主要害虫之一。同时还为害玉米、高粱、大豆、桃、李等植物，是一种食性极杂、世代重叠严重的害虫。幼虫孵化后蛀食向日葵花盘籽粒，取食种仁，使其空壳，并在花盘中穿行造成许多虫道。受害花盘上可见堆积的黄褐色虫粪，导致花盘受污染腐烂，甚至整片向日葵田绝产，导致绝产。

〔形态特征〕

成虫：体长10.0~12.0 mm，翅展24.0~26.0 mm，全体黄色。胸部、腹部及翅上都具有黑色斑点。前翅有黑斑27~29个，后翅14~20个，但个体间有变异。触角丝状，长达前翅的1/2。复眼发达，黑色，近圆球形（图3-55-a）。

卵：椭圆形，长0.6~0.7 mm，表面有网状线纹，初产时乳白色，后变黄色，孵化前呈红褐色。

幼虫：老熟幼虫体长22.0~25.0 mm，头黑褐色。胸部颜色多变，有暗红色、淡灰色或浅灰蓝色，腹部多为淡绿色。前胸背板深褐色，中后胸及1~8腹节各有大小毛片8个，排成2列，前6后2（图3-55-b）。

蛹：褐色或淡褐色，长约13.0 mm，翅芽发达，外被灰白色茧。第六至第七腹节背面前后缘各有深褐色的突起，有1列小齿。

（a）成虫　　　　　　　　　　　　　（b）幼虫

图3-55　桃蛀螟（顾耘　拍摄）

〔生活习性〕

成虫对灯光有强烈的趋性，对花蜜、糖醋液也有趋性。桃蛀螟成虫昼伏夜出，白天静伏于枝叶稠密处的叶背、杂草丛中或向日葵花盘背面，傍晚开始活动，黄昏时最盛，多在夜间羽化、交尾、产卵，取食花蜜、露水及成熟果实的汁液，第一、第二代幼虫为害桃、苹果、梨、葡萄等果实，第三代幼虫为害玉米、向日葵等农作物。老熟幼虫结白色茧化蛹。

〔发生规律〕

越冬代成虫的发生期自北向南逐渐提早，世代重叠严重，北方1年发生2~3代，均以老熟幼虫在向日葵的残株内结茧越冬。越冬幼虫于5月下旬至6月上旬羽化，6月中下旬为第一代成虫盛发期，7月下旬至8月上中旬、8月下旬至9月中旬依次为第二、第三代成虫盛发期，第一、第二代主要为害桃，以后各代转移到玉米、向日葵等作物上为害，最后一代老熟幼虫于花盘上或茎秆内化蛹或以老熟幼虫越冬。

〔防治方法〕

农业防治：①晚秋或早春对田地深翻改土，使越冬幼虫冻死或被鸟捕食，减少越冬虫源基数；②收获后及时处理玉米、高粱、向日葵秸秆，消灭越冬幼虫或蛹。

理化诱控：利用桃蛀螟成虫的趋光性、趋化性，在田间设置频振式杀虫灯、黑光灯、糖醋液（糖：醋：酒：水=1：4：0.5：13）诱杀桃蛀螟成虫，降低虫口密度。

生物防治：①释放赤眼蜂，在桃蛀螟产卵期释放赤眼蜂进行生物防治，在向日葵开花量分别达到20%、50%和80%时分3次放蜂，总释放量为120万头/hm²；②性诱捕器诱杀，在向日葵现蕾期以后，在田间以25~30个/hm²的密度棋盘式放置性信息素诱捕器诱杀雄蛾；③应用生物农药，在桃蛀螟产卵期可使用100亿孢子/g苏云金杆菌可湿性粉剂200~300倍液喷雾防治幼虫。

# 57. 棉铃虫（*Helicoverpa armigera* Hübner）

〔分布与为害〕

棉铃虫属鳞翅目夜蛾科，在我国各地均有分布，其中山西、陕西、甘肃、广西、宁夏等地曾有发生较重的记载。其寄主植物多达30余科200余种，是一种典型的多食性害虫，也是我国农业生产的重要害虫。其为害作物有棉花、西葫芦、番茄、小麦、豆类、辣椒、向日葵、高粱、玉米等。棉铃虫初孵幼虫在花盘表面为害后蛀入花盘内取食，被蛀花盘受污染而腐烂。老熟幼虫吐丝下垂，多数入土做土室化蛹。一头幼虫可为害7~12粒种子，严重影响向日葵的产量和品质。

〔形态特征〕

成虫：体长15.0~20.0 mm，翅展27.0~38.0 mm。雌蛾前翅赤褐色或黄褐色，雄蛾多为灰褐色或青灰色。前翅中部靠前缘有1个环形斑和1个肾形斑，另外成虫复眼球形，绿色，这是棉铃虫区别于其他夜蛾成虫的主要特征之一（图3-56-a）。

卵：半球型或馒头型，底部略平，顶部稍隆起。初产卵是乳白色，逐渐变为红褐色（图3-56-b）。

幼虫：体长42.0~46.0 mm，各体节有毛片12个。初龄幼虫为青灰色，前胸背板为红褐色。老龄幼虫体色变化较大，有绿色、黄绿色、黄褐色、红褐色等，前胸气门前2根刚毛的连线通过气门或与气门下缘相切，气门线为白色（图3-56-c~d）。

蛹：纺锤形，长14.0~23.0 mm，初化蛹时为灰绿色、绿褐色，近羽化时，呈深褐色，有光泽，复眼褐红色（图3-56-e）。

（a）成虫（徐文静 拍摄）

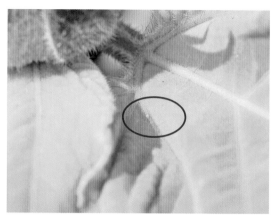

（b）卵（徐文静 拍摄）

（c）幼虫为害花蕾
（白全江 拍摄）

（d）幼虫为害籽粒
（白全江 拍摄）

（e）蛹
（白全江 拍摄）

图3-56 棉铃虫

〔生活习性〕

一般来说，在温度为25～28 ℃，相对湿度为70%～90%时对棉铃虫的生长发育有利。成虫白天隐蔽，夜间活动、产卵，具有较强趋光性和趋化性，有远距离迁飞的习性。成虫羽化在21—2时最多，成虫还有多次交配产卵的习性，卵散产于植株顶部和上部叶片；初孵幼虫有吞吃卵壳的习性，后转移到心叶背面栖息。孵化当天不食不动，第二天多在生长点或果枝嫩尖上取食，食量小，为害不明显。第三天蜕皮后变为2龄幼虫，开始蛀食。幼虫有转株为害的习性，多在夜间或清晨转移，此时施药易接触虫体，效果好。3龄以上幼虫食量大增，具有互相蚕食的习性，也可取食其他害虫的幼虫。6龄进入预蛹期，食量明显减少。

〔发生规律〕

棉铃虫在我国各地均有发生，各地发生代数不同，其中东北和新疆北部1年发生3代，黄淮流域4代。棉铃虫以老熟幼虫在土壤中5～15 cm处筑茧化蛹越冬，翌年气温升至15 ℃以上时，越冬蛹羽化为成虫，产卵。棉铃虫成虫白天隐藏在向日葵叶背等处，黄昏开始活动，取食花蜜。7月下旬至8月底，1代成虫在向日葵的花蕾或花盘上产卵，幼虫主要集中在花盘上蛀食籽粒，造成空壳坏籽而导致减产。9月下旬老熟幼虫入土化蛹越冬。

〔防治方法〕

农业防治：①秋翻冬灌，向日葵收获后，做好深翻、冬灌，破坏越冬生存环境，降低越冬蛹基数，从而减轻翌年棉铃虫的发生为害程度；②杨枝把诱蛾，利用棉铃虫成虫对杨树叶挥发物具有趋性和以杨树枝为白天隐藏场所的特点，在成虫羽化、产卵时，田间摆放杨树枝90~120把/hm²，日出前捉蛾。

物理防治：灯光诱杀成虫，利用成虫趋光性，在田间挂设频振式杀虫灯、黑光灯，对棉铃虫成虫进行诱杀。

生物防治：①性信息素诱捕器诱杀，在棉铃虫成虫盛发期，在田间按棋盘式等距离放置性信息素诱捕器25~30个/hm²诱杀成虫；②使用生物农药，用16 000 IU/mg苏云金杆菌可湿性粉剂0.75~1.50 kg/hm²喷雾防治幼虫。

化学防治：在幼虫3龄前尚未蛀入花蕾的关键时期进行化学防治，用2.5%溴氰菊酯乳油或2.5%高效氯氟氰菊酯乳油3 000倍液喷雾，25%灭幼脲悬浮剂500~1 000倍液喷花盘。但开花后严禁使用对传粉昆虫敏感的化学农药。

## 58. 向日葵花蚤（*Mordellistena parvuliformis* Stshegoleva-Barovskaya）

〔分布与为害〕

向日葵花蚤属鞘翅目花蚤科，在东欧和俄罗斯向日葵产区分布普遍，为害程度不同，其中在向日葵种植区有不同程度的为害，在北高加索和乌克兰两地为害严重。20世纪80年代开始在我国华北、西北、东北各省份均有发生为害报道，其中河北的西北部、内蒙古巴彦淖尔、吉林白城以及新疆等地发生较重，已成为一种全国性蛀茎害虫。向日葵花蚤主要寄主向日葵，其他野生寄主有大麻、苍耳等植物。向日葵受害茎秆上产生黑斑，直径可达8~10 cm，大多集中在叶柄基部的茎秆上，为害严重时会形成大病斑，致使整个茎秆变黑，田间表现为从下至上逐渐发生，植株早衰，而且在茎基部的受害部位变黑褐、湿腐。花蚤幼虫长期生活在向日葵秆内蛀食，造成许多隧道空洞，使茎秆易折，养分输送受阻，造成结实率下降，千粒重降低，一般地块减产15%左右，严重地块减产20%~25%。

〔形态特征〕

成虫：体黑色，密覆茸毛。腹部成刀尖锥状突出于鞘翅端，后翅白色，末端常暴露在鞘翅之外。头部比前胸背板的前缘宽，前胸背板两侧具有明显的边。前足及中足跗节5节，后足跗节4节（图3-57-a~b）。

幼虫：淡黄色，头部颜色较深，具有褐色上颚。足很小，共3对，成乳头状突起。体节间分界明显缢缩。腹部最后一节末端生有2个较粗大、向上弯曲的小刺，臀节背面除中央部分有一小块光滑区外，其余均生有细毛和小刺（图3-57-c～d）。

蛹：橙黄色，后期颜色加深，裸蛹（图3-57-e～f）。

（a）茎秆内刚羽化的成虫（白全江　拍摄）

（b）成虫（云晓鹏　拍摄）

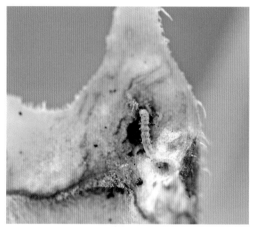

（c）叶柄基部的幼虫及蛀孔
（云晓鹏　拍摄）

（d）茎秆内幼虫及为害形成的隧道
（白全江　拍摄）

（e）蛹（白全江　拍摄）

（f）茎秆上的羽化孔（白全江　拍摄）

图3-57　向日葵花蚤

〔生活习性〕

向日葵花蚤成虫有在向日葵叶柄上方产卵的习性。成虫在晴天高温条件下活动范围广、活动量大，低温阴雨天活动量小，夜晚不活动，伏在叶面上不动。成虫交尾多选择在晴天、风小、高温时进行，交尾方式为后背式。成虫产卵时对位置有一定选择性，卵多产在叶背面靠近叶脉的一侧或靠近一根刚毛的地方。成虫个体间寿命长短差异较大，短的只存活10天左右，长的可达80天以上，平均寿命30~40天。向日葵花蚤幼虫孵化后直接进入植物的表皮，很快在向日葵茎秆表面形成水浸状条斑，条斑长可达10~15 mm，宽约1 mm，然后进入表皮与韧皮部之间取食，并完成其低龄阶段。

〔发生规律〕

向日葵花蚤1年发生1代。以老龄幼虫在向日葵茎秆内越冬。幼虫在向日葵茎内髓部蛀食形成不规则的隧道，并在其中越冬。低龄幼虫体长0.5~2.2 mm，活动区间小。老龄幼虫体长可达0.7 cm，活动范围大，在隧道内能进能退，还可蛀入向日葵的花盘为害。越冬幼虫在化蛹前将隧道蛀到皮层，蛀食到只剩下一层膜即可钻出茎秆，幼虫靠近皮层化蛹，蛹羽化后即咬破表皮膜钻出。幼虫期可达240~300天，翌年5月初开始活动，向茎表蛀隧道，并于茎表下化蛹，5月15—20日为化蛹高峰期，蛹期5~7天。5月25日前后为羽化高峰。羽化后成虫钻出茎外，迁入向日葵田，产卵于向日葵幼茎的皮层下。

〔防治方法〕

农业防治：秋后或早春成虫羽化前，清理受害向日葵茎秆，压低越冬虫量，同时将田间地埂的苍耳全部处理完毕。

化学防治：在成虫产卵后，卵孵化前，喷施杀虫剂。选用5%高效氯氰菊酯乳油2 000倍液或40%乙酰甲胺磷乳油800~1 000倍液田间施药，每7天喷1次，共施3~4次。

## 59. 杨氏姬花蚤（*Mordellistena yangi* Fan）

〔分布与为害〕

杨氏姬花蚤除寄生向日葵外，还寄生菊科杂草苍耳。幼虫钻入茎秆内，在髓部蛀食为害，造成弯曲的隧道，使向日葵茎秆变黑、褐腐，茎秆中空，维管束变质，营养水分供应受阻，不仅使茎秆易折，而且造成秕实率增加，千粒重下降，严重者致使植株早衰。

〔形态特征〕

雄性体长2.8~2.9 mm；鞘翅长2.3~2.5 mm；鞘翅宽0.90~0.95 mm；臀锥长1.1~2.0 mm。雌性体长3.1~3.2 mm；鞘翅长2.55~2.65 mm；鞘翅宽1.1~1.2 mm；臀锥长1.15~1.25 mm。体黑色，密被褐色短毛，具金色光泽。雄性头前缘及唇基黄色或橘黄色。前足腿节、胫节、中足腿节棕黄色；前足跗节、中足胫节、跗节棕褐色；后足黑色。

雌性头前缘无淡色区，仅唇基前缘和上唇棕红色。足黑色，仅前足腿节、胫节及中足腿节棕红色。额呈球形隆起，复眼梨形。触角黑色，基部4节黄色或黄褐色；第四节明显短于第五节，5～10节弱锯齿状，长为宽的1.8～2.0倍。触角端节椭圆形，是前一节的1.7倍。下颚须刀片状，内缘长于端缘，基部橘黄色，端部略深。前、中足倒数第二跗节有极微弱的缺刻，不呈双叶状。后足胫节端距2条，黄褐色，内端距是外端距2.5倍长。前胸背板宽大于长，侧缘弯曲，后侧角圆钝。鞘翅端缘叉开，臀锥细长，末端尖锐，其长度为臀下板长度2倍、鞘翅长度的1/2。阳基侧突左右两叶均在基部1/3处分叉。

〔生活习性〕

成虫钻出茎秆后即飞入向日葵田间，此时向日葵为苗期。成虫喜欢高温强光，晴天高温活跃，活动量大，范围广；低温阴雨天活动量小或附在叶背上不动，晚间不活动，静静地伏在叶面或茎秆上。成虫多选择在晴天、高温、风力较小时交尾产卵，对产卵位置有一定选择，多选择向日葵中下部茎秆和叶片上产卵，而且卵多产在靠近一根刚毛的地方或叶背面靠近叶脉的一侧。产卵时雌虫先用尖锐的臀锥（伪产卵器）将寄主表皮划破，然后将卵产在划破皮处，产卵后雌虫尾部分泌一种带黏液的细白丝，将卵和附近的刚毛连在一起，使卵固定下来。成虫个体间寿命长短差异较大，短的只存活10～15天，长的可达60天左右，平均寿命30天。

〔发生规律〕

杨氏姬花蚤在吉林白城向日葵产区1年发生1代，以不同虫龄幼虫在向日葵茎秆内越冬，以老龄幼虫为主要越冬虫态。越冬幼虫翌年5月初开始活动，向茎表蛀隧道，并于茎表皮下只剩一层薄膜处化蛹，越冬幼虫于6月上旬开始化蛹，化蛹时幼虫不动，虫体变浅黄或白，化蛹盛期在6月16—24日，蛹期6～8天，6月下旬开始羽化，6月22至7月2日为羽化高峰。羽化后的成虫从化蛹前蛀成的剩一层薄膜的孔钻出寄主植物茎秆，在茎秆上留下与羽化虫数相等量的孔洞，每个茎秆上8～25个。

〔防治方法〕

参照向日葵花蚤防治方法。

## 60. 美洲斑潜蝇（*Liriomyza sativae* Blanchard）

〔分布与为害〕

美洲斑潜蝇属双翅目潜蝇科。在全国各地均有分布，寄主植物多达22科110种以上，其中以葫芦科、茄科和豆科植物受害最重。在向日葵种植区偶尔发生，但在海南三亚南繁区向日葵受害十分严重。该虫以幼虫潜食植物叶片为害叶肉，幼苗期幼虫和成虫的为害可导致幼苗全株死亡，造成缺苗断垄；成株期受害，可加速叶片脱落，引起果实日灼，造成减产。幼虫潜食叶肉，形成蛇形潜道，粪便排泄到潜道内，影响光合作用及水分运输，从而造成产量损失（图3-58）。

（a）受害的叶片　　　　　　　　　　（b）田间受害的向日葵

图3-58　美洲斑潜蝇为害状（白全江　拍摄）

〔形态特征〕

成虫：体长1.3～2.3 mm，浅灰黑色，胸背板亮黑色，体腹面黄色，雌虫体比雄虫大（图3-59-a）。

卵：米色，半透明，大小（0.2～0.3）mm×（0.10～0.15）mm。

幼虫：蛆状，初无色，后变为浅橙黄色至橙黄色，长3 mm。

蛹：椭圆形，橙黄色，腹面稍扁平，大小（1.7～2.3）mm×（0.50～0.75）mm（图3-59-b）。

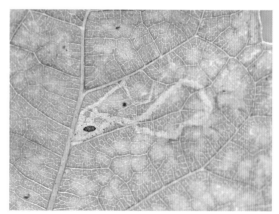

（a）成虫　　　　　　　　　　　　（b）蛹

图3-59　美洲斑潜蝇（白全江　拍摄）

〔生活习性〕

成虫具有趋光、趋绿和趋化性，对黄色趋性更强。有一定飞翔能力。成虫吸食叶片汁液，以产卵器刺伤叶片，形成针尖大小的刺伤孔。雌虫把卵产在刺伤孔表皮叶肉中，卵经2～5天孵化，幼虫期4～7天。初孵幼虫潜食叶肉，主要取食栅栏组织，并形成隧道，隧道端部略膨大。老龄幼虫咬破隧道的上表皮爬出道外，在叶外或土表下化蛹，蛹经7～14天羽化为成虫。

〔发生规律〕

美洲斑潜蝇在海南可周年发生，无越冬现象，1年发生21～24代，有明显的世代重叠现象。北方向日葵产区，苗期处于6月，此时气候有利于美洲斑潜蝇的发生。美洲斑潜蝇在赤峰市宁城县1年可发生3～4代。5月中旬始见成虫活动，5月末见幼虫，6月初为幼虫为害盛期。6月中旬见第一代成虫，6月末以后世代重叠，9月中旬各虫态均不见。

雌成虫以产卵器刺伤叶片，咬食汁液，并在伤孔表皮下产卵，产卵期2～4天。卵经2～5天孵化，幼虫期4～7天，孵出的幼虫即在叶片或叶柄中取食为害，末龄幼虫咬破叶表皮在叶外或在土表皮下化蛹。蛹经7～14天羽化为成虫，每世代夏季14～28天，冬季42～56天，幼虫最适活动温度为25～30℃，当气温超过35℃时，成虫和幼虫活动受到抑制。

〔防治方法〕

农业防治：①轮作倒茬，在美洲斑潜蝇发生严重的地区最好实行轮作换茬，减轻为害；②深耕土壤，针对美洲斑潜蝇落地化蛹的特点，提倡深翻土壤，使田间土壤表层中的蛹不能羽化；③清除田间杂草，美洲斑潜蝇的野生寄主相当丰富，为了降低虫口基数，不仅要防除寄主作物上的美洲斑潜蝇，也要防除杂草上的美洲斑潜蝇，所以田内外的杂草残枝败叶要彻底清除。

物理防治：针对美洲斑潜蝇成虫有趋黄色的习性，在成虫高峰期，在田中插黄板挂黄条诱杀成虫。

生物防治：释放姬小蜂、反颚茧蜂、潜蝇茧蜂等对斑潜蝇寄生率均较高的寄生蜂。保护利用天敌，维护自然生态平衡是防治美洲斑潜蝇的重要一环。选择一些对美洲斑潜蝇天敌昆虫杀伤小的生物农药，如1.2%烟碱·苦参碱乳油等。

化学防治：当叶片有幼虫5头时选用1.8%阿维菌素乳油3 000～4 000倍液、20%啶虫脒乳油1 500倍、48%毒死蜱乳油1 000倍液、25%杀虫双水剂500倍液或70%吡虫啉水分散粒剂10 000倍液进行叶面喷雾。

# 参 考 文 献

陈光辉,尹弯,李勤,等,2016.双斑长跗萤叶甲研究进展[J].中国植保导刊,36 (10)：19-26.

陈寅初, 柳延涛, 黄爱军, 等, 2010. 向日葵白星花金龟子的发生及防治[J]. 甘肃农业科技 (12) : 55-56.

郭文超, 许建军, 何江, 等, 2004. 新疆农作物和果树新害虫—白星花金龟[J]. 新疆农业科学, 41 (5) : 322-323.

郭予元, 2014. 中国农作物病虫害[M]. 3版. 北京: 中国农业出版社.

江幸福, 罗礼智, 2010. 我国甜菜夜蛾迁飞与越冬规律研究进展与趋势[J]. 长江蔬菜 (18) : 36-37.

李建勋, 李娟, 程伟霞, 等, 2008. 甜菜夜蛾成虫生物学特性研究[J]. 中国农学通报 (5) : 318-322.

李文博, 高宇, 崔娟, 等, 2020. 温度对短额负蝗生长发育及种群趋势的影响[J]. 中国油料作物学报, 42 (1) : 127-133.

刘艳玲, 雷金繁, 白岗栓, 等, 2020. 关中平原樱桃园白星花金龟子的发生与防治[J]. 安徽农业科学, 48 (6) : 122-126.

吕庆, 达可, 韩建青, 2002. 柴达木地区甘蓝夜蛾生物学特性及防治[J]. 青海大学学报 (自然科学版) (2) : 28.

马文珍, 1995. 中国经济昆虫志: 第46册 鞘翅目: 花金龟科、斑金龟科、弯腿金龟科 [M]. 北京: 科学出版社: 119-120.

内蒙古自治区农牧业科学院植物保护研究所. 向日葵螟绿色防控技术规程: DB15/T 697—2014[S].

乔志文, 王积琛, 李彦丽, 2020. 甘蓝夜蛾研究进展[J]. 中国农学通报, 36 (18) : 147-153.

商鸿生, 王凤葵, 胡小平, 2014. 向日葵病虫害诊断及防治技术 [M]. 北京: 金盾出版社, 140-141.

王晓鸣, 王振营, 2018. 中国玉米病虫草害图鉴 [M]. 北京: 中国农业出版社.

杨诚, 2014. 白星花金龟生物学及其对玉米秸秆取食习性的研究[D]. 泰安: 山东农业大学.

张聪, 袁志华, 王振营, 等, 2014. 双斑长跗萤叶甲在玉米田的种群消长规律[J]. 应用昆虫学报, 51 (3) : 668-675.

张筱秀, 连梅力, 李唐, 等, 2007. 甘蓝夜蛾生物学特性观察[J]. 山西农业科学 (6) : 96-97.

赵占江, 陈恩祥, 张毅, 1992. 旋幽夜蛾生物学特性与防治研究[J]. 中国甜菜 (4) : 27-30.

# 第四章

## 向日葵田间杂草

　　向日葵作为我国具有地区特色和优势的重要经济作物，有较强的抗旱、耐瘠薄和耐盐碱性，是内蒙古、新疆、吉林和黑龙江等地的主要经济作物。全国向日葵种植面积在1 756万亩左右，而向日葵田间杂草是影响产量和质量的重要因素之一，在内蒙古东部、吉林、黑龙江向日葵田杂草有23科50多种，其中阔叶杂草占80%左右，禾本科杂草占17%左右，其他2种（向日葵列当、菟丝子）。由于各地生态环境和种植模式的差异，田间杂草的优势种群各不相同，可导致向日葵的产量损失达15%左右，严重的导致绝收。不同地区向日葵田间杂草种类、群落组成及发生规律存在差异，在内蒙古、新疆为害较严重的杂草有藜、小藜、灰绿藜、地肤、苍耳、苦苣菜、刺儿菜、猪毛菜、碱蓬、稗、狗尾草、芦苇以及向日葵列当等。

# 第一节　单子叶植物杂草

## 1. 稗 [ *Echinochloa crus-galli*（L.）Beauv. ]

〔分布与为害〕

　　稗属禾本科（Poaceae）稗属（*Echinochloa*），又称稗子、扁扁草，广泛分布在全国各地及全世界温暖地区。喜欢温暖湿润环境，发生在潮湿旱地，是水稻田为害最为严重的恶性杂草，也为害大豆、向日葵、棉花等秋熟作物。

〔形态特征〕

　　成株：一年生草本。秆高50～150 cm，光滑，无叶舌；叶片扁平，线形，边缘粗糙。圆锥花序尖塔形，直立；主轴具棱，粗糙或具疣基长刺毛；分枝斜上举或贴向主轴，有时再分小枝；穗轴粗糙或生疣基长刺毛；小穗卵形，脉上密被疣基刺毛，具短柄或近无柄，密集在穗轴的一侧；第一颖三角形，长为小穗的1/3～1/2，具3或5脉，脉上具疣基毛，先端尖；第二颖与小穗等长，先端具小尖头，具5脉，脉上具疣基毛；第一小花通常中性，其外稃草质，具5～7脉，脉上具疣基刺毛，顶端延伸成0.5～3.0 cm的芒，内稃薄膜质，具2脊；第二外稃平凸状，椭圆形，平滑，成熟后变硬，顶端具小尖头，边缘内卷，紧包内稃，顶端露出。花果期夏秋季。

　　子实：颖果椭圆形，长2.5～3.5 mm，凸面有纵脊，黄褐色。

　　幼苗：子叶留土。第一片真叶线状披针形，具15条直出平行脉，无叶耳，叶舌；第二片真叶与前者相似。

〔生物学特性〕

一年生直立草本,春季气温10～11 ℃以上开始萌发出苗,6月中旬抽穗开花,6月下旬开始成熟。

（a）幼苗及田间为害状 　　　　　（b）成株 　　　　　（c）圆锥花序

图4-1　稗（黄红娟　拍摄）

## 2. 狗尾草 [ *Setaria viridis*（L.）Beauv. ]

〔分布与为害〕

狗尾草属禾本科（Poaceae）狗尾草属（*Setaria*）,别名莠、谷莠子,广泛分布在全国各地;为旱地作物常见杂草。对麦类、谷子、玉米、棉花、豆类、向日葵、花生、薯类、蔬菜、甜菜、马铃薯、苗圃、果树等秋熟旱地作物造成为害。发生严重时可形成优势种群密被田间,争夺水肥,造成作物减产。狗尾草是叶蝉、蓟马、蚜虫、小地老虎等诸多害虫的寄主,生命力顽强。

〔形态特征〕

成株:一年生草本。秆直立或基部膝曲,丛生,高10～100 cm。叶鞘松弛,无毛或疏具柔毛;叶舌极短,缘有1～2 mm的纤毛;叶片线状披针形,先端渐尖,基部钝圆形,长4～30 cm,宽2～18 mm。圆锥花序紧密呈圆柱状,直立或稍弯垂,主轴被较长柔毛,长2～15 cm;小穗2至数枚簇生于短小枝上,基部有刚毛状小枝1～6条,成熟后与刚毛分离而脱落;第一颖卵形、长为小穗的1/3,具3脉;第二颖几与小穗等长,具5～7脉;第一外稃与小穗等长,具5～7脉;第二外稃椭圆形,顶端钝,具细点状皱纹,边缘内卷;花柱基分离。

子实:颖果灰白色,近卵形,腹面扁平,脐圆形。花果期5—10月。

幼苗:第一叶倒披针状椭圆形,先端锐尖,无毛,叶片近地面,第二至第三叶狭倒披针形,先端尖,叶舌毛状,叶鞘无毛,叶耳处有紫红色斑。

〔生物学特性〕

狗尾草繁殖能力很强，如水分充足，分枝较多，最多1株分枝高达285个，其中大部分可成穗。种子外有一个坚硬的厚壳，成熟后要进行短期休眠。狗尾草在三叶期前生长缓慢，此时根系比较细弱，主要依靠种子储藏的营养物质生长。从分蘖期开始其侧根和不定根大量生长，根系扎入深土层，抗逆性增强，拔节期开始茎叶旺盛生长，植株各部分体积迅速增大，这时与农作物的竞争力最强，对作物的为害最大。狗尾草7月中下旬抽穗开花，8月中旬开始成熟，成熟期一直可延续到9月上旬。生育期为95～110天。狗尾草出苗深度为0.2～6.6 cm，出苗的适宜深度为1.6～3.5 cm。随着播种深度的增加出苗数量减少，出苗时间推迟。狗尾草的出苗与土壤水分、覆土深浅、土壤松实有密切关系。

（a）幼苗

（b）田间为害状

（c）圆锥花序

（d）成熟期

图4-2 狗尾草（黄红娟 拍摄）

## 3. 马唐 [ *Digitaria sanguinalis* ( L. ) Scop. ]

〔分布与为害〕

马唐属禾本科（Poaceae）马唐属（*Digitaria*），别名蹲倒驴，广泛分布在全国各地旱地作物田，以秦岭淮河一线以北地区发生面积最大；生于路旁、荒野，广布于全球的温带和亚热带山地。马唐是秋熟旱作物地恶性杂草，发生数量、分布范围在旱地杂草中均居首位，以作物生长的前中期为害为主，常与毛马唐混生为害。主要为害玉米、豆类、棉花、花生、向日葵、瓜类、薯类、谷子、高粱、蔬菜和果树等作物，是棉铃虫和稻飞虱的寄主，并能感染粟瘟病、麦雪腐病和菌核病等。

〔形态特征〕

成株：一年生草本。秆直立或下部倾斜，膝曲上升，高10～80 cm，直径2～3 mm，无毛或节生柔毛。叶鞘松弛，疏生疣基软毛；叶舌膜质；总状花序长5～18 cm，4～12枚成指状着生于长1～2 cm的主轴上；穗轴直伸或开展，两侧具宽翼，边缘粗糙；小穗椭圆状披针形，长3.0～3.5 mm；第一颖小，短三角形，无脉；第二颖具3脉，披针形，长为小穗的1/2左右，脉间及边缘大多具柔毛；第一外稃等长于小穗，具7脉，中脉平滑，两侧的脉间距离较宽，无毛，边脉上具小刺状粗糙，脉间及边缘生柔毛；第二外稃近革质，灰绿色，顶端渐尖，等长于第一外稃；花药长约1 mm。

子实：带稃颖果，第二颖边缘具纤毛，第一外稃侧脉无毛或毛间贴生柔毛。颖果椭圆，淡黄色或白色。

幼苗：密被柔毛，胚芽鞘阔披针形，半透明膜质，第一片真叶具有一狭窄环状而顶端齿裂的叶舌，叶舌长1～3 mm；叶片和叶鞘均被长毛。

〔生物学特性〕

一年生草本，苗期4—6月，花果期6—11月。马唐既能进行有性繁殖，又能进行无性繁殖，以种子繁殖为主。马唐种子成熟后处在生理休眠阶段，从植株落粒后不立即发芽。翌年4月马唐种子基本通过休眠，如果温度、水分等条件合适即可萌发。在0～30 ℃马唐种子发芽率随温度上升而提高，30 ℃时马唐种子发芽率最高，≥35 ℃发芽率急剧下降。其60%种子发芽的有效积温为549.4 ℃。

马唐为非光敏型种子，即发芽速度及发芽率与光照关系不大。从出苗至籽粒成熟需63～111天，所需≥0 ℃积温1 379.6～2 715.7 ℃。出苗越早的马唐植株生长期越长，反之越短。马唐种子在0.5～7.0 cm播种深度下均能出苗。0.5～4.0 cm播种深度内，种子出苗率最高，播种深度4.0 cm以上出苗率降低，当播种深度7.0 cm以上时，播种后20天内未见马唐出苗。

（a）幼苗　　　　（b）植株分蘖　　　　（c）总状花序

图4-3　马唐（黄红娟　拍摄）

# 4. 野燕麦（*Avena fatua* L.）

〔分布与为害〕

野燕麦属禾本科（Poaceae）燕麦属（*Avena*），别名燕麦草、乌麦、铃铛麦，广泛分布在我国南北各省份，在欧洲、北美洲、非洲、大洋洲以及亚洲温寒地带等地区均有分布。野燕麦是农田恶性杂草，严重为害作物生长，其分蘖能力强、繁殖率高、适应广泛，主要为害小麦，对油菜、向日葵、豆类和瓜类等作物也造成为害。

〔形态特征〕

成株：一年生杂草。秆直立，光滑无毛。叶鞘松弛，叶舌膜质透明。圆锥花序，开展；小穗长18～25 mm，含2～3小花，其柄弯曲下垂，顶端膨胀；小穗轴密生淡棕色或白色硬毛，具关节，易断落；颖草质，几相等，具9脉；外稃质地坚硬，第一外稃长15～20 mm，背面中部以下具淡棕色或白色硬毛，芒自稃体中部稍下处伸出，长2～4 cm，膝曲，芒柱棕色。

子实：颖果纺锤形，被淡棕色柔毛，腹面具纵沟，长6～8 mm，宽2～3 mm。

幼苗：叶片初生时卷成筒状，细长，扁平，略扭曲，叶缘有倒生短毛，叶舌较短，膜质透明，先端具不规则齿裂。叶鞘具短柔毛。

〔生物学特性〕

适宜发芽温度10～20 ℃，发芽适宜深度2～7 cm，西北地区3—4月出苗，花果期6—8月。华北及以南地区10—11月出苗，花果期5—6月。分蘖力强，再生力强，抗逆性强。结籽量大，1个小穗结籽2～5粒，平均每株结籽257.6粒，最多1株结籽2 114粒，主茎穗最多结籽327粒。种子由穗顶部开始向下成熟，自行脱落。种子有移动性，种子上的芒很易吸水，空气湿度大时，芒吸水后以顺时针方向向前转动，带动种子向前移动位置，可连续转动1.0～2.5分钟，使种子连转3圈；在空气干燥时，芒失水以反时针方向转动，带动种子向后移动。

| （a）成株 | （b）圆锥花序 | （c）颖果 |

图4-4　野燕麦（黄红娟　拍摄）

## 5. 虎尾草（*Chloris virgata* Sw.）

〔分布与为害〕

虎尾草属禾本科（Poaceae）虎尾草属（*Chloris*），别名盘草、刷子头、棒槌草，遍布于全国各省份；全世界热带至温带均有分布，海拔可达3 700 m。适宜生于向阳地，常群生于农田，荒地，路旁等，为害棉花、玉米、花生、向日葵、果园等秋熟作物。是高粱蚜的寄主。

〔形态特征〕

成株：丛生，杆无毛，直立或基部膝曲，高12～75 cm，淡紫红色；叶鞘无毛，叶舌具微纤毛，长约1 mm。叶片条状披针形。穗状花序5～10枚簇生茎顶，呈指状排列；小穗排列于穗轴的一侧，成熟后紫色，无柄，长约3 mm；颖膜质，1脉；第一小花两性，倒卵状披针形；内稃膜质，稍短于外稃，脊被微毛；第二小花不孕，长楔形，先端平截或微凹，芒长4～8 mm，自背上部一侧伸出。

子实：颖果，淡黄色，狭椭圆形或纺锤形，无毛而半透明。

| （a）植株 | （b）穗状花序 | （c）田间为害状 |

图4-5　虎尾草（黄红娟　拍摄）

幼苗：第一叶长6～8 mm，叶下多毛，叶鞘边缘膜质，有毛，叶舌极短，植株幼时铺散成盘状。

〔生物学特性〕

一年生草本。种子繁殖，借风或动物传播，华北地区4—5月出苗，花果期5—9月。

## 6. 芦苇［*Phragmites australis*（Cav.）Trin. ex Steud.］

〔分布与为害〕

芦苇属禾本科（Poaceae）芦苇属（*Phragmites*）的多年生恶性杂草。广布全国各地。芦苇在水、旱田都可生长，耐盐碱，低洼地区农田普遍发生，黄河流域局部地区农田为害严重。

〔形态特征〕

成株：多年生，具匍匐粗壮根状茎，黄白色，节间中空，每节生有一芽，节上生须根。秆高1～3 m，径1～4 cm，具20多节，节下被腊粉；叶鞘圆筒形，无毛或具细毛，叶舌有毛；圆锥花序顶生，长20～40 cm，分枝多数，着生稠密下垂的小穗；小穗柄无毛；小穗具4～7花；颖具3脉，第一颖长3～7 mm；第二颖长5～11 mm；第一花通常为雄性，外稃无毛；孕性花外稃先端渐尖，基盘长柔毛，两侧密生等长于外稃的丝状柔毛，与无毛的小穗轴相连接处具关节，成熟后易自关节脱落；内稃长约3 mm，两脊粗糙。

子实：颖果椭圆形，长约1.5 mm，与内稃和外稃分离。

〔生物学特性〕

多年生高大草本，根茎粗壮，在砂质地可长达10 m。4—9月长苗，8—9月开花，以种子、根茎繁殖。喜生于江河湖泽、池塘沟渠沿岸和低湿地。芦苇对环境适应性很强，常与作物争光、争肥、争水，严重影响作物产量和品质。

（a）苗期及田间为害状　　　（b）成株期　　　（c）圆锥花序

图4-6　芦苇（白全江　拍摄）

# 第二节　双子叶植物杂草

## 一、苋科

### 7. 藜（*Chenopodium album* L.）

〔分布与为害〕

藜属苋科（Chenopodiaceae）藜属（*Chenopodium*），别名灰条菜、落藜，分布遍及全球温带及热带，我国各地均有分布。藜是北方春小麦田的主要杂草，也在棉花、豆类、薯类、蔬菜、向日葵、花生、玉米、果园等地发生，常形成单一群落，是草地螟、地老虎、棉铃虫、棉蚜的寄主。

〔形态特征〕

成株：一年生草本，高30～150 cm。茎直立，粗壮，具条棱及绿色或紫红色条纹，多分枝；叶片菱状卵形至宽披针形，长3～6 cm，宽2.5～5.0 cm，先端急尖或微钝，基部楔形至宽楔形，边缘具不整齐锯齿；上面通常无粉，有时嫩叶的上面有紫红色粉，下面多少有粉粒。花两性，花簇排列成穗状圆锥状或圆锥状花序，顶生或叶腋；花被裂片5，宽卵形至椭圆形，背面具纵隆脊，边缘膜质；雄蕊5，柱头2。

子实：胞果完全包于花被内，或顶部稍外漏，果皮与种子贴生。种子横生，双凸镜状，直径1.2～1.5 mm，黑色，有光泽，表面具浅沟纹；胚环形。花果期5—10月。

幼苗：子叶近线形或披针形，先端钝，肉质，略带紫色。叶下面有白粉，具柄。初生叶2片，长卵形，先端顿，边缘略呈波状，主脉明显，叶片下面多紫红色，具白粉。后生叶呈三角状卵形，全缘或有钝齿。

〔生物学特性〕

适应干旱环境，适合生长于农田、菜园、村舍附近或有轻度盐碱的土地，主要为害旱作物田。苗期3—4月，花果期5—10月。藜属于二倍体植物，以种子繁殖，通常成熟后自然落地，并以此种方式进行传播。在农田生态系统因藜的生长特征和农事操作有利于其与作物竞争养分、水分、光和空间，严重影响了作物产量。免耕、作物轮作、施肥过量等都会促进藜的发生。藜具有耐寒、耐旱、耐盐碱及耐瘠薄的生物学特性。

（a）幼苗期　　　　　　　　（b）成株期　　　　　　　　（c）田间为害状

图4-7　藜（黄红娟　拍摄）

## 8. 小藜（*Chenopodium ficifolium* Smith）

〔分布与为害〕

小藜属苋科（Chenopodiaceae）藜属（*Chenopodium*），别名灰菜，除西藏外，全国各地均有分布。小藜是作物田间的主要杂草，对玉米、棉花、高粱、向日葵、大豆及蔬菜等秋作物有严重为害，是区域性的恶性杂草。

〔形态特征〕

成株：一年生草本，高20～50 cm。茎直立，具绿色纵条棱。叶互生，有柄，叶片卵状矩圆形，长2.5～5.0 cm，宽1.0～3.5 cm，先端钝，通常三浅裂；中裂片两边近平行，先端钝或急尖并具短尖头，边缘具深波状锯齿；侧裂片位于中部以下，通常各具2浅裂齿。花序穗状或圆锥状，腋生或顶生。花两性，数个团集，花被片5片，先端顿，花被近球形，背面具微纵隆脊并有密粉；雄蕊5枚，开花时外伸；柱头2个，线形。

子实：胞果包在花被内，果皮膜质，与种子贴生。种子横生，双凸镜状，黑色，有光泽，直径约1 mm，边缘有棱，表面具六角形细洼；胚环形。4—5月开始开花。

幼苗：子叶线形，肉质，基部紫红色，具短柄。初生叶2片，线形，先端钝，全缘，叶下面略呈紫红色，具短柄。下胚轴与上胚轴均较发达。后生叶披针形，叶缘具波状齿，叶下面被白粉。

〔生物学特性〕

种子繁殖、越冬，1年2代。第一代3月发苗，5月开花，6月初果实逐渐成熟；第二代随着秋熟作物的早晚不同，其物候期不一，通常7—8月发芽，9月开花，10月果实成熟，一成株产种子数万至数十万粒。生殖力强,在土层深处保持10年以上仍有发芽力,被牲畜食用后排出体外仍能发芽。为害性较大,与作物争夺阳光、养分、水分等,也是病虫害的传播者,会造成农作物不同程度的减产。具有强大的繁殖能力,顽强的适应能力,生长发育快,传播途径广,容易蔓延和产生为害。

|（a）幼苗|（b）成株|（c）穗状花序|

图4-8　小藜（黄红娟　拍摄）

## 9. 灰绿藜（*Chenopodium glaucum* L.）

〔分布与为害〕

灰绿藜属苋科（Chenopodiaceae）藜属（*Chenopodium*）广泛分布在我国东北、华北、西北、江苏、浙江、西藏等地区。主要为害生长在轻盐碱地的小麦、棉花、向日葵、蔬菜等作物田,发生量大,为害严重。

〔形态特征〕

成株:一年生草本,高20~40 cm。茎平卧或斜升,具条棱及绿色或紫红色色条。叶互生,具短柄,叶片厚,矩圆状卵形至披针形,长2~4 cm,宽6~20 mm,先端急尖或钝,基部渐狭,边缘具缺刻状牙齿,上面无粉,下面有粉而呈灰白色,有稍带紫红色。花两性兼有雌性,通常数花聚成团伞花序排列成穗状或圆锥状花序;花被裂片3~4,浅绿色,稍肥厚;雄蕊1~2,花丝不伸出花被,花药球形;柱头2,极短。

子实:胞果顶端露出于花被外,果皮膜质,黄白色。种子扁球形,横生、斜生及直立,暗褐色或红褐色,边缘钝,表面有细点纹。花果期5—10月。

幼苗:子叶呈紫红色,狭披针形,先端钝,肉质,具短柄。初生叶1片,三角状卵形,先端圆,基部戟形,叶片下面有白粉。

〔生物学特性〕

一年生草本,花果期6—9月。种子繁殖。灰绿藜种子通常于7月下旬开始成熟,单株结实量大,种子细小。灰绿藜种子在萌发阶段对光不敏感。种子萌发的最适温度为35 ℃左右,种子萌发阶段对持续高温(45 ℃)有一定的耐受力,短暂的高温处理并不影响种子的活力。

（a）幼苗　　　　　　　　（b）花果　　　　　　　　（c）田间为害状

图4-9　灰绿藜（黄红娟　拍摄）

## 10. 中亚滨藜（*Atriplex centralasiatica* Iljin）

〔分布与为害〕

中亚滨藜属苋科（Chenopodiaceae）滨藜属（*Atriplex*），分布在吉林、辽宁、华北、西北及西藏等地。生于戈壁、荒地、海滨及盐土荒漠，有时也侵入田间。在盐碱较重的农田中，影响作物产量，又严重妨碍机械收割，胞果一同混入谷物之中，不仅影响产品质量，还易引起霉烂。

〔形态特征〕

成株：一年生草本，高15～30 cm。茎通常自基部分枝，开展；枝钝四棱形，黄绿色，无色条，有粉或下部近无粉。叶互生，有短柄，枝上部的叶近无柄；叶片卵状三角形至菱状卵形，长2～3 cm，宽1.0～2.5 cm，边缘具疏锯齿，近基部的1对锯齿较大而呈裂片状，或仅有1对浅裂片而其余部分全缘，先端微钝，基部圆形至宽楔形，上面灰绿色，无粉或稍有粉，下面灰白色，有密粉。团伞花序生于叶腋；于枝端及茎顶形成间断的穗状花序。雄花花被5深裂，裂片宽卵形，雄蕊5枚；雌花的苞片2片，近半圆形至平面钟形，边缘近基部以下合生，果期膨大，包围果实，表面具多数疣状或肉棘状附属物，缘部草质或硬化，边缘具不等大的三角形牙齿。

子实：胞果扁平，宽卵形或圆形，果皮膜质，白色，与种子贴伏。种子直立，红褐色或黄褐色，直径2～3 mm。花期7—8月，果期8—9月。

〔生物学特性〕

中亚滨藜4月中旬出土，经6～7天长出初生叶，以后一般隔7～8天长出1对真叶。出苗至发生分枝，需20～26天。自然情况下，于5月中旬现蕾，5月下旬始花，盛花期在6月上旬，7月上旬果实开始成熟，7月下旬逐渐枯死。1个植株上可结出大中小3类胞果，总重可达50 g。当年发生的胞果中，除大粒型有少数可在当年秋季发芽出土外，绝大多数进入休眠状态，于第二年或第三年萌发。平均气温达到2 ℃以上时，即可发芽出苗，最适温度在12～15 ℃，超过20 ℃则很少再出土。其根系发达，植株和叶片具有抵抗强烈日光照射的旱生构造，耐旱。在淹水情况下，因空气不足而极少出土，即使出土也很快死亡。中亚滨藜对光照要求比较严格，缺苗或无苗地段，植株生长较快，枝叶繁茂，结果很多，郁蔽条件下，植株生长瘦弱，分枝少，结果也少，生育期延长。非常耐瘠薄，抗盐碱。

（a）成株　　　　　　　（b）团伞花序　　　　　　（c）田间为害状

图4-10　中亚滨藜（黄红娟　拍摄）

## 11. 刺藜（*Chenopodium aristatum* L.）

〔分布与为害〕

刺藜属苋科（Chenopodiaceae）藜属（*Chenopodium*），别名针尖藜、刺穗藜，分布在东北、华北、西北、四川、江苏等地；朝鲜、日本、蒙古国、中亚地区、欧洲和北美等地也有分布。为农田常见杂草，多生于高粱、玉米、向日葵、大豆、谷子田间，部分田块为害严重。

〔形态特征〕

成株：一年生草本，植物体通常呈圆锥形，高10～40 cm，无粉，秋后常带紫红色。茎直立，多分枝，圆柱形或具条纹。叶条形至狭披针形，长达7 cm，宽约1 cm，全缘，先端渐尖，基部渐狭，中脉黄白色，明显。复二歧式聚伞花序生于枝端或叶腋，最末端的分枝针刺状；花两性，单生，几无柄；花被片5枚，狭椭圆形，背面稍肥厚，边缘膜质，果时开展，雄蕊5枚。

子实：胞果圆形，顶基稍压扁；果皮膜质透明，与种子贴生。种子横生，周边截平或具棱，黑褐色，有光泽。

幼苗：子叶长椭圆形，长约3 mm，先端急尖或钝圆，基部楔形，具柄。初生叶1，狭披针形，叶面疏生短毛，具短柄。上胚轴及下胚轴均较发达。

〔生物学特性〕

一年生草本。花期8—9月，果期10月。种子繁殖。

（a）成株

（b）聚伞花序

（c）果

（d）田间为害状

图4-11 刺藜（黄红娟 拍摄）

## 12. 地肤 [*Kochia scoparia*（L.）Schrad.]

〔分布与为害〕

地肤属苋科（Chenopodiaceae）地肤属（*Kochia*），别名扫帚苗、扫帚菜、观音菜、孔雀松，全国各地均有分布，欧洲及亚洲也有分布，生于田边、路旁、荒地等处。适应性强，各种土壤中均能生长，轻度盐碱地较多，为害秋收作物和果园，部分农田发生量大，为害较重。

〔形态特征〕

成株：一年生草本，高50~100 cm。根略呈纺锤形。茎直立，圆柱状，淡绿色或带紫红色，有多数条棱；分枝稀疏，斜上。叶披针形或条状披针形，无毛或稍有毛，先端短渐尖，基部渐窄成短柄，通常有3条明显的主脉，边缘有疏生的锈色绢状缘毛；茎上部叶较小，无柄，1脉。花两性或雌性，通常1~3个生于上部叶腋，构成疏穗状圆锥状花序，花下有时有锈色长柔毛；花被近球形，淡绿色，花被裂片近三角形，无毛或先端稍有毛；翅端附属物三角形至倒卵形，有时近扇形，膜质，脉不很明显，边缘微波状或具缺刻；花丝丝状，花药淡黄色；柱头2枚，丝状，紫褐色，花柱极短。

子实：胞果扁球形，包于宿存的花被内，果皮膜质，与种子离生。种子卵形，黑褐色，长1.5~2.0 mm，稍有光泽；胚环形，胚乳块状。

幼苗：除子叶外，全体密生长柔毛，子叶线性，长5~7 mm，宽1.5~2.0 mm，叶背紫红色，无柄。初生叶1，椭圆形，全缘，有睫毛，无柄。

〔生物学特性〕

一年生草本。春季出苗，花期6—9月，种子8—10月成熟。种子繁殖。

（a）幼苗　　　　　　　　（b）植株　　　　　　　　（c）花果

图4-12　地肤（黄红娟　拍摄）

## 13. 碱蓬［*Suaeda glauca*（Bunge）］

〔分布与为害〕

碱蓬属苋科（Chenopodiaceae）碱蓬属（*Suaeda*），别名灰绿碱蓬，分布在东北、西北、华北、浙江和江苏等地，国外分布在蒙古国、俄罗斯、朝鲜、日本。夏、秋作物田中常见，部分农田发生量较大，为害严重，是农田常见杂草。

〔形态特征〕

成株：一年生草本，高可达1 m。茎直立，粗壮，圆柱状，浅绿色，有条棱，上部多分枝；枝细长，开展。叶丝状条形，半圆柱状，肉质，通常长1.5～5.0 cm，宽约1.5 mm，灰绿色，光滑无毛，稍向上弯曲，先端微尖，基部稍收缩。花两性兼有雌性，单生或2～5朵簇生于叶的近基部处；小苞片2，短于花被，两性花花被杯状，长1.0～1.5 mm，黄绿色；雌花花被近球形，较肥厚，灰绿色；果期花被增厚呈五角星状，干后变黑色；雄蕊5，与花被片对生；柱头2，黑褐色，伸长较长。

子实：胞果包在花被内，果皮膜质。种子横生或斜生，双凸镜形，黑色，表面具清晰的颗粒状点纹，稍有光泽；胚乳很少。花果期7—9月。

幼苗：子叶线状，肉质，长约2 cm，宽2 mm，先端有小刺尖，无柄。初生叶1个，形状与子叶相同，光滑无毛。下胚轴发达，上胚轴较短。

〔生物学特性〕

一年生草本，春季萌发，发芽期长，夏季仍能见幼苗。喜生于海滨、荒地、渠岸、田边等含盐碱的土壤上，常成单群落或与盐地碱蓬混生一起。

（a）植株　　　　　　（b）果枝　　　　　　　　（c）田间为害状

图4-13 碱蓬（黄红娟 拍摄）

## 14. 猪毛菜（*Salsola collina* Pall.）

〔分布与为害〕

猪毛菜属苋科（Chenopodiaceae）猪毛菜属（*Salsola*），别名扎蓬棵、野鹿角菜、山叉明棵，国内分布在东北、华北、西北、西南、江苏北部等地，朝鲜、蒙古国、俄罗斯、巴基斯坦等国也有分布。生村边，路边及荒芜场所，为田园常见杂草。在适宜条件下常长成巨大植丛，对夏秋作物为害较大，抑制牧草生长，成片生长在退化的不毛之地和稀疏的牧草群落中，具有相当强的优势，常密被地面，欺死牧草，形成纯群，并迅速扩大蔓延，成为很难根除的害草。

〔形态特征〕

成株：一年生草本，高20～100 cm；茎自基部分枝，枝互生，伸展，茎、淡绿色，具条纹，生短硬毛或近于无毛。叶片丝状圆柱形，伸展或微弯曲，长2～5 cm，宽0.5～1.5 mm，顶端有硬刺尖。花序穗状，细长，生枝条上部；苞片卵形，顶部延伸，有刺状尖，边缘膜质；小苞片2枚，狭披针形，顶端有刺状尖，苞片及小苞片与花序轴紧贴；花被片5枚，卵状披针形，膜质，顶端尖，果时变硬，自背面中上部生鸡冠状突起；雄蕊5枚，花柱2枚，柱头丝状，长为花柱的1.5～2.0倍。

子实：胞果倒卵形，果皮膜质，深灰褐色。种子倒卵形，横生或斜生，直径约1.5 mm；胚螺旋状，无胚乳。

幼苗：下胚轴发达，淡红色。子叶暗绿色，线状圆柱形，先端渐尖，基部包茎，无柄。初生叶2，线形，有硬毛，先端具小刺尖。

〔生物学特性〕

猪毛菜为喜温抗寒植物，生于温带和寒温带。耕地、田边、路旁、沟边、荒地和人家周围均有生长。单生或群生，出现优势或单一群丛。土壤解冻不久种子就发芽，幼苗顶凌出土，可忍受8～10 ℃低温。幼苗在3月下旬和4月上中旬伴随温度的升高而迅速生长。7—8月开花，8—9月成熟。一株猪毛菜有种子数千至数万粒。种子不易脱落，枯株干后基部质脆，易被风刮断吹走，在随风滚动撞击中撒下种子。种子当年处于休眠状态，经过越冬才能发芽出苗。土壤深处不得发芽的种子，能保持几年不丧失发芽力。猪毛菜喜潮湿肥沃的土壤和充足的阳光，耐盐碱，适生在平坦多肥的开旷地上。在适宜的条件下，能长成球状的大株丛。

（a）植株

（b）叶片

（c）群生植株

图4-14　猪毛菜（黄红娟　拍摄）

## 二、马齿苋科

### 15. 马齿苋（*Portulaca oleracea* L.）

〔分布与为害〕

马齿苋属马齿苋科（Portulacaceae）马齿苋属（*Portulaca*），别名马齿菜、蚂蚱菜、马苋菜，我国南北各地均有分布，广布全世界温带和热带地区。为秋熟作物田主要杂草，华北地区为害程度最高。对蔬菜、棉花、大豆、向日葵等为害严重。

〔形态特征〕

成株：一年生草本，全株光滑无毛。茎平卧或斜倚，伏地铺散，多分枝，肉质，常带暗红色。叶互生或近对生，肉质，倒卵形，似马齿状，长1～3 cm，宽0.6～1.5 cm，顶端圆钝、平截或微凹，有短柄，有时具膜质的托叶。花无梗，直径4～5 mm，常3～5朵簇生枝顶端，午时盛开；苞片2～6，叶状，膜质，近轮生；萼片2，对生，绿色，盔形；花瓣5，稀4，黄色，倒卵形，长3～5 mm，顶端微凹，基部合生；雄蕊通常8枚，或更多，长约12 mm，花药黄色；花柱比雄蕊稍长，柱头4～6裂，线形；子房半下位，1室，特立中央胎座。

（a）幼苗　　　　　　　　　　　（b）植株

（c）花　　　　　　　　　　　（d）蒴果

图4-15　马齿苋（黄红娟　拍摄）

子实：蒴果卵球形至长圆形，长约5 mm，盖裂；种子细小，多数，肾状卵形，黑褐色，有光泽，直径不及1 mm，具小疣状凸起。种脐大而显，淡褐色至褐色。胚环状，环绕胚乳。

幼苗：子叶出土，卵形至椭圆形，先端钝圆，基部楔形，肥厚，带红色，具短柄。初生叶2片，倒卵形，缘具波状红色狭边，基部楔形，具短柄。全株光滑无毛。

〔生物学特性〕

性喜肥沃土壤，耐旱也耐涝，生存和繁殖力极强，平均每株可产种子约1.4万粒，是世界性农田恶性杂草。以种子繁殖或无性繁殖。花期5—8月，果期6—9月。马齿苋果实成熟时，蒴果盖裂，种子随之散落地面，借助雨水而漂流传播。马齿苋一般温度在20 ℃即可发芽，最适温度为25～30 ℃，发芽需3天，随气温的升高，生长发育加快，生长适宜温度为20～30 ℃，对温度变化不敏感，温度在40 ℃时能够生长，失水3～4天后遇水即能复活。

# 三、苋科

## 16. 反枝苋（*Amaranthus retroflexus* L.）

〔分布与为害〕

反枝苋属苋科（Amaranthaceae）苋属（*Amaranthus*），别名西风谷、苋菜，分布在华北、东北、西北、华东、华中、贵州和云南等地。反枝苋是棉花、大豆、玉米、向日葵等秋熟作物田的主要杂草。反枝苋也是多种病虫害的寄主，如在果园中是桃蚜的寄主；在蔬菜中是黄瓜花叶病毒的寄主。在马铃薯地中，反枝苋可导致马铃薯感染早疫病。同时反枝苋也是小地老虎、美国牧草盲蝽、欧洲玉米螟等虫害的中间寄主。

〔形态特征〕

成株：一年生草本，高20～80 cm；茎直立，粗壮，单一或分枝，有时具带紫色条纹，稍具钝棱，密生短柔毛。叶片菱状卵形或椭圆状卵形，长5～12 cm，宽2～5 cm，顶端锐尖或尖凹，有小凸尖，基部楔形，全缘或波状缘，两面及边缘有柔毛，下面毛较密；叶柄长1.5～5.5 cm，淡绿色，有时淡紫色，有柔毛。圆锥花序较粗壮，顶生及腋生，直立，由多数穗状花序形成，顶生花穗较侧生者长；苞片及小苞片钻形，长4～6 mm，白色，背面有1龙骨状突起，伸出顶端成白色尖芒；花被片矩圆形或矩圆状倒卵形，长2.0～2.5 mm，薄膜质，白色，有1淡绿色细中脉，顶端急尖或尖凹，具凸尖；雄蕊5枚，比花被片稍长；柱头3枚，有时2枚，长刺锥状。

子实：胞果扁卵形，包于宿存的花被内，环状横裂，薄膜质，淡绿色。种子近球形，直径1 mm，卵圆形，棕色或黑色，边缘钝。

幼苗：子叶2，长椭圆形，先端钝，基部楔形，具柄，子叶腹面呈灰绿色，背面紫红色，初生叶互生，全缘，卵形，先端微凹，叶背面紫红色；后生叶有毛。

〔生物学特性〕

一年生草本。华北地区4月初出苗，4月中旬至5月上旬为出苗高峰期，花期7—8月，果期8—9月，种子适宜发芽温度15～30 ℃。

（a）幼苗　　　　　　　　　　　　（b）成株

（c）圆锥花序　　　　　　　（d）田间为害状

图4-16　反枝苋（黄红娟　拍摄）

# 四、蓼科

## 17. 萹蓄（*Polygonum aviculare* L.）

〔分布与为害〕

萹蓄属蓼科（Polygonaceae）萹蓄属（*Polygonum*），别名鸟蓼、竹叶草、扁竹。分布于全国各地。生于农田、荒地、沟边湿地。北温带广泛分布。萹蓄是一种恶性杂草，为害麦类、棉花、豆类、向日葵等。

〔形态特征〕

成株：一年生草本。茎平卧、上升或直立，高10～40 cm，自基部多分枝，具纵棱，绿色。叶互生，具短柄或近无柄，叶片狭椭圆形或披针形，长1～4 cm，宽3～12 mm，顶端钝圆或急尖，基部楔形，边缘全缘，两面无毛，下面侧脉明显；叶基部具关节；托叶鞘膜质，下部褐色，上部白色，撕裂脉明显。花单生或数朵簇生于叶腋，遍布于植株；苞片薄膜质；花梗细，顶部具关节；花被5裂，花被片椭圆形，长2.0～2.5 mm，绿色，边缘白色或淡红色；雄蕊8，短于花被片；花柱3，柱头头状。

子实：瘦果卵状三棱形，长2.5～3.0 mm，黑褐色，密被由小点组成的细条纹，无光泽，与宿存花被近等长或稍超过。

幼苗：下胚轴较发达，玫瑰红色。子叶线形，基部联合，光滑无毛。初生叶1，宽披针形，先端急尖，无托叶鞘。

〔生物学特性〕

萹蓄为一年生草本，2—4月出苗，花果期5—9月。喜湿润，在轻度盐碱土亦能生长。萹蓄以种子传播，种子有休眠，种皮厚而硬，当年不萌发，翌年发芽，脱去褐色抑制发芽物质才能萌发。每腋结种子2～3粒，其中有一粒常不熟。种子6月中旬即开始成熟。一株有中等分枝的萹蓄有花蕾1 500～2 000个，种子量500～900粒。

（a）植株　　　　　　（b）花序　　　　　　（c）花

图4-17　萹蓄（黄红娟　拍摄）

## 18. 酸模叶蓼 [*Persicaria lapathifolia*（L.）S. F. Gray]

〔分布与为害〕

酸模叶蓼属蓼科（Polygonaceae）蓼属（*Persicaria*），别名柳叶蓼、斑蓼、马蓼、木马蓼，广布在我国南北各地。酸模叶蓼是麦田、油菜、水稻田的主要杂草，为害较重，也是土壤湿度较大的作物田重要杂草。

〔形态特征〕

成株：一年生草本。茎直立，具分枝，无毛，节部膨大。叶互生，具柄，柄上有短刺毛；叶片披针形或宽披针形，长5～15 cm，宽1～3 cm，上面绿色，常有一个大的黑褐色新月形斑点；叶柄短，具短硬伏毛；托叶鞘筒状，长1.5～3.0 cm，膜质，淡褐色，无毛，顶端截形，无缘毛，稀具短缘毛。总状花序呈穗状，顶生或腋生，通常由数个花穗再组成圆锥状，花序梗被腺体；苞片漏斗状，膜质，边缘具稀疏短缘毛；花被淡红色或白色，4深裂，花被片椭圆形；雄蕊6枚，花柱2枚，向外弯曲。

子实：瘦果宽卵形，双凹，长2～3 mm，红褐色至黑褐色，有光泽，包于宿存花被内。

幼苗：下胚轴发达，深红色。子叶长卵形，长约1 cm，叶背紫红色，初生叶1，长椭圆形，无托叶鞘；后生叶具托叶鞘。叶上面具黑斑，叶背被绵毛。

〔生物学特性〕

生长在湿地，沟渠水边或土壤湿度大的农田，适应性强。酸模叶蓼以种子繁殖，4月中旬为第一出草高峰，出草最适深度1.0～3.0 cm。花期6—8月，果期7—9月。花期45天左右，结果期50天左右。种子有休眠习性。

（a）幼苗

（b）植株

（c）花序

（d）田间为害状

图4-18　酸模叶蓼（黄红娟　拍摄）

## 19. 卷茎蓼 [*Fallopia convolvulus*（Linnaeus）A. Love]

〔分布与为害〕

卷茎蓼属蓼科（Polygonaceae）藤蓼属（*Fallopia*），别名卷旋蓼，蔓首乌，荞麦蔓，分布在东北、华北、西北、山东、江苏、安徽、四川等地。卷茎蓼为害麦类，大豆、向日葵、玉米、大豆等作物，缠绕作物，易造成倒伏。

〔形态特征〕

成株：一年生草本。茎缠绕，细弱，长1.0～1.5 m，具不明显纵棱，自基部分枝。叶有柄，卵形或心形，长2～6 cm，宽1.5～4.0 cm，先端渐尖，基部宽心形，两面无毛，下面沿叶脉具小突起，边缘全缘；叶柄长1.5～5.0 cm，沿棱具小突起；托叶鞘膜质，斜截形，先端尖或圆钝，长3～4 mm，无缘毛。花序总状，腋生或顶生，花稀疏，下部间断，有时成花簇，生于叶腋；苞片长卵形，顶端尖，每苞具2～4花；花梗细弱，比苞片长，中上部具关节；花被5深裂，淡绿色，边缘白色，花被片长椭圆形，外面3片背部具龙骨状突起或狭翅，被小突起；果时稍增大，雄蕊8，短于花被；花柱3，极短，柱头头状。

子实：瘦果椭圆形，具3棱，长3.0～3.5 mm，黑色，密被小颗粒，无光泽，包于宿存花被内。

幼苗：子叶出土，椭圆形，先端急尖，基部楔形，具短柄。下胚轴发达，表面密生极细的刺状毛；初生叶1片，互生，卵形，基部略戟形，具长柄，基部有一白色膜质托叶鞘。

〔生物学特性〕

一年生缠绕草本。春季出苗，花期5—8月，果期6—9月，种子繁殖。

（a）成株　　　　　　　　　　　　（b）田间为害状

图4-19　卷茎蓼（黄红娟　拍摄）

# 五、旋花科

## 20. 打碗花（*Calystegia hederacea* Wall.）

〔分布与为害〕

打碗花属旋花科（Convolvulaceae）打碗花属（*Calystegia*），别名小旋花、兔耳草、盘肠参、狗儿秧，全国各地均有分布。打碗花是小麦、玉米、花生、棉花、大豆田主要杂草，向日葵田轻度发生，局部田块发生严重。打碗花还是小地老虎的寄主，可间接为害农作物。

〔形态特征〕

成株：多年生蔓性草本，全体不被毛，常自基部分枝，具白色横走根茎。茎细、平卧，蔓生性，缠绕或匍匐分枝，具细棱。叶互生，具长柄，基部叶片长圆形，顶端圆，基部戟形，上部叶片三角状戟形，中裂片长圆状披针形，侧裂片近三角形，全缘或2~3裂，叶片基部心形或戟形。花单生于腋生，花梗长于叶柄，有细棱；苞片2枚，宽卵形，长0.8~1.6 cm，包住花萼，宿存；萼片5枚，长圆形，略短于苞片，具小突尖；花冠漏斗状，淡紫色或粉红色；雄蕊5枚，近等长，花丝基部扩大，贴生花冠管基部，被小鳞毛；子房2室，柱头2裂，裂片长圆形，扁平。

子实：蒴果卵球形，光滑，长约1 cm，宿存萼片与之近等长或稍短。种子卵圆形，黑褐色，长4~5 mm，表面有小疣。

幼苗：幼苗粗壮，光滑无毛。子叶近方形，长约1 cm，先端微凹，基部近截形，有长柄。初生叶1片，阔卵形，先端钝圆，基部耳垂形全缘。

〔生物学特性〕

打碗花以地下茎芽和种子繁殖。田间以无性繁殖为主，耕地除草时，地下根茎易断裂，切断后每段都能发出新芽，生命力极强，其地上茎缠绕作物，对作物生长和产量造成严重为害，且不易防除。喜欢温和湿润气候，耐瘠薄干旱，喜肥沃土壤。

（a）幼苗　　　　　　　　　　　　（b）成株

（c）幼苗田间受害状　　　　　　　（d）成株田间受害状

图4-20　打碗花（黄红娟　拍摄）

## 21. 田旋花（*Convolvulus arvensis* L.）

〔分布与为害〕

田旋花属旋花科（Convolvulaceae）旋花属（*Convolvulus*），别名白花藤、扶秧苗、箭叶旋花，分布在我国东北、华北、西北、四川、西藏等地。主要为害小麦、棉花、豆类、玉米、向日葵、蔬菜及果树。是小地老虎和盲蝽的寄主。部分地区为害严重，已成为恶性杂草之一。

〔形态特征〕

成株：多年生草本，根状茎横走，茎平卧或缠绕，有条纹及棱角，无毛或上部被疏柔毛。叶互生，卵状长圆形至披针形，长1.5～5.0 cm，宽1～3 cm，先端钝或具小短尖头，基部大多戟形，或箭形及心形，全缘或3裂，侧裂片展开，中裂片大，卵状椭圆形，狭三角形或披针状长圆形；叶柄较叶片短，长1～2 cm。花序腋生，1～3至多花，花柄比花萼长得多；苞片2，线形，远离萼片；萼片5，有毛，长3.5～5.0 mm，稍不等，2个外萼片稍短，长圆状椭圆形，边缘膜质；花冠宽漏斗形，长15～26 mm，白色或粉红色，5浅裂；雄蕊5枚，较花冠短1/2，花丝基部具小鳞毛；雌蕊较雄蕊稍长，子房有毛，2室，每室2胚珠，柱头2裂，线形。

子实：蒴果卵状球形或圆锥形，无毛。种子4，卵圆形，无毛，长3～4 mm，暗褐色或黑色。

幼苗：子叶近方形，先端微凹，基部近截形，长约1 cm；有柄，叶脉明显。初生叶1片，近矩圆形，先端圆，基部两侧稍向外突出，有柄。

〔生物学特征〕

多年生缠绕草本，有横走的地下根状茎，深达30～100 cm，种子和根茎繁殖。秋季近地面处的根茎产生越冬芽，翌年长出新植株，萌生苗与实生苗相似，但发芽更早些，铲断的具节的地下茎亦能长出新的植株。花期5—8月，果期6—9月。

（a）幼苗　　　　　　　　　　（b）成株　　　　　　　　　　（c）花

图4-21　田旋花（黄红娟　拍摄）

## 22. 牵牛 [*Ipomoea nil* (L.) Roth]

〔分布与为害〕

牵牛属旋花科（Convolvulaceae）虎掌藤属（*Ipomoea*），别名裂叶牵牛、喇叭花、牵牛花，我国除西北和东北一些省份外，其他各地都有分布。牵牛是玉米、棉花、大豆、果园等秋熟作物田杂草，向日葵田发生较轻。

〔形态特征〕

成株：一年生缠绕草本，全株被粗硬毛。叶互生，宽卵形或近圆形，常3裂，偶5裂，基部圆，心形，中裂片长圆形或卵圆形，渐尖或骤尖，侧裂片较短，三角形，裂口宽而圆，不向内凹陷，叶面或疏或密被微硬的柔毛；叶柄长2~15 cm。花腋生，1~3朵着生于花序梗顶，总花梗通常短于叶柄；萼片5枚，披针形，先端尾长尖，基部密被开展的粗硬毛；小苞片线形；萼片近等长，披针状线形；花冠漏斗状，长5~10 cm，蓝紫色或紫红色，花冠管色淡；雄蕊及花柱内藏；雄蕊5枚，不等长；花丝基部被柔毛；子房无毛，3室，柱头头状。

子实：蒴果近球形，种子5~6粒，直径0.8~1.3 cm，3瓣裂。种子卵状三棱形，长约6 mm，黑褐色或米黄色，被褐色短绒毛。

幼苗：幼苗粗壮。子叶近方形，先端深凹缺刻几达叶片中部，基部心形，叶脉明显，具柄。初生叶1片，3裂，中裂片大，先端渐尖，基部心形，叶片及叶柄均密被长绒毛。

〔生物学特性〕

为一年生缠绕草本植物，有发达的直根，具有较强的耐干旱、耐盐碱能力。种子繁殖，4—5月萌发，花期6—9月，果期7—10月，花期长达4个月。

（a）幼苗

（b）成株

图4-22 牵牛（黄红娟 拍摄）

（c）花

（d）蒴果

图4-22　（续）

## 23. 圆叶牵牛 [ *Ipomoea purpurea* Lam. ]

〔分布与为害〕

圆叶牵牛属旋花科（Convolvulaceae）虎掌藤属（*Ipomoea*），别名紫花牵牛、喇叭花、牵牛花，我国大部地区均有分布。对旱作田或果园缠绕栽培植物造成为害，对棉花、玉米等秋熟作物造成较大为害。

〔形态特征〕

成株：一年生缠绕草本，全株被短柔毛杂有倒向或开展的长硬毛。叶互生，圆心形或宽卵状心形，长4～18 cm，宽3.5～16.5 cm，基部圆，心形，顶端锐尖、骤尖或渐尖，通常全缘，偶有3裂，两面疏或密被刚伏毛；叶柄长2～12 cm，毛被与茎同。花序有花1～5朵，着生于花序梗顶端成伞形聚伞花序；苞片2枚，线形，长6～7 mm，被开展的长硬毛；花梗长1.2～1.5 cm，被倒向短柔毛及长硬毛；萼片5枚，外面3片长椭圆形，渐尖，内面2片线状披针形，外面均被开展的硬毛；花冠漏斗状，长4～6 cm，紫红色、红色或白色，花冠管通常白色，瓣中带于内面色深；雄蕊5枚，与花柱内藏，不等长；花丝基部被柔毛；子房无毛，3室，每室2胚珠，柱头头状，3裂。

子实：蒴果近球形，无毛，直径9～10 mm，3瓣裂。种子卵状三棱形，长约5 mm，黑褐色或米黄色，被极短的糠秕状毛，表面粗糙。

幼苗：与牵牛的幼苗相似，初生叶叶片为卵圆状心形。

〔生物学特性〕

一年生缠绕草本植物。华北地区4—5月出苗，6—9月开花，9—10月为结果期。种子繁殖。

| （a）幼苗 | （b）花 | （c）田间为害状 |

图4-23　圆叶牵牛（黄红娟　拍摄）

# 六、菊科

## 24. 苍耳（*Xanthium strumarium* L.）

〔分布与为害〕

苍耳属菊科（Asteraceae）苍耳属（*Xanthium*），别名粘头婆、虱马头、苍耳子，广泛分布在全国各地。常生长于平原、丘陵、低山、荒野路边、田边。为广布的旱地杂草，多为害旱地秋熟作物如棉花、玉米、豆类、向日葵、马铃薯等，局部地区为害严重。是棉蚜，棉铃虫和向日葵菌核病等的寄主。

〔形态特征〕

成株：一年生草本，高20～90 cm。根纺锤状，分枝或不分枝。茎直立，叶互生，具长柄，叶三角状卵形或心形，长4～9 cm，宽5～10 cm，近全缘，或有3～5不明显浅裂，顶端尖或钝，基部稍心形或截形，有三基出脉，侧脉弧形，直达叶缘。头状花序腋生或顶生，花单性，雌雄同株，雄性的头状花序球形，径4～6 mm，近无花序梗，被短柔毛；花药长圆状线形；雌性的头状花序椭圆形，外层总苞片小，披针形，长约3 mm，被短柔毛，内层总苞片结合成囊状，宽卵形或椭圆形，绿色，淡黄绿色或有时带红褐色，在瘦果成熟时变坚硬，外面有疏生的具钩状的刺；喙坚硬，锥形，上端略呈镰刀状，长1.5～2.5 mm，常不等长，少有结合而成1个喙。

子实：聚花果宽卵形或椭圆形，淡黄色，坚硬，顶端有2喙；瘦果2，倒卵形，灰黑色。

幼苗：子叶2，匙形或长圆状披针形，长约2 cm，宽5~7 mm，肉质，光滑。初生叶2片，卵形，先端顿，叶缘有钝锯齿，具柄。下胚轴发达，紫红色。

〔生物学特性〕

一年生草本，动物传播。花期7—8月，果期9—10月。苍耳适宜生长在土质松软深厚、水源充足及肥沃的地块上。

（a）幼苗　　　　　　　　　　　　　（b）植株

（c）花序　　　　　　　　　　　　（d）田间为害状

图4-24　苍耳（黄红娟　拍摄）

## 25. 刺儿菜（*Cirsium arvense* var. *integrifolium* Wimmer & Gra.）

〔分布与为害〕

刺儿菜属菊科（Asteraceae）蓟属（*Cirsium*），别名小蓟，遍及全国各地，在国外，欧洲东部及中部、俄罗斯、蒙古国、朝鲜、日本广为分布。主要分布在平原、丘陵和山地。生于山坡、河旁或荒地、田间，海拔170~2 650 m。为北方冬小麦田及玉米、大豆、花生、向日葵等秋熟作物田主要为害性杂草，为害较重，为向日葵菌核病的寄主，间接为害作物，是难防治的恶性杂草之一。

〔形态特征〕

成株：多年生草本。除直根外，还有水平生长的不定芽的根。茎直立，高30～80 cm，幼茎被白色竹丝状毛。单叶互生，基生叶和中部茎叶椭圆形、长椭圆形或椭圆状倒披针形，顶端钝或圆形，叶缘有刺齿，中上部叶有时羽状浅裂。花序分枝无毛或有薄绒毛。头状花序单生茎端，或植株含少数或多数头状花序在茎枝顶端排成伞房花序。总苞卵形、长卵形或卵圆形，直径1.5～2.0 cm。总苞片约6层，覆瓦状排列，内层及最内层长椭圆形至线形；中外层苞片顶端有短针刺，内层及最内层渐尖，膜质。小花紫红色或白色，雌花花冠长2.4 cm，檐部长6 mm，细管部细丝状。

子实：瘦果淡黄色，椭圆形或长卵形，压扁，顶端斜截形。冠毛污白色，多层，整体脱落。

幼苗：子叶出土，阔椭圆形，全缘，基部楔形。下胚轴发达，上胚轴不发育。初生叶1片，椭圆形，缘具齿状刺毛。

〔生物学特性〕

刺儿菜是多年生草本，苗期3—4月，花果期5—9月。水平生长根上产生不定芽或种子繁殖，雨水充足时生长旺盛，对除草剂吸收能力强。人工锄草会刺激地下部分旺盛生长。

（a）幼苗　　　　　　　　　　　　（b）成株

（c）头状花序　　　　　　　　　　（d）瘦果

图4-25　刺儿菜（黄红娟　拍摄）

## 26. 苣荬菜（*Sonchus arvensis* L.）

〔分布与为害〕

苣荬菜属菊科（Asteraceae）苦苣菜属（*Sonchus*），别名南苦苣菜、苦苣菜、曲荬菜、甜苣，全国各地广泛分布，北方发生偏重。生于山坡草地、林间草地、潮湿地或近水旁、村边或河边砾石滩，海拔300～2 300 m。主要为害棉花、油菜、豆类、向日葵、胡麻、玉米等秋熟作物，是一种常见恶性杂草，北方局部地区为害严重。

〔形态特征〕

成株：多年生草本。全株含乳汁。根垂直直伸。茎直立，高30～150 cm，上部分枝或不分枝，绿色或带紫红色，有细条纹，基生叶簇生，有柄，茎生叶互生，无柄，基部包茎；叶片长圆状披针形或宽披针形，边缘有稀疏缺刻或羽状浅裂，两面无毛，中脉白色，明显。头状花序在茎枝顶端排成伞房状花序。总苞钟状。总苞片3层，外层、中内层披针形，密生绵毛；全部总苞片顶端长渐尖，外面沿中脉有1行头状具柄的腺毛。花全为舌状花，鲜黄色。

子实：瘦果长椭圆形，稍扁，长3.7～4.0 mm，宽0.8～1.0 mm，每面有5条细肋，肋间有横皱纹。冠毛白色，长1.5 cm，柔软，彼此纠缠，基部连合成环，易脱落。

幼苗：子叶出土，阔卵形，先端微凹，全缘，具短柄。下胚轴很发达，上胚轴也发达，带紫红色。初生叶1片，具长柄，无毛。

〔生物学特性〕

多年生草本植物，以芽根繁殖和种子繁殖，其芽根以休眠的方式度过寒冷的冬季，翌年解除休眠后继续萌发新株。由于具有耐寒、耐旱、耐盐碱等特点，适应性较强，分布范围较广，几乎全世界均有分布。种子随风飞散，经越冬休眠后萌发。实生苗当年只能进行营养生长，翌年以后抽茎开花。常常能形成单一群落，特别是在农田内苣荬菜表现出了较强的侵占性，造成作物减产。

（a）幼苗　　　　　　　　　　　（b）花序

图4-26　苣荬菜（黄红娟　拍摄）

（c）瘦果　　　　　　　　　　（d）田间为害状

图4-26　　（续）

## 27. 苦苣菜（*Sonchus oleraceus* L.）

〔分布与为害〕

苦苣菜属菊科（Asteraceae）苦苣菜属（*Sonchus*），别名滇苦荬菜，苦菜，广泛分布在辽宁至华南各地，农田发生为害较轻。

〔形态特征〕

成株：一年生或二年生草本。根圆锥状，垂直直伸。茎直立，中空，高40～150 cm，有纵条棱或条纹，下部光滑，中上部及顶端有稀疏腺毛。基生叶羽状深裂，全形长椭圆形或倒披针形，或大头羽状深裂，全部基生叶基部急狭成翼柄，柄基圆耳状抱茎，下部茎叶或接花序分枝下方的叶与中下部茎叶同型，基部半抱茎。头状花序直径约2 cm，少数在茎枝顶端排紧密的伞房花序或总状花序或单生茎枝顶端。总苞宽钟状；总苞片3～4层；外层长披针形或长三角形，中内层长披针形至线状披针形；全部总苞片顶端长急尖，外面无毛或外层或中内层上部沿中脉有少数头状具柄的腺毛。舌状小花多数，黄色。

子实：瘦果褐色，长椭圆形或长椭圆状倒披针形，长2.5～3.0 mm，宽不足1 mm，压扁，每面各有3～5条细脉，肋间有横皱纹，顶端狭，无喙，冠毛白色，单毛状，彼此纠缠。

幼苗：子叶阔卵形，长4.5 mm，宽4 mm，先端钝圆，具短柄；初生叶1片，近圆形，先端突尖，叶缘具疏细齿，无毛，具长柄；第一后生叶与初生叶相似，第二后生叶阔椭圆形，叶基下延至柄基部成翼。

〔生物学特性〕

一年生或二年生草本，花果期5—12月，以种子繁殖。

（a）成株　　　　　　　　（b）花序　　　　　　　　（c）瘦果

图4-27　苦苣菜（黄红娟　拍摄）

## 28. 苦荬菜（*Ixeris polycephala* Cass.）

〔分布与为害〕

苦荬菜属菊科（Asteraceae）苦荬菜属（*Ixeris*），别名多头苦荬菜、多头莴苣，分布在我国南北各地。生于山坡林缘、灌丛、草地、田野路旁，海拔300～2 200 m。常为害果园，向日葵田中发生为害较轻。

〔形态特征〕

成株：一年生草本。根垂直直伸。茎直立，高10～80 cm，基部直径2～4 mm，上部伞房花序状分枝，或自基部多分枝或少分枝，分枝弯曲斜升，全部茎枝无毛。基生叶线形或披针形，顶端急尖，基部渐狭成长或短柄；中下部茎叶披针形或线形，长5～15 mm，宽1.5～2.0 mm，顶端急尖；全部叶两面无毛，边缘全缘，极少下部边缘有稀疏的小尖头。花序头状，在茎枝顶端排成伞房状。总苞片3层，外层及最外层极小，卵形，长0.5 mm，宽0.2 mm，顶端急尖，内层卵状披针形，长7 mm，宽2～3 mm，顶端急尖或钝，外面近顶端有鸡冠状突起或无鸡冠状突起。舌状小花黄色，极少白色，10～25枚。

子实：瘦果压扁，褐色，长椭圆形，无毛，有10条高起的尖翅肋。冠毛白色，纤细，微糙，不等长。

〔生物学特性〕

苦荬菜是喜温又抗寒的植物，适应性强。苦荬菜幼苗可忍受0～2 ℃的低温。苦荬菜虽然抗寒性较强，但开花结实又要求较高的积温。苦荬菜植株高大，茎叶繁茂，再生性强，产量高，因此，对水分的反应敏感。苦荬菜对土壤要求不严格，各种土壤均可生长，但以排水良好的肥沃壤土为好，耐轻度盐碱。苦荬菜抗病虫能力较强，较耐阴。花果期3—6月。

（a）成株

（b）花序 （c）瘦果

图4-28 苦荬菜（黄红娟 拍摄）

# 29. 乳苣［*Lactuca tatarica*（L.）C. A. Mey］

〔分布与为害〕

乳苣属菊科（Asteraceae）莴苣属（*Lactuca*），别名蒙山莴苣、紫花山莴苣、苦菜，分布在我国东北、华北、西北等地；国外在欧洲、印度、伊朗、蒙古国、俄罗斯均有分布。

〔形态特征〕

成株：多年生草本。全株含乳汁。根入土较深。茎直立，高30～80 cm，不分枝或有分枝。基生叶具柄，叶片披针形或矩圆形，长8～12 cm，稍肥厚，倒向羽状深裂或全裂，叶缘及裂齿先端有刺状小齿，灰绿色，中脉明显；茎中部的叶裂片渐少，上部叶全缘或仅具小齿，无柄。花托平，无托毛。总苞圆筒状，总苞片4层，紫红色，外层较内层短。舌状小花蓝色或蓝紫色，多数，舌片顶端截形，5齿裂，管部被白色长柔毛，花药基部箭头形，花柱分枝细。瘦果稍粗厚，纺锤形，每面有5～7条高起的钝纵肋，顶端渐尖成喙，喙绝不为丝状。冠毛2层，纤细，微糙毛状。

子实：瘦果矩圆形或长椭圆形，稍扁，灰色或黑色，长5.8～6.1 mm，宽约2 mm，具5～7条纵肋，顶端衣领状环淡黄色，圆形；果脐圆形，向内凹陷成筒状，位于基部；果喙长约1 mm，灰白色；冠毛白色，长8～12 mm。

〔生物学特性〕

乳苣为根蘖性植物，在土表5 cm以下有横行的水平根，褐色，直径0.3～0.5 cm，上生纤细的侧根。水平根向下生长垂直根，可深入土壤50 cm左右，直径0.2～0.3 cm；水平根向上垂直产生分蘖，伸出地表，形成分蘖枝。每一分蘖枝在近地表处又产生细短的不定根，可以吸收土壤表层的凝结水。乳苣是耐盐植物，对气候干旱有一定的适应能力。习生于草原地带，半荒漠地带固定的沙丘、沙地、黄土沟岸以及湖滨、河滩的盐渍化草甸群落内。以根芽繁殖为主，种子也可繁殖。一般5月上旬为越冬芽返青期。5月中旬至6月中旬为营养期，6月中旬至8月下旬为花果期，9月为成熟期。为害期5—8月。

（a）成株　　　　　　　　　　　　（b）花序

图4-29　乳苣（白全江　拍摄）

## 30. 蓟（*Cirsium japonicum* Fisch. ex DC.）

〔分布与为害〕

蓟属菊科（Asteraceae）蓟属（*Cirsium*），别名大蓟、大刺儿菜，广泛分布在中国北方地区，以及国外的朝鲜、日本。常生于田边、路旁及荒地。为害夏收作物及秋收作物，在耕作粗放的农田中发生量大，为害重，难防治。

〔形态特征〕

成株：茎直立，高30（100）~80（150）cm，分枝或不分枝，具纵条棱，被稠密或稀疏的多细胞长节毛。基生叶较大，全形卵形、长倒卵形或长椭圆形，羽状深裂或几全裂，基部渐狭成短或长翼柄，柄翼边缘有针刺及刺齿；侧裂片6~12对，中部侧裂片较大。自基部向上的叶渐小，与基生叶同形并等样分裂，但无柄，基部扩大半抱茎。全部茎叶两面同色，绿色，两面沿脉有稀疏的多细胞长或短节毛或几无毛。头状花序直立，少数生茎端而花序极短。总苞钟状，直径3 cm。总苞片约6层，覆瓦状排列；内层披针形或线状披针形，顶端渐尖呈软针刺状。全部苞片外面有微糙毛并沿中肋有黏腺。小花红色或紫色，长2.1 cm，檐部长1.2 cm。

子实：瘦果淡黄色，椭圆形或偏斜椭圆形，压扁，长2.5~3.5 mm，宽1.5 mm。冠毛羽状，浅褐色、多层，基部联合成环，整体脱落；冠毛刚毛长羽毛状，长3.5 cm，顶端渐细。

〔生物学特性〕

蓟是多年生恶性杂草，植株高大，具有发达地下根茎，主要是靠根茎繁殖，其次是靠种子繁殖，为害严重，难防除。花果期5—9月。

（a）成株　　　　　　　　　　　　　（b）头状花序

图4-30　蓟（黄红娟　拍摄）

## 31. 黄花蒿（*Artemisia annua* L.）

〔分布与为害〕

黄花蒿属菊科（Asteraceae）蒿属（*Artemisia*），别名草蒿、青蒿、臭蒿，几乎在全国各地均有分布。广布于欧洲、亚洲的温带、寒温带及亚热带地区。为秋熟作物田、蔬菜、果园等常见杂草，发生量小，为害较轻。

〔形态特征〕

成株：一年生草本；植株有挥发性香气。主根垂直，狭纺锤形；茎直立，无毛，高100～200 cm，有纵棱，多分枝；下部叶无柄，3回羽状深裂。头状花序球形，淡黄色，直径1.5～2.5 mm，由多数头状花序排列成开展、尖塔形的圆锥花序；总苞片3～4层，外层总苞片长卵形或狭长椭圆形，中肋绿色，边膜质，中层、内层总苞片宽卵形或卵形；花深黄色，外层花雄性，内层花两性。

子实：瘦果长圆形，红褐色，椭圆状卵形，略扁。

幼苗：子叶近圆形，具短柄，下胚轴发达，上胚轴不发达；初生叶2片，对生，有叶柄；第一后生叶羽状深裂，第二后生叶为2回羽状裂叶。除子叶和下胚轴外，幼苗均被丁字毛。

〔生物学特性〕

一年生草本，花果期8—11月，生育期约240天。黄花蒿采用种子繁殖。黄花蒿适应性强，为浅根系植物，主根短，侧根发达，多而密集，抗旱抗涝能力较强。但6片真叶前的幼苗抗旱能力较弱。抗逆性也较强。种子发芽温度为8～25 ℃，发芽适温为18～25 ℃。黄花蒿对土壤要求不严格，一般土地均可生长。

（a）植株　　　　　　　　（b）花果

图4-31　黄花蒿（黄红娟　拍摄）

# 32. 草地风毛菊［*Saussurea amara*（L.）DC.］

〔分布与为害〕

草地风毛菊属菊科（Asteraceae）风毛菊属（*Saussurea*），别名驴耳风毛菊、羊耳朵，分布在东北、西北、华北等地。生于荒地、路边、森林草地、山坡、草原、盐碱地等，海拔510～3 200 m。生长在盐碱地，草地风毛菊主要为害春小麦、玉米、大豆、向日葵等秋收作物，局部地区为害严重。

〔形态特征〕

成株：多年生草本。茎直立，高（9）15～60 cm，被白色稀疏的短柔毛或无毛，基生叶与下部茎叶有长或短柄，叶片披针状长椭圆形、椭圆形、长圆状椭圆形，长4～18 cm，宽0.7～6.0 cm，顶端钝或急尖，基部楔形，边缘通常全缘或有极少的钝而大的锯齿；中上部茎叶渐小，有短柄或无柄，椭圆形或披针形，基部有时有小耳；全部叶两面绿色，下面色淡，两面被稀疏的短柔毛及稠密的金黄色小腺点。头状花序在茎枝顶端排成伞房状或伞房圆锥花序。总苞钟状或圆柱形，直径8～12 mm；总苞片4层，外层披针形或卵状披针形，顶端急尖，有时黑绿色，外层被稀疏的短柔毛，中层与内层线状长椭圆形或线形，外面有白色稀疏短柔毛，顶端有淡紫红色而边缘有小锯齿的扩大的圆形附片，苞片外面绿色或淡绿色，有少数金黄色小腺点或无腺点。小花淡紫色，长1.5 cm，细管部长9 mm，檐部长6 mm。

子实：瘦果长圆形，长3 mm，有4肋。冠毛白色，2层，外层短，糙毛状，长1 mm，内层长，羽毛状，长1.7 cm。

〔生物学特性〕

以种子繁殖为主，花果期7—10月。

（a）植株　　　　　　　　　（b）头状花序

图4-32　草地风毛菊（黄红娟　拍摄）

### 33. 蒲公英（*Taraxacum mongolicum* Hand.-Mazz.）

〔分布与为害〕

蒲公英属菊科（Asteraceae）蒲公英属（*Taraxacum*），别名黄花地丁、婆婆丁，广泛分布在全国大部分地区。常见于中低海拔地区的山坡草地、路边、田野、河滩。多生于路边，为害果树、秋熟作物等，为害较轻。蒲公英是棉红蜘蛛、棉铃虫、甘薯茎线虫病和烟草线虫的中间寄主，对作物造成间接为害。

〔形态特征〕

成株：多年生草本。根圆柱状，粗壮。叶根生，莲座状，叶倒卵状披针形、倒披针形或长圆状披针形，先端钝或急尖，边缘有时具波状齿或羽状深裂，疏被蛛丝状白色柔毛或几无毛。花葶1至数个，与叶等长或稍长，高10～25 cm，上部紫红色，密被蛛丝状白色长柔毛；总苞钟状，长12～14 mm，淡绿色；总苞片2～3层，外层总苞片卵状披针形或披针形，边缘宽膜质，基部淡绿色，上部紫红色；内层总苞片线状披针形；舌状花黄色，边缘花舌片背面具紫红色条纹，花药和柱头暗绿色。

子实：瘦果倒卵状披针形，暗褐色，常稍弯曲。横切面菱形或椭圆形，具纵棱12～15条。冠毛白色，长约6 mm。

幼苗：下胚轴不发达，子叶对生，倒卵形，叶柄短；初生叶1片，宽椭圆形，顶端钝圆，基部阔楔形。

〔生物学特性〕

以种子及地下芽繁殖，花果期4—10月。蒲公英为喜温、喜湿性植物，不仅具有耐寒、耐旱、耐涝和耐瘠等特点，而且适应性好，抗病性能高，生命力旺盛，繁殖力强。

（a）植株　　　　　　　（b）头状花序　　　　　　（c）瘦果

图4-33　蒲公英（黄红娟　拍摄）

## 七、车前科

### 34. 车前（*Plantago asiatica* L.）

〔分布与为害〕

车前属车前科（Plantaginaceae）车前属（*Plantago*），别名车前草、蛤蟆草、饭匙草、车轱辘菜、蛤蟆叶、猪耳朵，分布遍及全国各地，生于草地、沟边、河岸湿地、田边、路旁或村边空旷处，海拔3～3 200 m。朝鲜、俄罗斯、日本、尼泊尔、马来西亚、印度尼西亚也有分布。为害秋熟作物田，部分地区发生较为严重。

〔形态特征〕

成株：二年生或多年生草本。须根，叶基生莲座状，卵形或宽卵形，具弧形脉5～7条，叶柄基部扩大成鞘。花葶数个，直立；穗状花序细圆柱状，长3～40 cm，紧密或稀疏，下部常间断；苞片宽三角形，长2～3 mm，具龙骨状突起。花具短梗；花萼长2～3 mm，萼片倒卵状椭圆形，龙骨突不延至顶端。花冠白色，无毛，裂片狭三角形，反卷。雄蕊着生于冠筒内面近基部，与花柱明显外伸，花药卵状椭圆形，白色，干后变淡褐色。

子实：蒴果纺锤状卵形、卵球形或圆锥状卵形，长3.0～4.5 mm，周裂；种子5～12粒，卵状椭圆形或椭圆形，长约1.5 mm，黑褐色至黑色，表面具皱纹状小突起，无光泽；子叶背腹向排列。

幼苗：子叶长椭圆形，先端尖锐，基部楔形。初生叶1，椭圆形至长椭圆形，先端锐尖，柄较长，叶片及叶柄皆被短毛。

〔生物学特性〕

一般以种子繁殖。适生于湿润环境，花期4—8月；果熟期6—9月。

（a）幼苗

（b）成株

（c）花序

图4-34　车前（黄红娟　拍摄）

# 八、茄科

## 35. 龙葵（*Solanum nigrum* L.）

〔分布与为害〕

龙葵属茄科（Solanaceae）茄属（*Solanum*），别名野辣虎、山辣椒、野茄秧，在全国均有分布。广泛分布在欧洲、亚洲、美洲的温带至热带地区。喜生于田边，荒地及村庄附近。在我国西北和东北的省份发生为害较南方省份严重，可为害向日葵、棉花、大豆、玉米、高粱、粟（谷子）、花生、马铃薯等作物，致使作物减产、品质下降，造成的经济损失也随其种群密度的增加而增加，主要在苗期与向日葵竞争光照、水分和营养，严重影响向日葵的营养生长，造成向日葵生长不良。

〔形态特征〕

成株：一年生直立草本，高0.3～1.0 m，茎绿色或紫色，多分枝，近无毛或被微柔毛。叶卵形，长2.5～10.0 cm，宽1.5～5.5 cm，先端短尖，基部楔形至阔楔形而下延至叶柄，全缘或具不规则的波状粗齿，光滑或两面均被稀疏短柔毛，叶脉每边5～6条，叶柄长1～2 cm。蝎尾状聚伞花序腋外生，由4～10花组成；花萼浅杯状，直径1.5～2.0 mm，齿卵圆形；花冠白色，筒部隐于萼内，冠檐长约2.5 mm，5深裂，长约2 mm；花丝短，花药黄色，长约1.2 mm，约为花丝长度的4倍，顶孔向内；子房卵形，直径约0.5 mm，花柱长约1.5 mm，中部以下被白色绒毛，柱头小，头状。

子实：浆果球形，直径约8 mm，熟时黑色。种子多数，近卵形，直径1.5～2.0 mm。

幼苗：子叶阔卵形，长9 mm，宽5 mm，先端钝尖，叶基圆形，边缘生混杂毛，具长柄。下胚轴极发达，密被混杂毛，上胚轴极短。初生叶1片，阔卵形，先端顿状，叶基圆形，羽状网脉。后生叶与初生叶相似。

〔生物学特性〕

龙葵花期4—6月，果期9—10月。龙葵以种子繁殖，传播途径主要是成熟时浆果脱落土壤中，翌年种子萌发从土壤中出苗。种子通过风力、水力、鸟类传播。另外农家肥料的秸秆中混有大量种子传播。其种子萌发适宜的温度范围十分广泛，在20～30 ℃均能很好的萌发，龙葵作为秋熟作物田杂草，全国各地的温度十分适合其种子萌发，因此，有进一步

（a）植株　　　　　　　　　　　　（b）聚伞花序

图4-35　龙葵（黄红娟　拍摄）

（c）浆果

（d）田间为害状

图4-35　（续）

扩展的潜力；其次，龙葵对土壤酸碱度的适应性也较强，pH值4～10萌发率均可达90%以上，而中国大部分土壤的pH值5～8，因此土壤酸碱度也难以限制龙葵的发展与传播。综合来看，龙葵种子对温度的适应范围广泛，耐高温，光照和酸碱度对其影响较小，较耐干旱和盐分，在土壤中垂直分布范围广。细胞的染色体数目为6 n=72，此外还有4倍体的现象。

## 36. 曼陀罗（*Datura stramonium* L.）

〔分布与为害〕

曼陀罗属茄科（Solanaceae）曼陀罗属（*Datura*），别名万桃花、狗核桃、枫茄花，在我国南北各省份都有分布。曼陀罗主要入侵农田、路旁和荒地，为害豆类、薯类、棉花与蔬菜等秋熟农作物。

〔形态特征〕

成株：一年生草本或半灌木状，高0.5～1.5 m。茎粗壮，圆柱状，淡绿色或带紫色，下部木质化。叶宽卵形，顶端渐尖，基部不对称楔形，边缘有不规则波状浅裂，裂片顶端急尖，侧脉每边3～5条，直达裂片顶端，长8～17 cm，宽4～12 cm；叶柄长3～5 cm。花单生于枝杈间或叶腋，直立，有短梗；花萼筒状，长4～5 cm，筒部有5棱角，5浅裂，裂片三角形，花后自近基部断裂，宿存部分随果实而增大并向外反折；花冠漏斗状，下半部带绿色，上部白色或淡紫色，檐部5浅裂，裂片有短尖头；雄蕊不伸出花冠，花丝长约3 cm，花药长约4 mm；子房密生柔针毛，卵形，不完全4室，花柱长约6 cm。

子实：蒴果直立生，卵状，长3.0～4.5 cm，直径2～4 cm，表面生有坚硬针刺或有时无刺而近平滑，成熟后为规则4瓣裂。种子卵圆形，稍扁，长约4 mm，黑色，略有光泽，表面具粗网纹和小凹穴。

幼苗：全株被毛，子叶披针形，大型，长约2.2 cm，宽约0.5 cm，先端渐尖，基部楔形；具短柄。初生叶1片，长卵形或广披针形，长约2 cm，宽约0.5 cm，全缘，具短柄。

〔生物学特性〕

植株有毒。花期6—10月，果期7—11月。曼陀罗多生于林缘、灌丛、路旁、田边及住宅附近的壤土或沙壤土上，海拔在750～850 m，在气候温和、湿润、阳光充足、排水良好的条件下生长良好，而在寒冷背阳的条件下生长不良。

（a）幼苗　　　　　　　　　　　　　　（b）花

（c）果　　　　　　　　　　　　　　（d）种子

图4-36　曼陀罗（黄红娟　拍摄）

# 九、锦葵科

## 37. 苘麻（*Abutilon theophrasti* Medicus.）

〔分布与为害〕

苘麻属锦葵科（Malvaceae）苘麻属（*Abutilon*），别名青麻、孔麻、白麻、塘麻，广泛分布在全国各地。常见于路旁、荒地和田间。国外分布在越南、印度、日本、欧洲、北美洲等地。主要为害玉米、棉花、大豆等秋熟作物，部分向日葵田发生密度较大，为害严重。

〔形态特征〕

成株：一年生亚灌木状草本，株高达1~2 m，茎枝被柔毛，上部有分枝。叶互生，圆心形，先端尖，长5~10 cm，两面密生星状柔毛。花单生于叶腋，花梗长1~3 cm，近顶端具节；花萼杯状，密被短绒毛，5裂；花黄色，花瓣倒卵形；雄蕊柱平滑无毛，心皮15~20，顶端平截，具长芒2，排列成轮状，密被软毛。

子实：蒴果半球形，直径约2 cm，分果爿15~20，被粗毛，具喙，顶端具长芒2；种子肾形，褐色，被星状毛。成熟时黑褐色。

幼苗：全体被毛，子叶心形，先端顿，基部心形，具长柄。初生叶1片，卵圆形，先端钝尖，叶缘有顿齿，叶脉明显。下胚轴发达。

〔生物学特性〕

种子繁殖，4—5月出苗，花期6—8月，果期8—9月。

（a）幼株

（b）花

（c）果

（d）田间为害状

图4-37 苘麻（黄红娟 拍摄）

## 38. 野西瓜苗（*Hibiscus trionum* L.）

〔分布与为害〕

野西瓜苗属锦葵科（Malvaceae）木槿属（*Hibiscus*），别名小秋葵、香铃草，广泛分布在全国各地，是常见的农田杂草。原产非洲中部。为秋熟作物田的常见杂草，混生在各种作物中，对棉花、瓜类、豆类等秋熟作物为害较重，局部地区向日葵田发生严重。

〔形态特征〕

成株：一年生横卧或斜生草本，高25～70 cm，茎被白色星状粗毛。叶互生，下部叶圆形，不分裂或5浅裂，上部叶为掌状3～5全裂，裂片倒卵形，通常羽状分裂，中裂片最长。花单生于叶腋，花梗果时延长达4 cm，被星状粗硬毛；小苞片12，线形，具缘毛，长约8 mm，基部合生；花萼钟形，淡绿色，长1.5～2.0 cm，裂片5，膜质，三角形，具纵向紫色条纹；花冠淡黄色，内面基部紫色，花瓣5，基部结合；雄蕊柱长约5 mm，花丝纤细，长约3 mm，花药黄色；花柱端5裂，头状，无毛。

子实：蒴果长圆状球形，直径约1 cm，被粗硬毛，果爿5，果皮薄，黑色；种子肾形，黑色，具腺状突起。

幼苗：子叶近圆形或卵圆形，有柄；初生叶1片，近方形，先端微凹，基部近心形，叶缘有顿齿及疏睫毛；叶柄有毛。下胚轴发达，上胚轴较发达，均被毛。

〔生物学特性〕

野西瓜苗为晚春型植物。通常于4—5月萌发出苗，6—8月花果期，种子成熟后自然散落。根系入土一般为20～50 cm。以种子进行繁殖。喜湿喜肥，较耐旱。

（a）植株　　　　　　　　　　（b）花

图4-38　野西瓜苗（黄红娟　拍摄）

（c）果 　　　　　　　　　　　（d）田间为害状

图4-38 　（续）

# 十、蔷薇科

## 39. 委陵菜（*Potentilla chinensis* Ser.）

〔分布与为害〕

委陵菜属蔷薇科（Rosaceae）委陵菜属（*Potentilla*），别名扑地虎、生血丹、一白草，分布在东北、西北、华中、华东、华南和西南各省份。是作物田常见杂草，为害轻。

〔形态特征〕

成株：多年生草本。根粗壮，圆柱形，稍木质化。茎直立或斜生，被稀疏短柔毛和白色绢状长柔毛。奇数羽状复叶，基生叶有小叶5～15对半；小叶片对生或互生，无柄，长圆形、倒卵形或长圆披针形，长1～5 cm，宽0.5～1.5 cm，上面绿色，下面被白色绒毛，沿脉被白色绢状长柔毛，茎生叶的小叶片对数较少而小；基生叶托叶近膜质，褐色，外面被白色绢状长柔毛，茎生叶托叶草质，呈齿牙状分裂，托叶与叶柄基部合生。伞房状聚伞花序，花梗长0.5～1.5 cm，基部有披针形苞片，外面密被短柔毛；花直径通常0.8～1.0 cm；萼片三角卵形，顶端急尖，副萼片带形或披针形，顶端尖；花瓣黄色，宽倒卵形，顶端微凹；花柱近顶生，基部微扩大，稍有乳头或不明显。

子实：瘦果卵球形，深褐色，有明显皱纹，多数，聚生在有柔毛的花托上。

幼苗：子叶近圆形，长、宽各2.5 mm，先端微凹，叶缘有乳头状腺毛，叶基圆形，具短柄，下胚轴明显，红色，具短毛，上胚轴不发育。初生叶阔卵形，叶基圆形，具长柄，后生叶掌状5浅裂，背面密被绒毛。

〔生物学特性〕

以地下芽和种子繁殖，花期4—10月。喜光，耐干旱，耐热。

（a）植株　　　　　　　　（b）聚伞花序　　　　　　　　（c）瘦果

图4-39　委陵菜（黄红娟　拍摄）

# 十一、十字花科

## 40. 独行菜（*Lepidium apetalum* Willd）

〔分布与为害〕

独行菜属十字花科（Brassicaceae）独行菜属（*Lepidium*），又名辣辣菜、葶苈子、北葶苈、苦葶苈，分布在东北、华北、华东、西北、西南。生于路旁、沟边、滩地和农田。为常见的田间杂草。

〔形态特征〕

成株：越年生或一年生草本，高10～30 cm。茎直立，基部多铺分枝，有头状腺毛。基生也丛生，有长柄，叶片狭匙形，羽状浅裂或深裂；茎生叶互生，无柄，叶片条形，有疏齿或全缘。花序总状顶生，花极小；萼片早落；花片退化成丝状。短角果近球形或椭圆形，扁平，先端微缺，上部有极窄翅；种子倒卵状椭圆形，棕红色。

幼苗：子叶长椭圆形，具长柄；初生叶1片，卵圆形，先端3浅裂，叶柄长于叶片；后生叶羽化分裂。

子实：短角果近圆形或宽椭圆形，扁平，无毛，先端微缺；果梗弧形，长约3 mm；种子椭圆形，棕红色，平滑。

〔生物学特性〕

为早春型杂草。以种子进行繁殖。幼苗或种子越冬。种子经夏季休眠后萌发。一般4月上中旬从残留在土壤中的营养体上或种子萌发长出幼苗，5月初为幼苗期，6月为营养期，7月为开花期，8月上旬种子开始落粒。为害期为6月至8月底。

（a）幼苗 （b）花

（c）成株

图4-40 独行菜（白全江 拍摄）

# 十二、蒺藜科

## 41. 蒺藜（*Tribulus terrestris* **L.**）

〔分布与为害〕

蒺藜属蒺藜科（Zygophyllaceae）蒺藜属（*Tribulus*），别名白蒺藜，分布在全国各地，长江以北最为常见，为害秋熟作物，是田间常见杂草。

〔形态特征〕

成株：一年生草本。植株平卧，茎由基部分枝，长可达1 m左右，淡褐色。全体被绢丝状柔毛。偶数羽状复叶，长1.5～5.0 cm；小叶对生，3～8对，长圆形，先端锐尖或钝，基部稍偏科，被柔毛，全缘。托叶小，披针形，边缘半透明状膜质；有叶柄和小叶柄。花单生于叶腋，花梗短于叶，黄色；萼片5，宿存；花瓣5；雄蕊10，生于花盘基部，子房5

棱，柱头5裂，每室3~4胚珠。花期五5—8月，果期6—9月。

子实：蒴果为5个分果瓣组成，扁球形；每果瓣具长锐刺各1对，背面具短硬毛及瘤状突起。种子2~3粒，种子间有隔膜。

幼苗：平卧地面，除子叶外，其余均被毛。子叶长圆形，先端平截或微凹，基部楔形，叶下灰绿色，具短叶柄。初生叶1片，为具4~8对小叶的双数羽状复叶；小叶长椭圆形。

〔生物学特性〕

蒺藜为一年生植物，种子繁殖，华北地区花期5—8月，果期6—9月。喜钙质土或砂质土，耐干旱，耐贫瘠。

| （a）幼苗 | （b）成株 | （c）果 |

图4-41　蒺藜（黄红娟　拍摄）

# 十三、唇形科

## 42. 鼬瓣花（*Galeopsis bifida* Boenn.）

〔分布与为害〕

鼬瓣花属唇形科（Lamiaceae）鼬瓣花属（*Galeopsis*），别名野芝麻、野苏子，分布在我国东北、西北、西南部分地区。鼬瓣花为害春小麦、春油菜、大豆、向日葵等秋熟作物，局部地区为害严重。

〔形态特征〕

成株：一年生草本，主根发达。茎直立，通常高20~60 cm，有时可达1 m，多少分枝，钝四棱形。轮伞花序腋生，紧密排列于茎顶端及分枝顶端；小苞片线形至披针形，与萼片等长，基部稍膜质，先端刺尖。花萼管状钟形，连齿长约1 cm，5齿裂，长约5 mm，与萼筒近等长，长三角形。花冠白、黄或粉紫红色，冠筒漏斗状，喉部增大，冠檐二唇形，上唇卵圆形，先端钝，具不等的数齿，外被刚毛，下唇3裂，中裂片长圆形，先端明显微凹，紫纹直达边缘，基部略收缩，侧裂片长圆形，全缘。雄蕊4，花丝丝状，下部被小疏毛，花药卵圆形，2室，二瓣横裂。花柱先端近相等2裂。花盘前方呈指状增大。子房无毛，褐色。

子实：小坚果倒卵状三棱形，黑褐、褐色，有秕鳞，腹面近下部中央有一条窄的纵脊，纵脊下部两侧收缩成小沟状。种子含油，适用于工业。

幼苗：子叶出土到第一对真叶长出需要7~10天，子叶表面粗糙，边缘整齐，上下胚轴较粗壮，下胚轴紫红色。幼苗除子叶外均被绒毛。

〔生物学特性〕

生于林缘、路旁、田边、灌丛、草地等空旷处，在我国西南山区可生长至海拔4 000 m。耐寒，零下5 ℃的短期低温也不会受害。鼬瓣花于4月下旬出苗，9月中旬成熟，全生育期约135天。种子成熟不一致，易脱落，单株产种子300粒左右，最高达800多粒。

图4-42　鼬瓣花（黄红娟　拍摄）

# 第三节　向日葵田间杂草防治技术

向日葵主要种植在我国的东北、西北和华北地区，由于各地向日葵栽培、灌溉模式的不同，以及轮作倒茬的后茬栽培作物的差异，导致各地向日葵田间杂草群落和优势种群存在较大差别，特别是内蒙古河套平原的黄灌区。向日葵田杂草的传统防治手段是采用人工除草、轮作、中耕等措施。随着向日葵规模化种植和劳动力的短缺，化学防除技术因为具有高效、经济、快速的优点而成为向日葵田杂草防治的主要手段。然而向日葵对多数除草剂比较敏感，特别是苗期对茎叶处理剂，因此，目前主要以土壤封闭为主，茎叶防控单子叶杂草为辅并结合农艺措施进行综合防控，根据向日葵田杂草群落组成，选择适宜的安全、高效除草剂和不同施药方法，以及配套的综合应用技术，是向日葵田杂草化学防控的重点。

近年来内蒙古河套灌区，为了防控向日葵螟的为害，利用播期避害的方法，将向日葵播期集中推迟到5月20日至6月5日，致使过去的秋汇地全部改成春汇地，形成了具有当地特色的热水葵花（水膜向日葵）种植模式，但向日葵播种时田间杂草已大量出现，因此，当地推广播后苗前应用灭生性除草剂草甘膦与土壤封闭除草剂精异丙甲草胺混配，进行一次施药，实现清除田间已出土杂草的同时，对未出土杂草再次进行土壤封闭，达到"一封一杀"的杂草防控效果。

# 一、农业防治

## 1. 科学选种

对于向日葵列当发生严重的地区，应该注重选择抗列当的向日葵品种进行栽培，以达到防控向日葵列当的作用。

## 2. 地膜覆盖结合膜间定向喷雾

向日葵覆膜播种后，采用膜下滴灌设施，结合土壤处理剂进行杂草综合防控，由于地膜可以抑制膜下杂草的发生，特别是黑膜透光率低，能够阻止太阳光穿透能力，有控制杂草发芽和生长的作用。白色地膜具有良好的透射性，能够使太阳光中的红外线和紫外线穿过地膜，膜下增温较快，膜下高温可以实现高温杀草，控制部分杂草的为害。对于覆膜栽培向日葵行间的杂草可配合定向喷雾的施药方式，达到减药控害的目的。

## 3. 中耕除草

向日葵苗期应该做好中耕除草作业，适时进行中耕除草，一方面可松土、保墒，另一方面通过及时清理田间杂草，减少杂草与向日葵争夺土壤中的水分和营养，同时将未结实的杂草除掉，能减少土壤杂草种子库，降低翌年杂草萌发基数，达到降低杂草密度的效果。

## 4. 秋耕深翻

可采用秋耕深翻，将杂草种子翻压到耕层深处，表层杂草被晾晒失去活性，减少杂草出土数量，达到除草目的。

## 5. 轮作倒茬

连续多年种植向日葵，会导致土壤种子库中恶性杂草种子数量不断增加，特别是向日葵列当的种子库数量庞大，因此，采用合理的轮作，向日葵与其他作物进行倒茬轮作，例如可以采用与禾本科作物轮作或者水旱轮作的方式，减少杂草对向日葵的为害，并及时清除向日葵自生苗。

## 二、化学防治

### 1. 苗前土壤处理

向日葵播后苗前进行土壤封闭处理是向日葵田杂草防控的主要手段。向日葵播种后，可用960 g/L精异丙甲草胺乳油、900 g/L乙草胺乳油、50%扑草净可湿性粉剂、480 g/L氟乐灵乳油等土壤封闭除草剂兑水后均匀喷雾，进行土壤封闭处理，上述药剂对向日葵安全，可有效防除向日葵田稗草、马唐、狗尾草等禾本科杂草，以及小粒种子的藜、苋菜等部分阔叶杂草，其中扑草净对阔叶杂草的防效优于禾本科杂草；25%扑·乙乳油、330 g/L二甲戊灵乳油、48%仲丁灵乳油对反枝苋、藜、龙葵等部分阔叶杂草防效较好。但48%氟乐灵乳油喷雾后要进行混土，避免光解失效。土壤封闭处理时，整地平整、土壤湿度大则药效好。

### 2. 苗后茎叶处理

在向日葵五叶期以前可用10.8%高效氟吡甲禾灵乳油、8.8%精喹禾灵乳油、15%精吡氟禾草灵乳油等进行茎叶喷雾防除禾本科杂草。目前向日葵田仍然没有安全性较好的阔叶杂草的茎叶处理剂。但选择应用耐咪唑啉酮类除草剂的向日葵品种，在向日葵苗期利用甲氧咪草烟或咪唑乙烟酸除草剂可以进行茎叶处理，防除田间一年生禾本科杂草和阔叶杂草。此外，播前或播后苗前如果田间杂草已大量出土，也可以选择使用灭生性除草剂41%草甘膦水剂，对田间杂草进行一次茎叶处理。对于巴彦淖尔市河套灌区的热水葵花种植模式田，可以采用41%草甘膦水剂加960 g/L精异丙甲草胺乳油混合施药的"一封一杀"处理方式，将已出土的杂草防除，同时土壤封闭药剂对未出土的一年生杂草也有很好的控制效果。

# 第四节　寄生性杂草

### 43. 菟丝子（*Cuscuta chinensis* Lam.）

〔分布与为害〕

菟丝子属旋花科（Convolvulaceae）菟丝子属（*Cuscuta*），别名无根藤、无叶藤、黄丝藤、鸡血藤、金丝藤、无根草、豆寄生、黄丝，分布在我国大部分地区。通常寄生于豆科、菊科、藜科等多种植物上。为秋收作物田和大豆田的恶性寄生杂草。寄主范围广，为害严重，较难防除，引起寄主作物产量、品质严重下降。

〔形态特征〕

成株：一年生寄生草本。茎缠绕，淡黄色，纤细，直径约1 mm，多分枝，无叶。花序侧生，花多簇生成团伞花序，近于无总花序梗；花萼杯状，中部以下连合，裂片三角形；苞片及小苞片小，鳞片状；花梗稍粗壮，长仅1 mm；花冠白色或略带黄色，钟形，4～5裂，裂片三角状卵形，顶端锐尖或钝，向外反折，宿存；雄蕊着生花冠裂片弯缺微下处；鳞片长圆形，边缘长流苏状；子房近球形，花柱2枚，等长或不等长，柱头球形。

子实：蒴果球形，直径约3 mm，几乎全为宿存的花冠所包围，成熟时整齐的周裂。种子淡褐色，卵圆形，有喙，长约1 mm，种脐线性，隆起，表面粗糙。

幼苗：淡黄色，早期具极短的初生根，在土壤中起短期吸水作用，当固定于寄主后停止生长。胚轴与幼茎纤细，与寄主接触后，茎上产生吸器，侵入寄主体内吸收水分和养分。

〔生物学特性〕

菟丝子主要靠种子进行繁殖，断茎也能进行营养繁殖。菟丝子的大部分种子种皮不透水，存在种子休眠现象。通过低温处理、干燥处理、冲洗处理、药剂处理和机械处理等方法可打破或解除种子休眠。花期6—7月，果期7—8月。

（a）植株　　　　　　　（b）花序　　　　　　　（c）田间为害状

图4-43　菟丝子（黄红娟　拍摄）

## 44. 向日葵列当（*Orobanche cumana* Wallr.）

〔分布与为害〕

向日葵列当属列当科（Orobanchaceae）列当属（*Orobanche*），俗称毒根草、兔子拐棍，一年生草本植物。近年在我国北方向日葵主产区均有分布，其中内蒙古、新疆、甘肃发生为害较重。

向日葵列当属于根寄生性植物，由于没有叶绿素，生长所需的水分和养分全部靠吸盘通过寄主根部吸收。向日葵列当仅寄生向日葵、番茄和烟草栽培作物。向日葵整个生育期间均能被列当寄生，不同向日葵品种对列当寄生的抗、耐性差异明显。向日葵早期被列当寄生后，植株不能正常生长，使得植株矮化，茎秆纤细，不能形成花盘，甚至干枯死亡。后期被寄生，体内的营养和水分被向日葵列当消耗，使得向日葵叶片萎蔫，影响正常的光合作用和籽粒的灌浆，最终导致百粒重降低、籽粒短小、含油率下降、品质变劣，商品性变差，一般减产30%～50%，甚者造成绝收。因此严重威胁向日葵产业的健康发展和农民种植向日葵的积极性。

〔形态特征〕

向日葵列当茎直立，圆柱状，不分枝，肉质，高度不等，一般在15～40 cm，直径0.6～1.5 cm，全株密被腺毛，淡黄色至紫褐色。没有真正的根，有短须状吸盘；叶退化成鳞片状，呈三角状形或卵状披针形，长1.0～1.5 cm，宽5～6 cm，螺旋状排列在茎秆上，无叶绿素。因此，不能进行光合作用，靠假根侵入向日葵根组织内寄生。花序穗状，两性花，每株20～40朵花，最多达80多朵，花色有兰紫、米黄、粉红等色。花萼钟状，1.0～1.2 cm，2深裂至基部，或前面分裂至基部，而后面仅分裂至中部以下或近基部，裂片顶端常2浅裂，极少全缘，小裂片线形，后面2枚较长，前面2枚较短，先端尾尖。花冠长1.0～2.2 cm，在花丝着生处明显膨大，向上缢缩，口部稍膨大，筒部淡黄色，在缢缩处稍扭转地向下膝状弯曲。上唇2浅裂，下唇稍短于上唇，3裂，裂片淡紫色或淡蓝色，近圆形，边缘不规则地浅波状或小圆齿。雄蕊4枚。花药、子房卵状长圆形，无毛。蒴果长圆形或椭圆形，长1.0～1.2 cm，直径5～7 cm，干后深褐色。列当种子非常细小，一般在200～400 μm，千粒重仅有15～25 mg，一株列当可产生5万～10万粒种子。种子长椭圆形，0.4～0.5 mm，直径0.18 mm，表面具网状纹饰，网眼底部具蜂巢状凹点。

〔生物学特性〕

向日葵列当存在生理小种分化现象，目前在我国有A、B、C、D、E、F和G等生理小种，其中为害最重的优势小种是G小种，而且分别也较为广泛。向日葵列当是典型的根寄生杂草，一般从种子萌发、幼苗出土至新种子成熟40天左右。向日葵列当种子在土壤中的存活年限在8～10年，其存活年限与环境有关，在巴彦淖尔市黄灌区，因用黄河水汇地，列当种子在田间3年基本全部失活。由于向日葵列当没有叶绿素，无法进行光合作用，生长所需营养全靠寄主提供。向日葵列当以种子繁种，种子极小、产种量极大，一株列当可产生5万～10万粒种子。成熟种子脱落后需经过一定时间的后熟，在温湿度适宜的土壤中接触到向日葵等寄主植物的根分泌的萌发刺激物，便开始萌发长出小芽管，芽管顶端吸附在寄主的侧根上，建立起寄生关系吸收寄主的营养物质和水分，并逐渐长成幼芽、幼苗、开花、结实，由于与寄主竞争营养，致使寄主生长发育受阻，从而产生为害。向日葵列当以种子繁殖，由于种子极小，借土壤、风力、水流、人畜、葵花籽和农机具传播，特别是在疫区调种造成远距离传播。

向日葵列当在10 cm左右土层寄生、出土的最多，5 cm以上、12 cm以下的出土较少。重茬、迎茬地发生为害多；列当种子的萌发的最适条件为土壤温度15～25 ℃、土壤湿度50%～70%，土壤pH值略偏碱（7<pH值<9）和寄主根部分泌的萌发刺激物。温度过高过低和酸性土壤（pH值≤7）均不利于萌发，土壤透气性好的砂质壤土较黏质壤土为害严重，偏碱性土壤较酸性土壤为害严重。施肥不良或干旱时，向日葵受列当胁迫为害更严重。

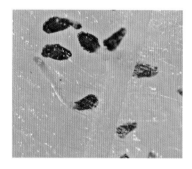

（a）种子的芽管与向日葵
须根结合

（b）地下寄生状

（c）刚出土

（d）寄生向日葵

（e）花序

（f）雌蕊、雄蕊

图4-44　向日葵列当（云晓鹏　拍摄）

（a）列当田间寄生状

（b）田间为害状

图4-45　向日葵列当田间为害状（白全江　拍摄）

# 第五节　寄生性杂草防除

向日葵寄生杂草的防治主要根据各地的实际情况，根据各地对向日葵商品性的要求和列当优势种群，因地制宜，做到科学合理布局商品性好、不同抗性级别的抗（免）、耐向日葵列当品种和抗除草剂品种，同时结合农业防治、药剂防治和植物生长调节剂等措施，将向日葵列当、菟丝子等寄生性杂草控制在经济阈值以下，实现农业增效，农民增收的目的。

## 一、加强检疫

向日葵列当、菟丝子具有顽强的适应性和可塑性，一旦蔓延，很难根除。因此，必须加大检疫力度，向日葵列当、菟丝子的种子非常微小，可以随向日葵种子进行远距离传播。严格做好向日葵种子调运的检疫工作，严禁从疫区或列当生理小种高级别区域向非疫区或低级别列当发生区调运向日葵种子。在向日葵列当和菟丝子发生的地区，应积极采取防治方法，逐步压低和消灭其为害，避免向非发生区传播。

## 二、农业防治

### 1. 合理选择抗、耐向日葵列当的品种

根据各地向日葵列当优势生理小种和发生为害程度的差异，合理选择不同抗性级别的向日葵品种。其中在以G小种为主的向日葵列当为害严重区域可栽培免疫品种，可选择商品性较好HZ2399、同辉15、LJ368等免疫食用向日葵品种；也可选用三瑞3号或JK60等耐性较好的品种，结合水肥或诱抗剂调控减轻列当的为害；在以D小种列当为优势种群的向日葵发生为害区，可推广种植JK106等品种。

### 2. 深耕细作

土地深耕细作是作物高产稳产的基础，也是防治杂草的有效途径，菟丝子种子在土表3～5 cm以下不易萌发出土，深耕20 cm以上，将土表菟丝子深埋，使菟丝子难以发芽出土，可以减少发生量。

### 3. 水肥调控

向日葵列当适宜在偏碱性土壤中生存，偏施酸性肥料，适当调整土壤pH值，对向日葵列当寄生具有一定的抑制作用；同时依据向日葵生理状态，适时增加灌溉次数，避免向

日葵与列当争水而造成的叶片萎蔫，影响正常的光合作用。同时，列当属于好氧型寄生植物，灌溉浸泡增加了根部的无氧呼吸，降低了列当自身的免疫力。

### 4. 人工铲除

向日葵列当轻发生区列当密度较低，可以采取人工铲除的方法。在向日葵列当出土以后至种子成熟前，连续拔除田间出土的向日葵列当植株，避免列当产生种子。为避免离体列当种子后熟继续传播为害，铲除的列当茎秆应在田地外面进行集中烧毁或深埋。

### 5. 适时播种

选择适宜的播种期，在一定程度上可以减轻向日葵列当的为害。在内蒙古巴彦淖尔市6月上旬播种，在新疆阿勒泰地区5月中旬前播种，均可不同程度地减轻列当对向日葵的为害。其他地区需结合各地生产实际推行适时播种，降低或推迟列当对向日葵的寄生，达到降低为害和损失的目的。

### 6. 轮作

诱捕作物是指根系能够分泌出使列当种子萌发的农作物，但不会与列当建立寄生关系，发芽的列当种子就会死亡，这种发芽被称为"自杀性萌发"。通过轮作诱捕作物可以有效降低土壤中列当的种子量，而诱捕作物本身不受影响。玉米是一种较好的诱捕作物，但品种间诱捕效果差异较大。除了玉米，亚麻、蚕豆、绿豆等农作物或青椒、洋葱、芹菜、胡萝卜也可以作为诱捕作物与向日葵进行复种或轮作，降低土壤中向日葵列当的有效种子量。

由于菟丝子主要寄生于双子叶植物，因此，菟丝子发生为害区可以与小麦、玉米等禾本科作物轮作。

## 三、生物防治

应用中国农业大学研制的有效活菌数大于5亿/g向日葵控列微生态制剂，于苗期（五至七叶期）进行滴灌，每次5 L/亩，发病较严重地块适当增加滴灌次数，可有效控制列当的寄生程度和降低向日葵的产量损失。

## 四、化学防治

### 1. 抗除草剂品种

种植抗咪唑啉酮类除草剂向日葵新世1号品种等，在向日葵四至八叶期喷施5%咪唑乙烟酸水剂或4%甲氧咪草烟水剂50～100 mL/亩茎叶喷雾向日葵，对向日葵列当的防效可达95%以上。

## 2. 土壤封闭处理

在向日葵播后苗前或播前进行土壤封闭处理可以在一定程度上抑制向日葵列当的寄生和出土，同时对田间一年生杂草也有很好的兼治作用。在播前或播后苗前使用48%仲丁灵乳油400 mL/亩、48%氟乐灵乳油300 mL/亩进行土壤封闭处理，施药后立即用12 cm左右钉子耙纵横2次混土。该项技术可以在列当发生较轻的地区与感列当品种配合使用。除上述药剂外，应用50%乙草胺乳油、960 g/L精异丙甲草胺乳油等除草剂进行土壤封闭处理，对向日葵田菟丝子均有较好的防控效果。

## 3. 生长调节剂—植物诱抗剂

植物诱导抗性指利用诱导因子激活植物自身的免疫系统，增强植物对侵害和逆境的防御能力。应用植物诱抗剂-IR-18在向日葵八至十四叶期，800倍液喷施2次，2次施药间隔10天左右，对向日葵列当具有较好的抑制寄生和控制列当生长的作用，减轻列当对向日葵生长的影响，从而提高向日葵的产量和品质。

在菟丝子萌发初期或零星发生时，用1.5%～2%二硝基酚或二硝基邻甲苯酚溶液喷雾处理，隔10天喷1次，最好喷2次，可较好的控制菟丝子的为害。

# 第六节　除草剂药害诊断及预防

随着向日葵产业的发展，田间草害问题日益严重，化学除草剂是最经济有效的控草手段，然而向日葵田中登记的除草剂种类较少，缺乏安全有效的阔叶杂草的防控药剂，在农户寻求向日葵田杂草防控策略时，会存在除草剂滥用、误用，以及随意增加除草剂用量等问题，近年来向日葵药害问题发生越发普遍，对向日葵生产造成严重损失。

## 一、莠去津

莠去津为三氮苯类除草剂，是内吸选择性苗前、苗后除草剂，主要通过根吸收，迅速传导到植物分生组织，干扰光合作用。其作用特点是在有光的条件下，阻碍电子传递，抑制希尔反应，致使植物叶片褪绿，造成营养供应枯竭而停止生长。莠去津结构稳定，分解慢，在土壤中残留期长，是玉米田常用的化学除草剂，而残留在土壤中的莠去津对后茬向日葵很容易造成药害。同时，在田间防除玉米田杂草时，不注意也会造成漂移药害，对向日葵药害的症状为叶片黄化、有的叶缘皱缩、枯萎，植株生长缓慢甚至死亡。因此，必须正确施用莠去津，特别注意沙质土壤需要降低莠去津的用药量，严格掌握用药时期和用药量，以及向日葵田附近喷施药剂时注意风力和风向，避免漂移药害。如果出现后茬或漂移造成药害时，可选用0.136%赤·吲乙·芸可湿性粉剂（碧护）、芸苔素内酯、复硝酚钠等促进生长的药物进行茎叶喷雾处理，利于缓解药害，促进向日葵快速恢复生长。

图4-46　莠去津药害症状（白全江　拍摄）

## 二、异噁草松

异噁草松为有机杂环噁唑类选择性芽前土壤处理除草剂，能够抑制植物叶绿素和胡萝卜素的合成，致使植物褪绿变白。为大豆田常用的土壤封闭处理剂，对一年生禾本科和阔叶杂草有较好的防效。异噁草松在土壤中吸附性较强，移动性小，但在温度高于15 ℃时会蒸发到空气中而随气流移动，异噁草松在施用时很容易造成漂移药害；此外在用量较大的田块，还会产生残留药害。向日葵药害症状表现为叶片黄色至白色，叶脉绿色，植株生长受阻。因此，需要正确施药，施药处理要与向日葵田之间设隔离带；此外，施药时应注意天气，禁忌在大风、大雾情况下用药，避免漂移药害。向日葵附近的大豆田可采用混土施药方法，增加土壤吸附，减少挥发漂移药害。异噁草松有效成分700 g/hm²以下，翌年下茬可种向日葵，高于该剂量，需间隔12个月种植向日葵，避免残留药害。在药害发生的田块，可选择功能性植物营养处理剂，如碧护，叶面肥（益微、禾甲安）等进行叶面喷施，增强向日葵生长，缓解药害症状。

（a）田间漂移药害 （b）单株药害症状

图4-47 异噁草松药害（白全江 拍摄）

## 三、草甘膦

草甘膦为有机磷类内吸传导型灭生性除草剂，草甘膦的作用特点是通过植物的绿色吸收，通过共质体传导，而后积累在根部和茎叶的分生组织中，抑制5-烯醇丙酮酰苯草酸-3-磷酸合成酶的活性，抑制植物体内氨基酸合成，导致植株死亡。此类除草剂引起作物药害，多数于使用不当所致。另外，在河套灌区近年为了避免向日葵螟的为害，全部推迟播期，由过去的秋汇地5月1日前后播种的习惯，改为春汇地5月20日至6月5日播种，此时播种可以有效地避免向日葵螟的为害。但播种时，由于田间已有相当一部分杂草出土，为了控制杂草，当地探索出播后苗前利用灭生性除草剂草甘膦与土壤封闭除草剂精异丙甲草胺混配喷施防除杂草。在使用过程中，由于施用方法或药剂质量问题，常常造成草甘膦的药害。其原因主要有部分企业生产的草甘膦产品中添加了对向日葵不安全的隐性成分，另外，当地向日葵全部采用地膜覆盖栽培模式，当播后苗前施用草甘膦后，向日葵出苗过程中有降雨，使地膜上的草甘膦淋溶到向日葵幼苗上，造成药害。

药害症状为叶片失绿，叶缘焦枯，卷缩，缓慢凋萎。受害较轻的向日葵虽然能够恢复生长，但会影响生育期，造成减产。因此购买草甘膦必须选择正规生产企业的产品，同时，施药前关注天气预报，避免施药后降雨，造成淋溶药害。

图4-48 草甘膦淋溶药害症状（云晓鹏 拍摄）

（a）漂移药害　　　　　　　　　　　　　（b）误用草甘膦

图4-49　草甘膦药害（云晓鹏　拍摄）

## 四、麦畏·草甘膦

麦畏·草甘膦为苯甲酸类除草剂与有机磷类除草剂的混剂，属于非选择性内吸传导型苗后除草剂。麦草畏属于激素类除草剂，主要通过打破植物体内激素的平衡，影响各种催化酶的合成与活性，抑制呼吸作用、光合作用等一系列生理生化反应，以此干扰分生组织的分生功能，阻碍植物的正常生长，致使变成畸形状态。受害植物表现为叶片卷缩，叶柄和茎部弯曲，幼根变粗、变短，毛根减少，造成根系不能正常吸收水分和营养物质，影响植株的正常生长。草甘膦抑制植物芳香族氨基酸合成而导致植物死亡，2种除草剂复配，具有内吸传导除草和对未出土的杂草进行封闭除草的双重作用，对多年生杂草和一年生杂草均有较好的防效，为非耕地茎叶处理除草剂。该药没有在向日葵田中登记，但有农户采取行间定向喷雾或误导使用麦畏·草甘膦进行向日葵行间杂草的防控和全田施用，极易产生漂移药害和直接药害，风险极高。药害症状为茎弯曲，叶片皱缩，叶缘向上翻卷成杯状、畸形，减少向日葵根系生长，轻的抑制生长，严重的整株枯萎，甚至死亡。

（a）叶片皱缩　　　　　　　　　　　　　（b）叶片变成喇叭筒状

图4-50　麦畏·草甘膦药害（白全江　拍摄）

（c）叶片叶脉严重黄化　　　　　　　　　（d）田间受害状

图4-50　（续）

## 五、咪唑乙烟酸

咪唑啉酮类除草剂为内吸传导型除草剂，是典型的植物生长抑制剂。其作用特点与磺酰脲类除草剂相似，也是通过抑制乙酰乳酸合成酶的活性，阻碍支链氨基酸的合成，进而阻碍蛋白质的合成，直到抑制细胞的分裂和生长。

此类除草剂通过植物的根、茎、叶吸收后致害，在木质部和韧皮部内传导，积累于分生组织，使幼嫩的新叶变薄或产生黄色、褐色条纹，并皱缩变形，叶缘翻卷，叶鞘变形，有的叶脉、叶柄和茎秆输到组织变褐、变脆易折，植株矮化。受害严重的植株生长点坏死。受此类除草剂药害的症状显现速度较慢。

（a）不抗除草剂品种整株萎蔫枯死　　　　　（b）叶片褪绿皱缩

图4-51　咪唑乙烟酸药害症状（云晓鹏　拍摄）

目前国内育种单位引进和培育了抗咪唑啉酮类除草剂向日葵品种，最初是为解决向日葵田阔叶杂草，近年为解决向日葵列当寄生性杂草，在向日葵苗期进行茎叶喷雾处理。但由于使用不当或在非抗性向日葵品种上误用，造成药害。在非抗性品种上误喷，一般可使全田向日葵枯死。若漂移造成的药害，使非抗性向日葵叶片褪绿变黄皱缩，叶脉仍绿，受害严重时，叶片枯死。

# 参 考 文 献

戴自谦, 张朝贤, 张严和, 等, 1995. 农田芦苇生物学特性及防除研究[J]. 新疆农垦科技 (3)：12-15.

付迎春, 朴亨三, 穆瑞娜, 1986. 狗尾草某些生物学特性的研究简报[J]. 植物保护学报, 13: 186, 200.

郭良芝, 郭青云, 邱学林, 等, 2001. 酸模叶蓼的生物学特性与危害初步研究[J]. 杂草科学 (4)：14-16.

黄春艳, 2012. 吉林省西北部地区向日葵田杂草调查初报[J]. 杂草科学, 30 (4)：34-37.

李扬汉, 1998. 中国杂草志[M]. 北京: 中国农业出版社.

刘金刚, 依兵, 孙恩玉, 等, 2020. 6种除草剂在向日葵田的应用效果[J]. 中国植保导刊, 40 (12)：72-75.

刘满仓, 1986. 鼬瓣花及其防治的研究[J]. 内蒙古农业科技 (1)：35-37.

柳建伟, 岳德成, 李青梅, 等, 2019. 几种除草剂对恶性杂草苣荬菜和打碗花的防除效果 [J]. 农药, 58 (6) 458-461.

马毓泉, 1982. 内蒙古植物志: 第6卷[M]. 呼和浩特: 内蒙古人民出版社.

马原松, 2006. 车前草的生物学特性及栽培技术[J]. 河南农业科学 (9)：109-110.

内蒙古自治区农牧业科学院. 除草剂减量防除向日葵田一年生杂草技术规程: DB15/T 1945—2014[S].

内蒙古自治区农牧业科学院. 咪唑啉酮类除草剂防除向日葵列当技术规程: DB15/T 1947—2014[S].

孙军仓, 燕鹏, 王敬昌, 等, 2020. 关中地区麦田杂草田旋花和打碗花的发生特点及防治对策[J]. 农技服务, 37 (4)：81-82.

滕春红, 王星茗, 崔书芳, 等, 2019. 黑龙江省大豆田反枝苋对氟磺胺草醚的抗药性机制研究[J]. 植物保护, 45 (5)：197-201.

王永卫, 1984. 野燕麦生物学特性及防治方法的研究[J]. 八一农学院学报 (4)：38, 48, 56-58.

中国科学院中国植物志编辑委员会, 1977. 中国植物志: 第65卷, 第2分册[M]. 北京: 科学出版社.

中国科学院中国植物志编辑委员会, 1979. 中国植物志: 第25卷, 第2分册[M]. 北京: 科学出版社.

中国科学院中国植物志编辑委员会, 1979. 中国植物志: 第64卷, 第1分册[M]. 北京: 科学出版社.

中国科学院中国植物志编辑委员会, 1979. 中国植物志: 第75卷, 第1分册[M]. 北京: 科学出版社.

中国科学院中国植物志编辑委员会, 1984. 中国植物志: 第49卷, 第2分册[M]. 北京: 科学出版社.

中国科学院中国植物志编辑委员会, 1985. 中国植物志: 第37卷[M]. 北京: 科学出版社.

中国科学院中国植物志编辑委员会, 1987. 中国植物志: 第9卷[M]. 北京: 科学出版社.

中国科学院中国植物志编辑委员会, 1987. 中国植物志: 第78卷, 第1分册[M]. 北京: 科学出版社.

中国科学院中国植物志编辑委员会, 1990. 中国植物志: 第10卷, 第1分册[M]. 北京: 科学出版社.

中国科学院中国植物志编辑委员会, 1991. 中国植物志: 第76卷, 第2分册[M]. 北京: 科学出版社.

中国科学院中国植物志编辑委员会, 1996. 中国植物志: 第26卷[M]. 北京: 科学出版社.

中国科学院中国植物志编辑委员会, 1997. 中国植物志: 第18卷, 第1分册[M]. 北京: 科学出版社.

中国科学院中国植物志编辑委员会, 1997. 中国植物志: 第67卷, 第1分册[M]. 北京: 科学出版社.

中国科学院中国植物志编辑委员会, 1997. 中国植物志: 第80卷, 第1分册[M]. 北京: 科学出版社.

中国科学院中国植物志编辑委员会, 1998. 中国植物志: 第25卷, 第1分册[M]. 北京: 科学出版社.

中国科学院中国植物志编辑委员会, 1998. 中国植物志: 第43卷, 第1分册[M]. 北京: 科学出版社.

中国科学院中国植物志编辑委员会, 1999. 中国植物志: 第78卷, 第2分册[M]. 北京: 科学出版社.

中国科学院中国植物志编辑委员会, 1999. 中国植物志: 第80卷, 第2分册[M]. 北京: 科学出版社.

中国科学院中国植物志编辑委员会, 2002. 中国植物志: 第9卷, 第1分册[M]. 北京: 科学出版社.

中国科学院中国植物志编辑委员会, 2002. 中国植物志: 第70卷[M]. 北京: 科学出版社.

BELL A R, NALEWAJA J D, SCHOOLER A B, 1973. Response of perennial sowthistle selections to herbicides [J]. Crop science, 13 (2) : 191-194.

LEMNA W K, MESSERSMITH C G, 1990. The biology of Canadian weeds. 94. *Sonchus arvensis* L. [J]. Canadian journal of plant science, 70: 509-532.

THOMPSON K, BAND S R, HODGSON J G, 1993. Seed size and shape predict persistence in soil[J]. Functional ecology, 7: 236-241.

第五章

鸟害和鼠害

# 第一节　鸟　害

近年来，随着生态环境的不断改善和人们对鸟类保护意识的增强，鸟的种类、数量也在逐年增加，鸟为害向日葵的现象时有发生，由于各地生态环境不同，为害向日葵的鸟的种类、为害方式和为害时期不同，因此，造成的产量损失也不相同。害鸟主要有麻雀、喜鹊、乌鸦、雉鸡、金翅雀等。在向日葵播种后、拱土出苗时，以及籽粒成熟和收获晾晒时均可受到鸟类为害，前期造成缺苗断垄，后期葵盘籽粒被大量啄食等，导致不同程度的减产，严重影响向日葵种植户的经济收入。

## 一、害鸟为害规律

鸟类对向日葵为害主要集中在播种后、苗期、乳熟期和收获晾晒4个时期。向日葵播后苗前，喜鹊、乌鸦等鸟类顺着垄沟刨土寻食种子，使向日葵未出苗即受害，由于喜鹊、乌鸦属于群居型鸟类，常常集中为害造成向日葵点片大面积缺苗断垄。种子拱土出苗和苗期，麻雀、雉鸡等也成群飞来啄食向日葵幼苗，把幼芽、幼苗叼出食光，少部分抛在地上枯死。雉鸡主要栖息在河滩地，雉鸡性情机警，一般是间歇式啄食。由于雉鸡喜欢群聚啄食，常使个别地块受害严重。喜鹊、麻雀在向日葵乳熟期，此时大秋作物籽粒正值灌浆期，不能啄食，因此，成群轮番地在部分葵盘上啄食为害，其中麻雀为害相对较轻。向日葵在脱粒晾晒时，也有一些鸟成群在向日葵晾晒堆上取食，由于人为活动的干扰，一般损失较少；同时鸟类具有一定的记忆力，喜欢对同一地块成群反复多次取食为害。在一天里，麻雀等小型鸟类以早晨为害较多，而喜鹊等鸟类则傍晚前较多。树林、河道、水渠旁和村边的向日葵受鸟类为害也较重。

## 二、防控技术措施

### 1. 农业防治

向日葵播种后及时平整垄沟，使鸟类找不见播种沟或播种穴，可减少其为害；此外，向日葵地旁种植薰衣草，对鸟类也有一定的趋避作用，特别是薰衣草开花期香味较浓，趋避作用显著。

## 2. 人工驱鸟

根据鸟类在清晨、中午、黄昏3个时段为害较严重的活动规律，对于离家近且种植面积小的向日葵地块，有劳动力的条件下，可以进行人工驱鸟，一般每15分钟驱赶1次。

## 3. 彩带、闪光物体驱鸟

在田间利用废弃的磁带或光碟悬挂发出的反射光线来驱赶鸟，也可以悬挂金属易拉罐在有风的作用下发出响声，对鸟起到趋避或恐吓作用，使鸟类远离该区域。

## 4. 放置稻草人

鸟类的适应性较强，当鸟类适应驱鸟彩带及闪光物后，其防治能力将大大减弱。因此，在田地里竖立稻草人，对鸟也有一定的驱赶作用。

## 5. 撒施磷石膏

磷石膏获取方便的地方，在向日葵播种后撒施磷石膏，对鸟有很好的趋避作用。

## 6. 声音驱赶

有条件的地方，使用录音机或用高音喇叭播放锣鼓声、鞭炮声或鸟类自身的惨叫声，可以在一定的时间内起到驱鸟作用，但鸟类适应后，效果锐减，需更换方法。

## 7. 化学驱鸟

使用以丁硫克百威为主要成分的驱鸟剂，可缓慢、持久释放出一种影响鸟类中枢神经系统的芳香气味，鸟类闻后即会飞走，可有效驱赶害鸟，同时对人、鸟及作物均无任何为害。在傍晚时分，将驱鸟剂兑水稀释50～150倍液零星喷施在向日葵幼苗上，或者用一种天然化合物氨茴酸甲酯在向日葵幼苗上喷施，也可起到驱避鸟的作用。

（a）被鸟啄食为害状　　　　　　　　　　（b）地边的麻雀

图5-1　主要害鸟（白全江　拍摄）

（c）田间的喜鹊　　　　　　　　　　　（d）地边的乌鸦

图5-1　（续）

# 第二节　鼠　害

## 1. 达乌尔黄鼠（*Spermophilus dauricus* Brandt）

达乌尔黄鼠属啮齿目（Rodentia）松鼠科（Sciuridae）黄鼠属（*Spermophilus*），又称蒙古黄鼠、草原黄鼠、豆鼠子、大眼贼，广泛分布在东北、西北、华北的草原和半荒漠等干旱地区，是我国北方农牧区主要鼠害之一。在内蒙古东西部各地均有分布，其中在大青山以南的呼和浩特市和乌兰察布市凉城县的蛮汉山呈连续分布，另外，在锡林郭勒盟苏尼特右旗西部、苏尼特左旗，包头市达尔罕茂明安联合旗，乌兰察布市四子王旗，巴彦淖尔市乌拉特后旗、磴口县等半荒漠中荒漠化草原区域内均有分布。达乌尔黄鼠对当地农作物的为害极大。

〔形态特征〕

达乌尔黄鼠是一种体型中等的地栖鼠，体长120～250 mm。眼大而圆，耳壳退化变小。尾短扁平，多数形成明显黑色尾斑，尾长不及体长的1/3，爪黑色，体背及后肢外侧毛棕黄色或灰色。吻端略尖，吻较短，鼻骨前端较宽大，眶上突的基部前端有缺口，眶后突粗短，眶间宽8.2～10.4 mm。颧骨粗短，颧宽23.0～30.2 mm。颅顶明显呈拱形，以额骨后部为最高。无人字脊，颅腹面，门齿无凹穴。前颌骨的额面突小于鼻骨后端的宽，听泡纵轴长于横轴，听泡长约11 mm。鼻骨长14.1～17.0 mm，约为颅长的34%，其后端中央尖突，略微超出前颌骨后端，约达眼眶前缘水平线，眼眶大而长。

上齿隙长11.1 ~ 16.3 mm，上颊齿列长8.2 ~ 10.4 mm，左右上颊齿列均明显呈弧形。上门齿较狭扁，后无切迹，第一上前臼齿较大，约等于第一臼齿的1/2。第二、第三上臼齿的后带不发达，或无。下前臼齿的次尖亦不发达。牙端整齐，牙根较深，长47 mm，颜色随年龄不同，浅黄或红黄色。

〔生活习性〕

栖性：善挖掘，穴居。多栖息在草原、耕地及沙地和干燥的山坡丘陵。其洞穴多分布于土壤表层结实而又适于挖掘的各种土壤中。成年鼠多独居，洞系简单，洞口少，只有1 ~ 2个，永居洞较为复杂，临时洞分为春夏居住的栖息洞、繁殖用的哺乳洞和垂直向上的冬眠洞，主要用于躲避天敌。

活动：达乌尔黄鼠嗅觉、听觉、视觉都很灵敏，多疑警惕性高，出洞前在洞口探出头来左右窥视，确认没有危险时才出洞，出洞后立起眺望，间息尖叫，唤出同类；一旦发现危险，立即窜回洞中。其日出后活动，夜间休息。冬眠习性，一般霜降前后入蛰，翌年清明前后出蛰。刚出蛰的达乌尔黄鼠，遇到天气突然变冷，会产生反蛰现象，反蛰期间不吃食物。当气温下降至0 ℃以下，风速超过5 m/s时，出蛰就会中断。气温回升到3 ℃以上时，又见出蛰。当气温达5 ℃时，出蛰数量较稳定。冬眠前先将来年的出蛰洞道挖好，但不通地面。随着温度升高，寻食、交配活动范围加大，有时跑到距洞300 ~ 500 m处。

食性及为害：达乌尔黄鼠是农田的主要鼠害之一，全年为害作物。春季喜食播下的豆类、谷物类、向日葵等种子；夏季嗜食幼苗及多汁的作物茎秆；秋季贪吃灌浆乳熟阶段的种子。以洞口为中心成片为害。严重地块可达作物减产30% ~ 70%。它是鼠疫菌的主要天然宿主，能传播鼠疫、沙门菌病、巴斯德菌病、布鲁氏菌病、土拉伦菌、森林脑炎、钩端螺旋体病等。

繁殖：达乌尔黄鼠每年繁殖1胎。3—4月出蛰后即进入交配，妊娠期30天左右，每胎6 ~ 7仔，最多达17仔。翌年10月入蛰封洞。哺乳20 ~ 25天幼鼠开始出洞活动，在出洞后5 ~ 10天与母鼠分居。

〔防治方法〕

保护天敌：达乌尔黄鼠既能对农林牧业造成重大灾害，又能传播疾病，也是许多食肉动物的重要食物来源，应当加强生物调控措施的作用，利用天敌控制害鼠。首先，禁止乱捕乱猎，加大野生动物保护宣传的力度，禁止买卖各种野生动物的皮张，使狐、鼬、猛禽等天敌数量上升。其次，为黄鼠的天敌创造良好的栖息环境，植树种草，恢复植被，最终达到自然控制。

化学防治：根据黄鼠的生物学特征，在不同季节应采用不同的灭鼠方法。春季4—5

月，黄鼠出蛰期进入交配期后，正是达乌尔黄鼠活动的最盛时期，出入洞穴正是幼鼠分居前母鼠与仔鼠对不良条件抵抗力较弱的时候。同时，草尚未返青，食料缺乏，此时是药剂杀灭黄鼠的最佳时机。常用的灭鼠方法如下。①毒饵灭鼠，用溴敌隆制成油用向日葵、小麦毒饵或0.01%溴鼠灵制成油用向日葵、小麦毒饵杀灭。采用毒饵消灭达乌尔黄鼠时，毒饵要求新鲜，并选择晴天投放，雨天会降低毒效。夏季6—7月，由于植物生长茂盛，达乌尔黄鼠的食物丰富，不适于使用毒饵法。也可用慢性抗凝血杀鼠剂，如敌鼠钠盐，尤其是第二代国产抗凝血杀鼠剂溴敌隆制作毒饵灭鼠。②药水灭鼠，在夏天，采用液体（药水），尤其是对于高温干旱地区效果较好。由于达乌尔黄鼠属昼行性动物，外出活动时间正是一天中比较热的时间，因此，液体比颗粒或粉末药物对鼠更具诱惑力。但存在着液体易蒸发，放置时间较短的缺点。③熏蒸法灭鼠，在气温不低于12℃时，可使用氯化苦熏蒸，也可用磷化铝2片或磷化钙10～15 g，投入黄鼠洞中，灭效较高。若投放磷化钙时加水10 mL，立即掩埋洞口，灭效更高。若用烟雾炮消灭黄鼠，每洞投1只即可。

机械捕杀：与药物灭鼠法相比，器械捕鼠法本身无毒、无副作用，不污染环境，对其他生物无害。器械捕鼠法中除置夹法外，捕鼠率均较高，而且笼捕法还可捕到活鼠，为达乌尔黄鼠活体研究提供材料。但机械捕鼠法除置夹法外，均操作较复杂，费工、费时，不宜大规模捕鼠。而置鼠夹法则操作简单，可进行大范围、大规模捕鼠。但由于该鼠警惕性很高，鼠夹易被其识别，故捕鼠率不高。

## 2. 五趾跳鼠（*Allactaga sibirica* Forster）

五趾跳鼠属啮齿目（Rodentia）跳鼠科（Dipididae）五趾跳鼠亚科（Allactaginae）、五趾跳鼠属（*Allactaga*），别名跳犻子、西伯利亚跳鼠、蹶鼠、跳兔、硬跳儿。我国主要分布在东北，西北的甘肃、青海、宁夏西部，华北的河南、山西、河北北部和内蒙古。在内蒙古主要分布在荒漠与半荒漠地带，从东至西均有分布，向日葵主要产区的河套平原、鄂尔多斯市高原、阴山南麓、贺兰山北麓等荒漠与半荒漠地带均有分布。五趾跳鼠在田间盗食作物种子、青苗和嫩苗。

〔形态特征〕

五趾跳鼠是我国跳鼠科中体型最大的一种鼠种。体长120 mm以上。耳大，耳长与头全长接近相等。头圆，眼大。前肢短，后肢特别发达，后肢长为前肢的3～4倍，后足具5趾，第一和第五趾特别短，趾端不达中间3趾基部。尾长接近体长的1.5倍，在跳跃时起平衡作用，末端具黑白长毛形成的毛束。五趾跳鼠额部、顶部、体背部及四肢外侧毛尖浅棕黄色，毛基灰色。头顶及两耳内外均为淡沙黄色，两颊、下颌、腹部及四肢内侧为纯白色，臀部两侧各形成一白色纵带，向后延至尾基部分。尾背面黄褐色，腹面浅黄色，末端有黑、白色长毛形成的毛束，黑色部分为环状。五趾跳鼠吻部细长，脑颅宽大而隆起，光滑无嵴，额骨与鼻骨连接处形成一浅凹陷。顶间骨大，宽约为长的2倍。眶下孔极大，呈卵圆形。颧弓纤细，后部较前部宽，有一垂直向上的分支，沿眶下孔外缘的后部伸至泪骨附近。门齿孔长，外缘外突，末端超过上臼齿列前沿水平。腭骨上只有1对卵圆形小孔。听泡隆起，下颌骨细长平直，角突上有一卵圆形小孔。五趾跳鼠上门齿白色，向前倾斜，平滑无沟。上颌前臼齿1枚，呈圆柱状，与第三上臼齿约等大。臼齿3枚，第一、第二臼齿较大，齿冠结构较为复杂，咀嚼面有4个齿突。下颌无前臼齿，臼齿3枚，由前向后渐变小。下门齿齿根发达，其末端在关节突的下方形成很大的突起。

〔生活习性〕

栖性：五趾跳鼠主要栖息于干旱的沙滩、草滩、河流两岸、山坡。独居，住洞结构简单，一般只有1个洞口。多位于灌丛下、沟坡土坎或草地中，洞道几乎水平走向，长70～150 cm，洞口直径6 cm左右。一般还掘有临时洞，平时多住于临时洞中，洞口用土堵塞。

活动：活动力很强，尤善跳跃，多在早晨和黄昏进行活动，以夜间活动为主，白天有时也出洞。有冬眠习性，一般10月初入蛰，第二年4月初出蛰。

食性及为害：觅食范围广，主要吃植物的种子及茎叶等绿色部分，也吃昆虫。为害麦类、谷类、豆类以及瓜菜等农作物，在河套灌区等农区盗食向日葵等作物播下的种子，咬食作物及瓜苗等，是农林牧业的害鼠之一。能传播鼠疫、蜱传回归热等疾病。

繁殖：五趾跳鼠1年繁殖1胎，每胎产仔3～6只，在每年4月交配，5月产仔，7—8月仔鼠分居。

〔防治方法〕

参考达乌尔黄鼠防治方法。

## 3. 褐家鼠（*Rattus norvegicus* Berkenhout）

褐家鼠属啮齿目（Rodentia）鼠科（Muridae）鼠亚科（Murinae）大鼠属（*Rattus*），别名大耗子、大家鼠、沟鼠、挪威鼠，世界性广布鼠种，我国也基本遍布全国各地。

〔形态特征〕

褐家鼠是啮齿目鼠科中体型较大的一种家栖鼠。体长150～280 mm，尾短于体长，被毛稀疏环状鳞清晰可见。头小，鼻端圆钝，耳短而厚向前折不能遮住眼部。雌鼠乳头6对。全身毛色因栖息场所不同亦有差异。背毛棕黄或至灰褐色，毛的基部颜色深灰，毛的尖端棕色；背中部、头部颜色较其他部位深，杂有黑色毛。腹毛灰白色；足背毛白色。头骨较粗大，眶上发达与颞嵴相连，左右两侧的颞嵴近乎平行，顶间骨的宽度与左右顶骨宽度的总和几乎相等。上臼齿具三纵列齿突，齿列长7～8 mm。

〔生活习性〕

栖性：家野两栖的人类伴生种，主要是栖息于人类建筑内，常随气候、季节和田间农作物生长情况的变化，在田间和人居区域往返迁移。掘土能力强，道洞较复杂，洞长2 m左右，分支多，洞口2 ~ 4个，洞中一般只有1个巢室。进口通常只有1个。

活动：昼伏夜出，通常以子夜和黎明前为2次活动高峰期。善游泳、攀爬。视觉差，而听觉、嗅觉、触觉灵敏。性情粗暴，敢与猫斗。与其他家栖鼠存在竞争排斥。

食性与为害：杂食偏肉食性。室内主要偷吃粮食和食品，损毁家具、衣服等各种器物。在室外啃食农田各种作物种子、果实等。具饮水习性。褐家鼠还是鼠疫、肾综合征出血热、钩端螺旋体病、血吸虫病、地方（鼠型）性斑疹伤寒、旋毛虫病、恙虫病、蜱性斑疹伤寒、丹毒、土拉伦斯病、布鲁氏菌病、狂犬病、鼠咬热等多种鼠传疾病的主要宿主。

繁殖：适宜条件下全年均能繁殖，1年繁殖6 ~ 8胎，平均每胎产仔7 ~ 10只，最多的达15只。幼鼠当年性成熟并参与繁殖。褐家鼠妊娠期约21天。平均寿命1.5 ~ 2年，长的可达4年。

〔防治措施〕

生态防治：改变农田生态环境铲除田边杂草，减少田埂，创造不利于鼠类栖息和挖洞筑巢的场所，并及时捣毁鼠类栖息场所，对其活动场所要断绝或减少其食源。充分利用和保护自然天敌，家庭养猫防鼠和利用自然界中的有益生物蛇、鹰、黄鼠狼、狐狸、猫头鹰等来控制害鼠。

化学防治：①毒饵灭鼠，选用0.005%溴敌隆饵剂等杀鼠剂配制毒饵，根据褐家鼠的习性，秋末冬初褐家鼠大量从野外田间迁入室内，可在农田四周、房前屋后等地放置投毒筒，在室内将毒饵投放在鼠道、靠近鼠洞和褐家鼠经常活动的场所，一般选择慢性杀鼠剂溴敌隆毒饵，每堆放10 ~ 12 g；②毒水灭鼠，褐家鼠有每天喝水的习性，可利用这一特性采用各种慢性抗凝血杀鼠剂的水溶液灭鼠，宜采用0.05%敌鼠钠盐饵剂等；③毒粉灭鼠，大多数家鼠都有净身的习性，可把0.5%溴敌隆母粉与面粉按1∶10比例拌成毒粉撒在家鼠经常出没之处，使害鼠经过时脚和毛上粘有毒粉，净身时被害鼠食入，就可杀死害鼠。

物理防治：采用铁板夹、钢丝夹、弓形夹等捕杀褐家鼠。鼠夹一般放在靠近墙基、物体后面的鼠道上，也可放在有鼠类及其被咬痕处。

## 4. 小家鼠（*Mus musculus*）

小家鼠属啮齿目（Rodentia）鼠科（Muridae）鼠亚科（Murinae）小鼠属（*Mus*），别称小耗子、小老鼠、小鼠。与人类伴生种，世界性广布鼠种，栖息环境非常广泛，伴人种。

〔形态特征〕

小家鼠为啮齿目鼠科中的小型鼠，体长60～90 mm，体重12～20 g，口鼻尖，吻短，耳圆形，耳向前折不能达到眼部。尾与体长相当。毛色随季节与栖息环境而异。背毛呈现棕褐色或黑灰色，腹面毛白色、灰白色或灰黄色。尾两色，背面为暗褐色，腹面为沙黄色。四足的背面呈暗色或污白色。门齿后缘具一显著缺刻，门齿孔甚长，其后端可达第一上臼齿中部水平。第一上臼齿长略越过第二和第三上臼齿合起来的长，第三上臼齿很小，具有1内侧齿突和1外侧齿突。腭后孔位于第二上臼齿中部，下颌骨冠状突较发达，略为弯曲，明显指向后方。眶上嵴低，鼻骨前端超出上门齿前缘，喉段略为前颌骨后端所超越。顶间骨宽大。

〔生活习性〕

栖性：栖息环境广泛。农田、居室、仓库、荒地、水渠边等都是其栖息之处。喜独居，仅在交尾或哺乳期可见一洞多鼠现象。洞道结构简单，洞长60～100 cm较短，有1～3个洞口。

活动：小家鼠昼夜活动，但以夜间活动为主，尤其在晨昏活动最频繁，形成2个明显的活动高峰。小家鼠具有迁移习性，农区每年3—4月天气渐暖，春播时从住房、库房等处迁往农田，秋季集中于作物成熟的农田中。作物收获后，它们随之也转移到打谷场、粮草垛下，后又随粮食入库而进入住房和仓库。

食性及为害：杂食，人类食物及农田各种农作物种子都喜食。对所有农作物都有为害，尤其在作物收获季节为害最重。播种后，以盗食小颗粒粮食作物和经济作物种子为主，导致农田缺苗断垄。在作物成熟后，以盗食粮食作物谷穗为主，造成农产品质量和产量下降。是人畜共患病的主要动物传染源和动物宿主之一。

繁殖：适宜条件下，一年四季均可繁殖，繁殖力强。以春秋两季繁殖率较高，每年5—6月为繁殖高峰，冬季低。孕期20天左右，产后即可交配受孕。1年可产仔6～8胎，每胎6～7只，最多达10只。初生鼠2～3个月性成熟并参与繁殖。

〔防治方法〕

参考褐家鼠防治方法。

## 5. 黑线仓鼠（*Cricetulus barabensis* Pallsa1773）

黑线仓鼠属啮齿目（Rodentia）仓鼠科（Cricetidae）仓鼠亚科（Cricetinae）仓鼠属（*Cricetulus*），别名小仓鼠、花背仓鼠、腮鼠、板仓子、搬仓、小肋鼠，为典型的古北界动物，主要分布在我国北方，长江以北各省份皆有分布，主要见于东北和华北。分布西界至甘肃省河西走廊张掖一带，南界大约为秦岭—长江一线。内蒙古自治区从东至西12个盟市均有分布。在内蒙古自治区阴山山脉中段的山顶农田、北麓的旱作农田及察哈尔右翼后旗、武川县、四子王旗等半荒漠地带，鄂尔多斯市达拉特旗、杭锦旗、准格尔旗的农区及河套灌区均有分布。

〔形态特征〕

成体体长70～110 mm，体重20～40 g，体型较小，体表肥壮。吻钝、耳圆、具颊囊。尾短，约为体长的1/4。毛色为黄褐色或灰褐色，老体中较多个体毛色呈黄褐色，幼体、成体多呈灰褐色。由头、体背到尾背，以及颊补、体侧和四肢背部毛色为黄褐色或灰褐色。背部中央从头顶至尾基部有1条黑色或深褐色的纵纹。背部与腹部毛色界线比较明显。胸部、腹部、颊部、四肢里侧与尾腹部的毛色均呈灰白色。头骨轮廓较平直，头颅圆形，颅全长约25 mm，颧骨纤细，颧弓不甚外凸，左右两颧弓近平行，听泡隆起，鼻骨窄，前端略膨大，后部凹。在颌骨鼻突之间形成1条不太深的凹陷。顶间骨宽而短。顶骨前外角前伸于额骨后部的两侧，形成1个明显的尖形突起。无明显眶上嵴。上颌骨在眶下孔前方有1个方形小突起。鼻骨狭长，腭骨后缘呈弧形，门齿孔狭长。上臼齿列较短。上门齿细长，上臼齿3枚。

〔生活习性〕

栖性：栖息环境较广，遍及草原、农田、山坡等各半荒漠地区，尤喜栖息在沙质土壤中，穴居，喜独居。洞穴分临时洞和长居洞。长居洞结构较复杂，洞道长2 m左右，深可达4 m，分支末端扩为粮仓。临时洞一般只有洞口1个，道洞与地面平行，较浅，末端扩大为临时储粮或避难场所。通常洞口有1～3个，洞口直径约30 mm。

活动：夜行性，黄昏后和凌晨活动最为频繁。活动范围小，活动距离多在200 m之内，不冬眠，具储粮习性。雄鼠活动范围一般大于雌鼠。

食性及为害：黑线仓鼠以植物种子为食，喜食粮油作物的种子和幼苗，早春刨食播下的玉米、豆类种子，造成农田缺苗断垄。同时，秋季啃食庄稼较严重，并且在储粮过程中偷食或糟蹋大量粮食，盗食过程中糟蹋的粮食超过实际消耗，因此，给农户造成较大的经济损失。河套灌区向日葵产区，秋季偶见爬上葵秆啃食用向日葵盘现象，致使向日葵产量损失和品质下降。黑线仓鼠还是多种疾病的传播媒介，如黑热病、蜱性斑疹伤寒、钩端螺旋体病病原的天然携带者，与沙门菌病、李斯特菌病、类丹毒、鼠疫、Q热、肾综合征出血热流行有关。

繁殖：一年四季均可繁殖，繁殖力强，4—5月和8—9月为繁殖高峰期，通常每年4～5胎，每胎平均4～8只，最多时达10只以上。

〔防治方法〕

参考褐家鼠防治方法。

## 6. 大仓鼠（*Tscherskia triton* Winton）

大仓鼠属啮齿目（Rodentia）仓鼠科（Cricetidae）仓鼠亚科（Cricetinae）大仓鼠属（*Tscherskia*），也称大腮鼠、灰仓鼠，分布较广，主要分布在华北平原、东北平原、华中平原农作区及临近山谷川地，内蒙古自治区的阴山南麓、与农区接壤地东南草原区、锡林郭勒盟及乌兰察布市一线皆有分布。对农业生产为害较大，是我国北方农田主要鼠害之一。

〔形态特征〕

大仓鼠在仓鼠科中体形较大，体长一般为140～180 mm，较老的个体体长达200 mm以上，尾短小，长50～100 mm。头钝圆，吻短，具颊囊。耳壳短，呈圆形，有狭窄的白色边缘。雌鼠具有4对乳头。头顶、颊部、背部毛色多呈灰褐色，毛基灰黑色，毛尖灰黄色，随年龄增长毛色渐趋向黄褐色。腹毛白色或污白色。尾毛灰棕色，尾尖常为白色。后足背部毛白色。耳上有暗棕色短毛。大仓鼠头骨粗大棱角明显。顶间骨近乎方形。上颌第三臼齿咀嚼面上有3个齿突，下颌第三臼齿有4个齿尖，内侧的一个较小。上门齿齿根在前颌骨两侧形成凸起，可清楚地看到门齿齿根伸至前颌骨与上颌骨的缝合线附近。听泡凸起前内角与翼骨突起相接。2个听泡的间距与翼骨间宽相等。

〔生活习性〕

栖性：喜栖于平原及丘陵海拔较低区域，洞穴多营造在雨水不易淹没、土质疏松而干燥的地方，如耕地、菜园、坟地、山坡等，在靠近农田的草原、河谷、灌木丛及森林边缘地区均有分布。穴居，成年鼠喜独居。洞深达1.0～2.5 m，洞系较复杂，巢室、仓库、厕所均分开，但彼此相通，一般洞口2～4个，仓库2～3个，最多达8个，巢室带有通气孔道直通地面。

活动：夜行性为主。秋季频繁搬运粮食，白天也可见，活动范围较大，一般达30～40 m，最大可达2 000 m左右。在北方寒冷的冬季，常用土块封闭洞口，在地下过冬。春天平均气温达10～15 ℃时掏开洞口开始出来活动。不冬眠。

食性及为害：杂食性，主要吃植物种子，也吃绿色植物茎叶。在北方农田，春播季节刨食玉米、豆类、向日葵等农作物种子，造成农田缺苗断垄。秋季搬运大量的玉米、小麦、向日葵等粮食作物和油料作物分类储藏于洞道仓库，一个鼠洞一般存粮10 kg左右，最多可达30 kg。大仓鼠参与鼠疫的流行，还是钩端螺旋体病、流行性出血热等传染病病原体的自然携带者和传播渠道。

繁殖：在北方每年4—10月均可受孕生产，但以4—6月繁殖最多，每年繁殖2～3次，妊娠期16天左右，每胎产仔鼠2～6只，幼鼠出生15天后就能出洞活动，2.0～2.5月龄达到性成熟。

〔防治方法〕

参考褐家鼠防治方法。

# 7. 长爪沙鼠（*Meriones unguiculatus* Milne Edwards）

长爪沙鼠属啮齿目（Rodentia）仓鼠科（Cricetidae）沙鼠亚科（Gerbillinae）沙鼠属（*Meriones*），又称沙耗子、蒙古沙鼠、白条子、黄尾巴，是古北界东部干旱区典型种，在我国主要分布在内蒙古及其周边的吉林、辽宁、河北、山西、宁夏、陕西、甘肃等地。在内蒙古集中分布于锡林郭勒盟苏尼特右旗西部、包头市达尔罕茂明安联合旗、乌兰察布市四子王旗、鄂尔多斯杭锦旗、鄂托克旗，以及鄂托克前旗和巴彦淖尔市乌拉特后旗北部等草原化荒漠及其向典型荒漠草原的过渡带。

〔形态特征〕

长爪沙鼠为啮齿目仓鼠科中一种小型鼠。体重70~90 g，体长100~150 mm。耳短，约为后足长度的1/2。尾短，仅体长的3/4。头和体背中脊部棕黄色，有光泽，毛尖黑色，毛基深灰色，杂有褐色或黑色长毛；腹毛灰白或乳黄色；眼大，眼周形成1微白色斑纹，并延伸至耳基；口角至耳后有一灰白色条纹；耳缘具短小白毛，耳内侧几乎裸露。爪黑色，后足被细毛。尾被密毛，尾端有细长的毛束，尾毛二色，上面为黑色，下为棕黄色。颅骨较为宽阔，鼻骨狭长。顶间骨卵圆形。眶上缘略为突起，但不甚明显。门齿黄色，每个上门齿唇面具1条纵沟。成体臼齿咀嚼面呈菱形或叠杯状。听泡发达，但比子午沙鼠小。

〔生活习性〕

栖性：喜栖于沙质土地和土质较松散的农垦区。在耕地和居民区周围栖息较多。不冬眠，家族式群居，常形成大型洞群，洞穴结构复杂，包括洞口、跑道（通道）、仓库、窝、窟。洞口较多，最少2个，最多达30以上，洞道纵横交错，总长达10 m以上。窝巢内垫有干草及碎毛等物。

活动：昼行性动物，夜间偶尔也活动。一年中活动高峰为春秋两季，冬季和酷暑季节活动明显减少。冬季活动距离200~400 m，通常活动距离可达500 m以上。常有随食物结构、气候变化迁移居住地的习性。

食性与为害：杂食，喜食各种植物种子和叶片、根、茎等。早春刨食播种的各种作物种子；春夏啮食各种作物及牧草的幼苗、许多草本植物的绿色部分和地下根部，造成死苗、断苗。秋季储存大量粮食，在其穴内的仓库常能发现各种食物储藏，包括小麦、荞麦、莜麦、胡麻等。该鼠也是草场开垦或过度放牧造成恶性退化和沙化阶段中重要的小型哺乳动物，它的活动又会加速草原退化和沙化。长爪沙鼠给农牧生产造成较大损失，尤其是在农区，盗食并储存大量粮食，严重时可造成农作物减产20%；而在牧区，消耗大量牧草，破坏土层结构，影响牧草更新。此外，该鼠是许多疾病的传播者，为鼠疫病原的自然携带者，还与类丹毒等病有关。

繁殖：全年均可繁殖，繁殖力强，有春秋2个繁殖高峰，每年可产4~5胎，每胎产仔2~11只，妊娠期20~25天。幼鼠长成后即与母鼠分居，各自营巢。春季出生的幼鼠当年即可繁殖。自然寿命为2年左右。

〔防治方法〕

生态防治：保护和利用天敌，野外可利用招鹰控鼠、野化狐狸控鼠等方法进行防控，在鼠害发生区建造鹰架鹰墩，创造适宜鹰类觅食、栖息等生存条件，扩大鹰类的种群数量和活动范围。通过人工驯养银黑狐，控制长爪沙鼠种群数量。

生物防治：可采用C型肉毒梭菌毒素、D型肉毒梭菌毒素、莪术醇、雷公藤甲素、20.02%地芬·硫酸钡饵剂进行投饵防控，饵料可选用植物带壳的种子和新鲜粮食，如小麦、玉米、稻谷的种子。将配制好的毒饵均匀撒施、带状投饵、洞口或洞群投饵。

化学防治：种群密度大时，可采用溴敌隆等药剂配制毒饵进行防控。

物理防治：利用鼠夹类、鼠笼、弓箭、板压、圈套、剪具、钓钩类装置、粘鼠胶板法等物理措施进行灭鼠。也可进行灌溉灭鼠，在播种前深翻地或进行灌水，破坏洞道和栖居环境。

（a）五趾跳鼠（张卓然 拍摄）

（b）褐家鼠（白全江 拍摄）

（c）小家鼠（王大伟 拍摄）

（d）大仓鼠（王大伟 拍摄）

图5-2 主要害鼠

（e）黑线仓鼠（张卓然　拍摄）

（f）达乌尔黄鼠（袁帅　拍摄）

（g）长爪沙鼠（王登　拍摄）

（h）鼠洞（白全江　拍摄）

图5-2　（续）